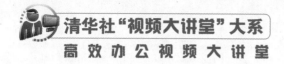

清华社"视频大讲堂"大系

高 效 办 公 视 频 大 讲 堂

Excel 2019

在工作总结与汇报中的典型应用

（视频教学版）

赛贝尔资讯 ◎编著

清華大學出版社

北 京

内 容 简 介

本书将 Excel 功能与职场办公人员的日常总结、汇报工作紧密结合，详细介绍了如何利用 Excel 来建立各类分析、汇总报表。系统学习本书可以帮助各行业、各岗位工作人员快速高效地完成日常工作，提升个人及企业的竞争力。

全书共 13 章，内容包括总结、汇报报表的必备格式，数据筛查及分类汇总，统计、计算生成汇总报表，图表在工作总结与汇报中的应用，图表的可视化呈现，多维透视分析报表呈现，多表源统计报表呈现，销售数据汇总，员工考勤、加班数据汇总，往来账款数据汇总，薪资核算与汇总，员工在职、离职总结汇报，以及 Excel 报表输出及汇报文档的撰写。本书以 Excel 2019 为基础进行讲解，适用于 Excel 2019/2016/2013/2010/2007/2003 等各个版本。

本书面向需要提高 Excel 应用技能的各层次读者，可作为高效能职场办公人员的案头必备参考书。

本书封面贴有清华大学出版社防伪标签，无标签者不得销售。

版权所有，侵权必究。举报：010-62782989，beiqinquan@tup.tsinghua.edu.cn。

图书在版编目（CIP）数据

Excel 2019 在工作总结与汇报中的典型应用：视频教学版 / 赛贝尔资讯编著 . — 北京：清华大学出版社，2022.5

（清华社"视频大讲堂"大系高效办公视频大讲堂）

ISBN 978-7-302-59101-6

Ⅰ.①E… Ⅱ.①赛… Ⅲ.①表处理软件 Ⅳ.① TP391.13

中国版本图书馆 CIP 数据核字（2021）第 182112 号

责任编辑：贾小红
封面设计：姜　龙
版式设计：文森时代
责任校对：马军令
责任印制：曹婉颖

出版发行：清华大学出版社
　　　　网　　址：http://www.tup.com.cn，http://www.wqbook.com
　　　　地　　址：北京清华大学学研大厦 A 座　　　　邮　　编：100084
　　　　社 总 机：010-83470000　　　　邮　　购：010-62786544
　　　　投稿与读者服务：010-62776969，c-service@tup.tsinghua.edu.cn
　　　　质量反馈：010-62772015，zhiliang@tup.tsinghua.edu.cn
印 装 者：大厂回族自治县彩虹印刷有限公司
经　　销：全国新华书店
开　　本：170mm×230mm　　　　印　　张：16.75　　　　字　　数：546 千字
版　　次：2022 年 5 月第 1 版　　　　印　　次：2022 年 5 月第 1 次印刷
定　　价：69.80 元

产品编号：090120-01

前◉言

时至今日，如果你还认为 Excel 仅仅是一个录入数据和制作表格的工具，那你就大错特错了。

Excel 不只是一个存储数据或制作表格的工具，实际上，它和我们每个人都关系紧密。无论哪个行业，业务流程中都会产生大量的数据，这些数据中隐含着许多有价值的结论和信息，但一般人很难清晰地看明白。Excel 就是这样一个工具，借助它，你可以快速地对海量数据进行多维度筛选、处理、计算和分析，得出一些可视化的结论，进而找出其中隐藏的现象、规律、矛盾等，为进一步的业务决策提供依据。用好 Excel，我们的工作会更轻松便捷、游刃有余。

本书重点探讨 Excel 在日常总结、汇报工作中的应用，通过其强大的数据分析和数据可视化功能，你的总结汇报将有数据、有结论、有深度、有思考，更形象化和一目了然。

本书致力于介绍各类工作总结、汇报相关的计算报表、统计报表、可视化图表的制作方法，同时恪守"实用"的原则，力求为读者提供大量实用、易学的操作案例。在操作环境上，本书以 Excel 2019 为基础进行讲解，但内容和案例本身同样适用于 Excel 2016/2013/ 2010/2007/2003 等各个版本。

本书特点

本书针对初、中级读者的学习特点，透彻讲解 Excel 在工作总结和汇报中的典型应用，让读者在"学"与"用"两个层面上实现融会贯通，真正掌握 Excel 的精髓。

➢ **系统、全面的知识体系。** 本书对日常总结、汇报工作中的常用表格和各种数据分析技巧进行归纳整理，每一章都含有多个完整、系统的数据分析案例，帮助读者理出一条清晰的学习思路，更有针对性。

➢ **高清教学视频，易学、易用、易理解。** 本书采用全程图解的方式讲解操作步骤，清晰直观；同时，本书提供了 182 节同步教学视频，手机扫码，随时观看，充分利用碎块化时间，快速、有效地提升 Excel 技能。

➢ **一线行业案例，数据真实。** 本书所有案例均来自于一线企业，数据更真实、实用，读者可即学即用，随查随用，拿来就用。同时围绕数据分析工作中的一些常见问题，给出了理论依据、解决思路和实用方法，真正使读者"知其然"和"知其所以然"。

➤ 经验、技巧荟萃，速查、速练、速用。为避免读者实际工作中走弯路，本书对一些易错、易被误用的知识点进行了归纳总结，以经验、技巧、提醒的形式出现，读者可举一反三，灵活运用，避免"踩坑"。同时，本书提供了 Excel 技术点便捷查阅索引，并额外提供了数千个 Word、Excel、PPT 高效办公常用技巧和素材、案例，读者工作中无论遇到什么问题，都可以随时查阅，快速解决问题，是一本真正的案头必备工具书。

➤ QQ 群在线答疑，高效学习。

配套学习资源

纸质书内容有限，为方便读者掌握更多的职场办公技能，除本书中提供的案例素材和对应的教学视频外，还免费赠送了一个"职场高效办公技能资源包"，其内容如下。

➤ 1086 节 Office 办公技巧应用视频：包含 Word 职场技巧应用视频 179 节，Excel 职场技巧应用视频 674 节，PPT 职场技巧应用视频 233 节。

➤ 115 节 Office 实操案例视频：包含 Word 工作案例视频 40 节，Excel 工作案例视频 58 节，PPT 工作案例视频 17 节。

➤ 1326 个高效办公模板：包含 Word 常用模板 242 个，Excel 常用模板 936 个，PPT 常用模板 148 个。

➤ 564 个 Excel 函数应用实例：包含 Excel 行政管理应用实例 88 个，人力资源应用实例 159 个，市场营销应用实例 84 个，财务管理应用实例 233 个。

➤ 680 多页速查、实用电子书：包含 Word/Excel/PPT 实用技巧速查，PPT 美化 100 招。

➤ 937 个设计素材：包含各类办公常用图标、图表、特效数字等。

读者扫描本书封底的"文泉云盘"二维码，或微信搜索"清大文森学堂"，可获得加入本书 QQ 交流群的方法。加群时请注明"读者"或书名以验证身份，验证通过后可获取"职场高效办公技能资源包"。

读者对象

本书面向需要提高 Excel 职场应用技能的各行业、各层次读者，可作为高效能职场工作人员的案头必备工具书。

本书由赛贝尔资讯策划和组织编写。尽管在写作过程中，我们已力求仔细和精益求精，但不足和疏漏之处仍在所难免。读者朋友在学习过程中，遇到一些难题或是有一些好的建议，欢迎通过清大文森学堂和 QQ 交流群及时向我们反馈。

祝学习快乐！

编者
2022 年 1 月

目●录

第3章　统计、计算生成汇总报表

第4章　图表在工作总结与汇报中的应用

第5章 图表的可视化呈现

第6章 多维透视分析报表呈现

第7章　多表源统计报表呈现

第8章　销售数据汇总

第9章　员工考勤、加班数据汇总

Excel 2019 在工作总结与汇报中的典型应用（视频教学版）

目录

第**13**章　Excel报表输出及汇报文档的撰写

Excel 2019 在工作总结与汇报中的典型应用（视频教学版）

第1章

——总结、汇报报表的必备格式——

在 Excel 中有些表格是作为资料数据来显示的，对框架结构及外观没有太多要求。但如果是用于总结汇报的报表，一般需要打印使用或应用于一些总结报告文档中，对这类报表的框架结构就有较高的要求，需为其设置文字格式、行列间距等，有时还要添加图片和绘图，并设置简洁大方的外观样式等。

- ☑ 在 Excel 中调整表格的格式
- ☑ 文字格式的合理设置
- ☑ 报表边框、底纹的美化
- ☑ 待打印报表的页眉和页脚的设计

1.1 报表框架的架构

建立报表是一个不断调整的过程，可以根据需求先在稿纸上绘制大致框架草图，然后进入
Excel 软件中通过合并单元格调整行高列宽、插入行列等多项操作，最终让表格的框架满足设计需
要。如图 1-1 所示是一个调整好的表格框架，要完成这个框架需要多步操作。

图 1-1

1.1.1 合并单元格

单元格的合并用于展示一对多的数据关系，它是规划表格结构时使用最频繁的一项功能。建立表格的过程中可以随时进行单元格合并、取消、插入、删除等操作，直到将表格结构调整到合理情况。

❶ 先向表格中输入基本数据，选中 A1:F1 单元格区域，在"开始"选项卡的"对齐方式"组中单击"合并后居中"按钮，如图 1-2 所示。

图 1-2

❷ 执行命令后，可以看到报表的标题已经是跨多列并居中显示的效果，如图 1-3 所示。

图 1-3

❸ 选中 A3:A15 单元格区域，在"开始"选项卡的"对齐方式"组中单击"合并后居中"按钮（见图 1-4），可以看到项目标题已经跨多列并合并居中显示了，如图 1-5 所示。

图 1-4

图 1-5

当单元格中的数据较多，超过列宽的数据将不能显示出来，因此，在此时需要将数据单元格设置为自动换行格式。

❹在本例中，选中合并后的 A3 单元格，在"开始"选项卡的"对齐方式"组中单击对话框启动器按钮，打开"设置单元格格式"对话框，在"文本控制"栏中选中"自动换行"复选框，如图 1-6 所示。单击"确定"按钮，其显示效果如图 1-7 所示。

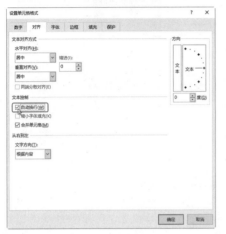

图 1-6

图 1-7

❺无论是横向的多单元格还是纵向的多单元格，都可以按相同的操作方法进行单元格合并，多处合并后的表格如图 1-8 所示。

✏️专家提示

　　"合并单元格"按钮是一个开关命令，选中目标单元格后，单击一次是合并；如果选择的是已合并的单元格，选择"合并单元格"命令时则会取消单元格合并。

图 1-8

1.1.2 调整行高或列宽

在 Excel 表格中，除了默认的行高或列宽外，还可以根据实际需要调节单元格的行高或列宽。比如，表格标题所在行一般可增大行高、放大字体来提升整体视觉效果。表体区域也可以根据排版需求合理设置行高或列宽。行高或列宽的调整是一项简单且使用频繁的操作，在表格的调整过程中发现哪里不合适都可以随时调整。

1. 手动调整

❶将鼠标指针指向要调整行的边线上，当它变为双向对拉箭头形状时，按住鼠标左键向下拖动（见图 1-9），即可增大行高。

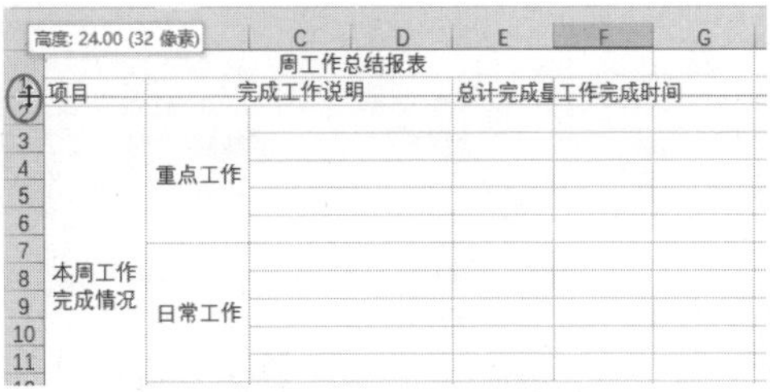

图 1-9

❷调整标题行的行高后，通过放大字体可以提升表格的视觉效果，如图 1-10 所示。

❸将鼠标指针指向要调整列的边线上，当它变为双向对拉箭头形状时，按住鼠标左键向右拖动（见图 1-11），即可增大列宽。

图 1-10

图 1-11

❹ 当其他列需要调整时，都是按相同的方法处理，向左拖动减小列宽，向右拖动增大列宽。在图 1-12 中可以看到 C、D、E、F 四列是调整了列宽之后的效果。

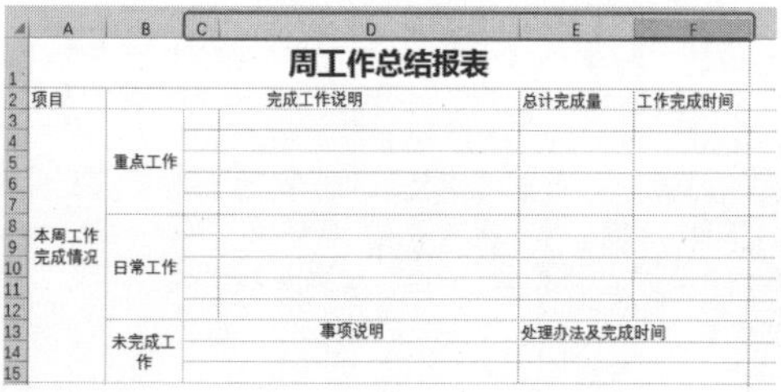

图 1-12

2. 命令调整

在 Excel 表格中，如果多行或多列需要一次性调整，则可以使用"行高"和"列宽"命令进行设置。比如，本例的表体区域需要应用相同的行高。

❶ 选中表体区域的所有行，并在行标上单击鼠

标右键，在弹出的快捷菜单中选择"行高"命令，如图 1-13 所示。

❷ 在打开的"行高"对话框中输入精确的行高值，这里输入"20"，如图 1-14 所示。单击"确定"按钮，调整选中行的行高。

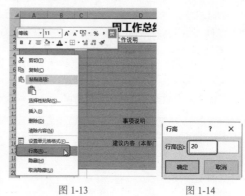

图 1-13   图 1-14

专家提示

要想一次性调整多行的行高或多列的列宽，关键在于准确选中要调整的行或列。选中之后，调整的方法与单行单列的调整方法一样。如果要一次性调整的行（列）是不连续的，可首先选中第一行（列），按住 Ctrl 键，再依次在要选择的其他行（列）的行标（列标）上单击，即可选择多个不连续的行（列）。

1.1.3 补充插入新行（列）

在规划表格结构时，有时会有缺漏、多余的情况。这时可在已有的表格框架下插入、删除单元格或行列。

❶ 例如当前表格中要在第 17 行上方插入新行。在第 17 行的行标上单击选中整行，并单击鼠标右键，在打开的快捷菜单中选择"插入"命令（图 1-15），即可在选中的行上方插入新行，如图 1-16 所示。

图 1-15

图 1-16

❷插入的新行是未合并的格式,可以按相同的方法进行框架调整,然后补充输入新内容。

1.1.4 补充插入单元格

在规划表格结构时,有时漏掉的可能不是一行、一列,而是多行、多列,此时只需要在该处补充插入对应的单元格即可。

❶打开工作表,选中要在其前面或上面插入单元格的单元格,如选中 C2:C3 单元格区域,在"开始"选项卡的"单元格"选项组中单击"插入"下拉按钮,在弹出的下拉菜单中选择"插入单元格"命令(见图 1-17),弹出"插入"对话框。

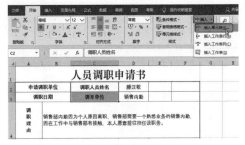

图 1-17

❷选择在选定单元格之前还是上面插入单元格,本例选中"活动单元格右移"选项,如图 1-18 所示。

图 1-18

❸单击"确定"按钮,即可在选中的单元格前面插入单元格,而表格的其他结构并没有改变,如图 1-19 所示。

图 1-19

1.2 文字格式设置

文字格式的设置也是美化报表的一个重要方面,一般需要对标题文字着重美化及突出显示,在排版时有些地方还需要竖排文字。

1.2.1 标题文字的突出显示

标题文字字体、字号的特殊设置或下画线的添加设置都是很常见的修饰标题的方式,其设置方法如下。

❶ 选中标题文字所在的单元格，在"开始"选项卡的"字体"组中单击对话框启动器按钮（见图1-20），打开"设置单元格格式"对话框。

图1-20

❷ 选择"字体"选项卡，首先在"字体"列表框中选择字体，然后在"字形"列表框中选择"加粗"，在"字号"列表框中设置字号为"20"。在"下划线"下拉列表框中选择"会计用单下划线"选项，如图1-21所示。

图1-21

❸ 单击"确定"按钮，即可得到如图1-22所示效果。

图1-22

知识扩展

在 Excel 单元格中输入文本时，文本不会自动换行，更无法像在 Word 文档中那样按 Enter 键进行换行。因此若想让整体排版更加合理，有时需要强制换行。

例如，如图1-23所示的 A24:E24 单元格区域是一个合并后的区域，"说明："文字表示该部分说明内容很可能是一段较长的文本，且可能是按条目显示的，每一条应分行显示。要想创建多行且能随意地进入下一行进行编辑就要强制换行。输入"说明："文字后，按 Alt+Enter 组合键，即可进入下一行，可以看到光标在下一行中闪烁，如图1-24所示。当第一行说明文字输入结束后，再次按 Alt+Enter 组合键，可继续切换到下一行。

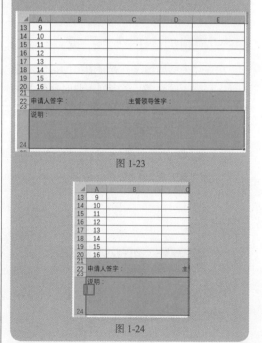

图1-23

图1-24

1.2.2 竖排文字效果

在单元格输入的数据默认都是横向排列

的，而有些表格中单元格数据需要竖向排列，此时，可以通过设置单元格格式来实现。

选中想显示为竖排文字的单元格区域。在"开始"选项卡的"对齐方式"组中单击"方向"下拉按钮，在弹出的下拉列表中选择"竖排文字"选项（见图 1-25），即可实现竖排文本效果，如图 1-26 所示。

图 1-25

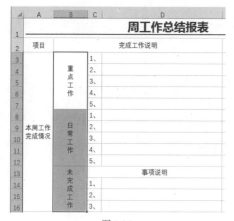

图 1-26

1.2.3　添加特殊符号辅助修饰文本

在有些表格中，为了辅助修饰需要添加特殊符号。例如，如果表格填写时需要选择相应的选项，则可以在数据前添加选框来起到辅助排版的作用。

❶ 双击 B3 单元格，将光标定位在要插入符号的位置，然后在"插入"选项卡的"符号"组中单击"符号"按钮（见图 1-27），打开"符号"对话框。

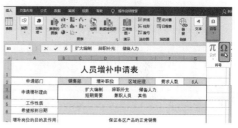

图 1-27

❷ 在"字体"下拉列表框中选择"Wingdings 2"，在符号列表框中选中"*"，如图 1-28 所示。

图 1-28

❸ 单击"插入"按钮，即可在选中的单元格位置插入特殊符号，如图 1-29 所示。

④ 按 Ctrl+C 组合键复制插入的符号，粘贴到需要插入的单元格中，效果如图 1-30 所示。

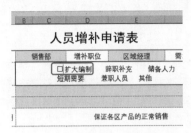

图 1-29

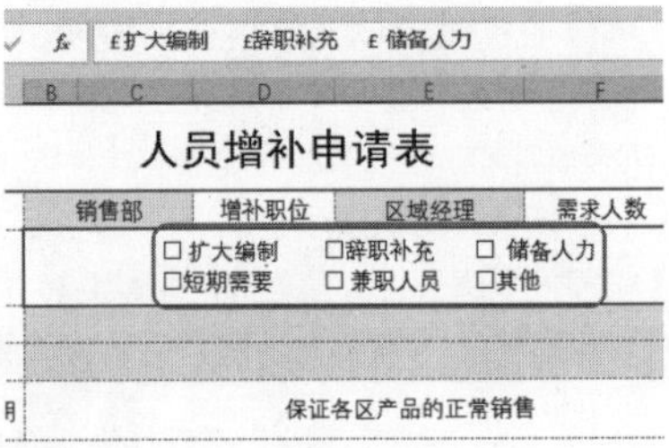

图 1-30

1.3 ▶ 报表边框、底纹美化

在 Excel 表格中看到的网格线只是用来辅助编辑的，实际上这些线条是不存在的（如果进入打印预览状态下可以看到不包含任意框线）。编辑完成后待打印的报表，通常还需要为其添加边框，有时还需要设置底纹，以增强表达效果，比如列标识、特定区域的美化等。

1.3.1 为报表区域添加边框

在 Excel 报表中，需要添加边框的区域一般是数据的可编辑区域，其他非编辑区域不需要添加。因此添加边框前应准确选中数据区域。

1. 表格编辑区域边框一次性设置

❶ 选中 A2:F20 单元格区域，在"开始"选项卡的"对齐方式"组中单击"对话框启动器"按钮，如图 1-31 所示。

图 1-31

❷ 打开"设置单元格格式"对话框，选择"边框"选项卡，在"样式"列表框中选择线条样式，在"颜色"下拉列表框中选择要使用的线条颜色，在"预置"栏中单击"外边框"和"内部"按钮，即可将设置的样式和颜色同时应用到表格内外边框中，如图 1-32 所示。

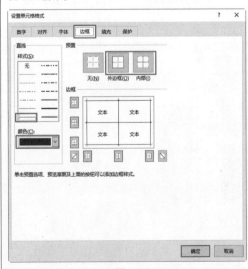

图 1-32

❸ 设置完成后，单击"确定"按钮，即可看

到选中的单元格区域应用了边框线条，如图 1-33 所示。

图 1-33

2. 设置部分框线修饰表格

在 Excel 表格中巧妙地设置框线还可以起到装饰表格、分隔内容、提高表格层次感等作用。例如在图 1-34 中，在表格中应用了两条粗线，达到了分隔表格不同内容的目的。

图 1-34

❶ 选中要设置的单元格区域，打开"设置单元格格式"对话框，设置线条样式与颜色。在右侧选择应用范围时，可以只应用上框线或者下框线等。本例中选择"下框线"选项，如图 1-35 所示。

❷ 同理，如果想将线条应用于其他位置，选择相应的选项即可。

图 1-35

1.3.2 报表底纹装饰

底纹设置一方面可以凸显一些数据，另一方面也可以起到美化表格的作用。

1. 单色底纹

❶ 仍然沿用 1.3.1 小节中设置边框后的表格，先选中 A2:F2 单元格区域，在"开始"选项卡的"字体"组中单击"填充颜色"下拉按钮，在弹出的下拉列表中选择一种填充色，鼠标指针指向颜色块时可即时预览效果，单击即可应用，如图 1-36 所示。

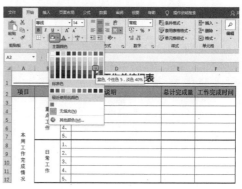

图 1-36

❷ 按相同方法设置其他区域的填充色，本例将"重点工作""日常工作""未完成工作"三个部门用

不同的底纹色进行间隔区分，效果如图 1-37 所示。

图 1-37

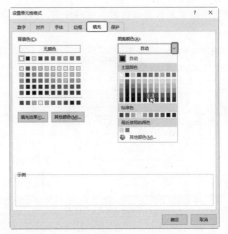

图 1-38

专家提示

在已经设置了底纹色的单元格区域，如果想取消底纹，可单击"填充颜色"按钮，在下拉列表中选择"无填充"选项。

2. 图案底纹

在 Excel 表格中，不仅可以设置单元格区域的单色填充效果，还可以设置特殊的填充效果，如图案填充、渐变填充等。

❶在工作表中选中要设置表格底纹的单元格区域，在"开始"选项卡的"数字"选项组中单击"对话框启动器"按钮，打开"设置单元格格式"对话框。

❷选择"填充"选项卡，单击"图案颜色"右侧的下拉按钮，在弹出的下拉列表中选择图案颜色，如图 1-38 所示；单击"图案样式"右侧的下拉按钮，在弹出的下拉列表中选择图案样式，如图 1-39 所示。

❸设置完成后，单击"确定"按钮，所实现的图案填充效果如图 1-40 所示。

图 1-39

图 1-40

1.4 图片和绘图修饰报表

美化表格不仅包括前面介绍的设置文字格式、边框底纹、对齐方式等，还包括为表格应用图片、自定义图形和SmartArt图形等内容。当然并不是所有表格都需要使用这些修饰效果，读者可选择性地应用于合适的表格中。

1.4.1 在报表中插入图片

打开目标报表，在菜单功能区中使用图片插入功能即可实现图片快速插入。

❶在"插入"选项卡的"插图"组中单击"图片"按钮（见图1-41），打开"插入图片"对话框。

图 1-41

❷进入图片所在的文件夹路径并单击选中图片，如图1-42所示。

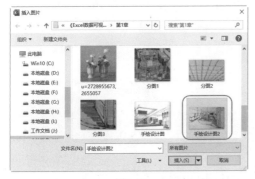

图 1-42

❸单击"插入"按钮，即可把图片插入表格。

❹插入选中的图片后，默认的大小与位置一般都是需要进行调整的。选中图片，其四周会出现控制点，将鼠标指针指向拐角控点，此时鼠标指针变成双向对拉箭头（见图1-43），按鼠标左键拖动可改变图片大小；如果要移动图片的位置，可以指向非控点的其他任意位置，鼠标指针为四向箭头（见图1-44），按住鼠标左键拖动可移动图片到任意位置。

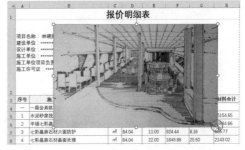

图 1-43

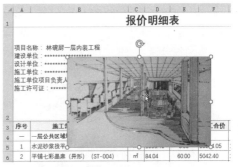

图 1-44

❺将该图片调整到合适大小并移动到目标位置，效果如图1-45所示。

图 1-45

插入图片后，如果图片有多余部分，或不适合当前排版，则可以直接在 Excel 中进行简单裁剪。

❶ 选中图片，在"图片工具 - 格式"选项卡的"大小"组中单击"裁剪"按钮（见图 1-46），图片即可进入裁剪状态。

图 1-46

❷ 此时图片四周会出现八个控制点，将鼠标指针放在控制点上，并按鼠标左键进行相应的拖动，确定图片的大小和区域之后即可实现裁剪。本例中鼠标指针指向底边中间的控制点，按鼠标左键向上拖动，即可裁剪掉底边的部分，如图 1-47 所示。

图 1-47

1.4.2　应用样式快速美化图片

在 Excel 表格中插入图片后，只要选中该图片就会出现"图片工具 - 格式"选项卡，在此选项卡下可以通过套用图片样式快速美化图片外观。

❶ 选中图片，在"图片工具 - 格式"选项卡

的"图片样式"组中选择一种图片样式，如图 1-48 所示。

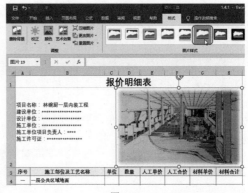

图 1-48

❷ 也可单击"图片样式"右侧的下拉按钮 ▽，弹出完整的样式库，选择"旋转 白色"样式（见图 1-49），应用效果如图 1-50 所示。

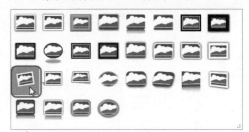

图 1-49

图 1-50

1.4.3　图形辅助编排表格

合理地应用图形可以提升表格的可视化效果，但要注意根据设计思路合理应用。

❶ 打开目标表格后，在"插入"选项卡的"插

Excel 2019 在工作总结与汇报中的典型应用（视频教学版）

图"组中单击"形状"下拉按钮,在弹出的下拉列表中选择图形样式,本例中选择"六边形"图形,如图1-51所示。

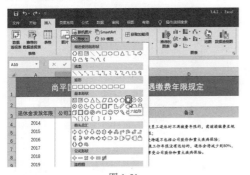

图 1-51

❷ 按鼠标左键拖动,即可绘制一个六边形。绘制后,可以通过拖动图形四周的控点,更改图形的大小,如图1-52所示。

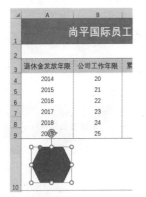

图 1-52

❸ 根据当前范例的设计思路,依次绘制如图1-53所示的多个不同图形。

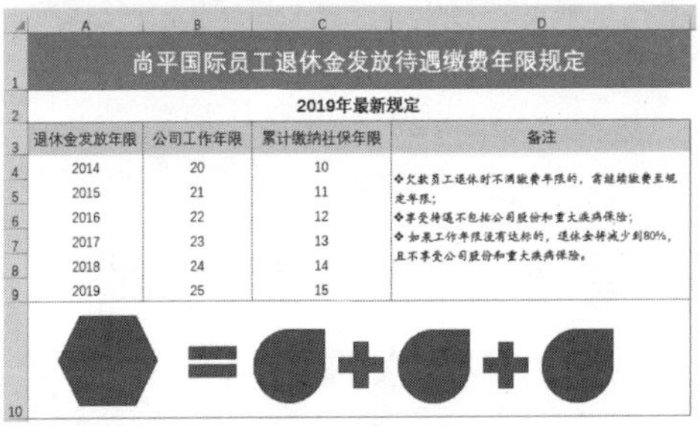

图 1-53

❹ 在图形上单击鼠标右键,在弹出的快捷菜单

中选择"编辑文字"命令(见图1-54),即可进入文字编辑状态。输入文字后,在"字体"组中重新设置字体或字号,如图1-55所示。

图 1-54

图 1-55

❺ 按相同的方法依次在各个图形上添加文字,最后实现如图1-56所示的效果。

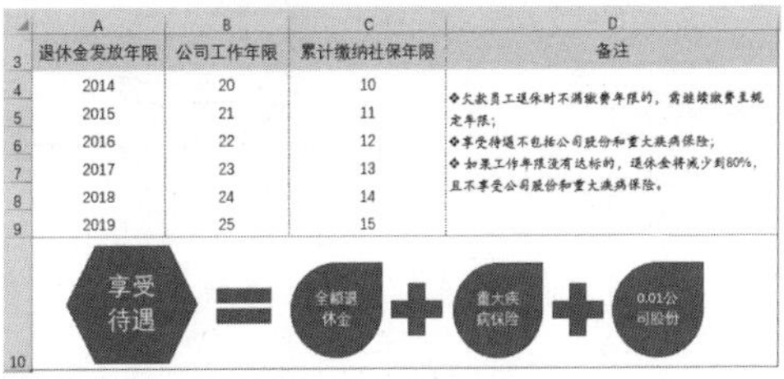

图 1-56

1.4.4 图形格式自定义设置

在 Excel 表格中绘制的图形有默认的颜色和默认的边框，根据设计需要也可以重新进行填充色及边框的美化设置。

❶ 选择已绘制的图形进行设置，在"绘图工具 - 格式"选项卡的"形状样式"组中，单击右下角的"对话框启动器"按钮，打开"设置形状格式"右侧窗格，如图 1-57 所示。在"填充"栏中可以设置图形的各种填充效果，在"线条"栏下可以设置图形的边框样式。

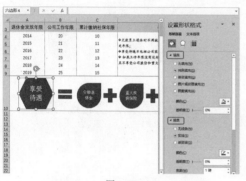

图 1-57

❷ 在本例中设置填充色为"纯色填充，透明度为 0%"，如图 1-58 所示；设置线条样式的线端类型为"平"，连接类型为"斜角"，如图 1-59 所示。设置格式后图形的效果如图 1-60 所示。

❸ 按相同的方法依次设置其他图形的外观样式，最后实现如图 1-61 所示的效果。

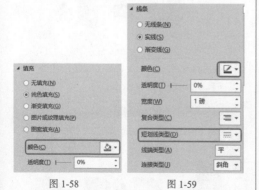

图 1-58　　　　　图 1-59

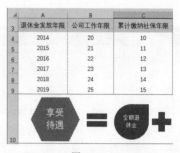

图 1-60

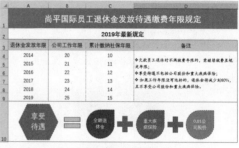

图 1-61

知识扩展

当设置了一个图形的格式后，如果其他图形也要使用相同的格式，则不必重新设置，可以使用"格式刷"来快速引用格式。

❶ 选中设置好格式的图形，在"开始"选项卡的"剪贴板"组中单击"格式刷"按钮（如果多处需要引用，那么就双击该按钮），如图 1-62 所示。

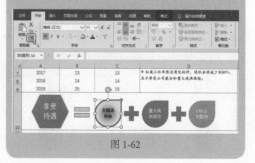

图 1-62

❷此时鼠标指针旁会出现一个刷子，将鼠标指针移向需要引用格式的图形，单击即可引用格式，如图1-63所示。

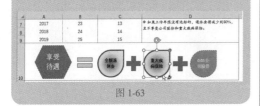

图1-63

专家提示

如果单击"格式刷"，引用一次格式后会自动退出。如果双击"格式刷"则可以无限次引用格式，当不再使用时需要再次单击"格式刷"按钮退出引用。

另外，"格式刷"也是Excel表格数据编辑中非常实用的一个功能按钮，它不仅仅用于图形格式的使用，还包含文字格式、边框样式、数字格式以及单元格样式等的快速引用。

1.5 ▶ 报表的页眉页脚

有时用于打印的工作表需要添加页眉页脚效果，尤其是一些需要专业设计的总结报表、对外商务报表等。

1.5.1 设计文字页眉

我们日常编辑表格时都是在普通视图中，普通视图是看不到页眉页脚的。只有在页面视图中才可以看到页眉页脚，因此，如果要为报表添加页眉页脚，需要进入页面视图中进行操作。

❶在"插入"选项卡的"文本"选项组中单击"页眉和页脚"按钮，进入页眉页脚编辑状态，如图1-64所示。

图1-64

❷页眉区域包括三个编辑框，定位到目标框中输入文字。本例中定位到左侧文本框，如图1-65所示。

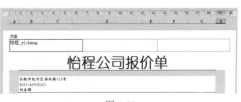

图1-65

❸选中文本，在"开始"选项卡的"字体"选项组中对文字的格式进行设置。在本例中，我们设置了大小不同的页眉文字，实现错落有致的效果，如图1-66所示。

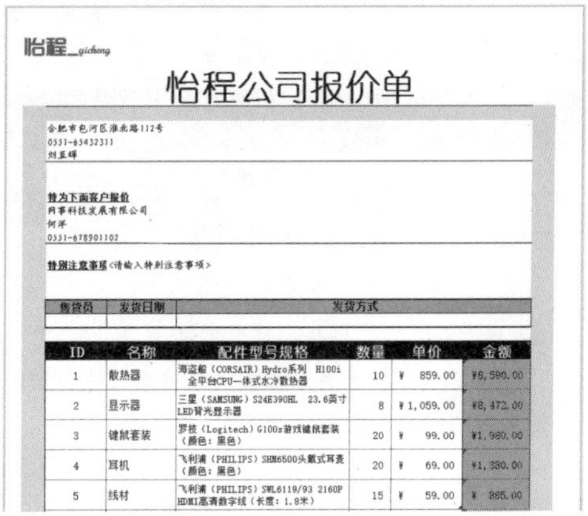

图1-66

专家提示

添加文字页眉的操作相对简单，但如果想实现有设计感、商务感的页眉，建议在文字格式的设计上下功夫，尽量使纯文字的页眉也能实现出层次感。

1.5.2 设计专业的图片页眉

在添加页眉时不仅可以使用文字页眉，还可以使用图片页眉。例如，将企业 LOGO 图片添加到页眉是一种常见做法，此法可以让办公表格更专业、美观。由于添加到页眉中的图片不像在 Word 文档中一样所见即所得，而是图片链接，因此在添加后图片需要按如下的方法进行合理调整。

❶ 在"插入"选项卡的"文本"选项组中单击"页眉和页脚"按钮，进入页眉页脚编辑状态。首先定位到要插入图片的位置框，如图 1-67 所示。

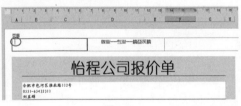

图 1-67

❷ 在"页眉和页脚工具-设计"选项卡的"页眉和页脚元素"选项组中单击"图片"按钮（见图 1-68），弹出"插入图片"提示窗口。

图 1-68

❸ 单击"浏览"按钮（见图 1-69），弹出"插入图片"对话框。进入图片所在的文件夹路径并单击选中图片，如图 1-70 所示。

❹ 单击"插入"按钮，完成图片插入后默认显示的是图片的链接，而并不显示图片本身，如图 1-71 所示。要想查看图片，需在页眉区外的任意位置单击，即可看到图片的页眉，如图 1-72 所示。

图 1-69

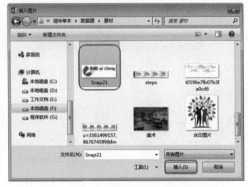

图 1-70

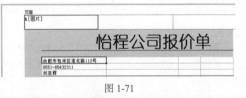

图 1-71

怡程公司报价单

合肥市包河区淮北路112号
0551-65432311
刘至辉

图 1-72

❺ 从图 1-72 中看到当前的页眉图片非常小，需要进行调整。光标定位到图片所在的编辑框中，选中图片链接，在"页眉和页脚工具-设计"选项卡的"页眉和页脚元素"选项组中单击"设置图片格式"按钮（见图 1-73），打开"设置图片格式"对话框。

❻ 在"大小"选项卡中设置图片的"高度"和"宽度"，如图 1-74 所示。

图 1-73

图 1-74

❼ 设置完成后，单击"确定"按钮，即可完成图片大小的调整，页眉效果如图 1-75 所示。

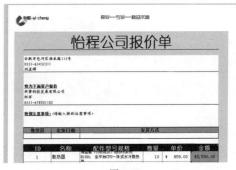

图 1-75

专家提示

由于在编辑状态中页眉中的图片只显示为链接的形式，因此在调整页眉中图片大小时，可能一次调整并不能满足实际需要，此时可按相同方法进行多次调整，直到实现满意的效果为止。

第 2 章

数据筛查及分类汇总

Excel 表格中的初始数据多数是对日常工作数据的记录，那么针对这些数据在一个阶段或期末一般都需要进行有目的地查看或分类汇总，从而建立相关的汇总分析报表。

Excel 程序为数据的筛选以及分类汇总等操作提供了专业的工具，使用起来会非常方便。

- ☑ 按条件筛选查看数据
- ☑ 按条件特殊标记数据
- ☑ 按条件排序数据
- ☑ 建立分类汇总报表

2.1 ▶ 查看满足条件的数据

当数据量足够多时，从众多数据中找寻对分析决策起作用的数据一般会比较困难，此时可借助 Excel 中的分析工具。本节中将介绍几个利用"条件格式"功能辅助数据分析查看的例子。

2.1.1 按数值判断并特殊标记

按数值判断特殊显示是指对数值进行大于、小于、等于等判断，从而让满足条件的数据以特殊的格式突出显示出来，以方便用户在数据库中快速查看数据、核对数据、整理数据等。

1. 查看库存量过多的产品

在下面的库存统计表中，将库存数量大于 200 件的记录以特殊格式显示出来。

❶ 选中要设置条件格式的单元格区域，选择"开始"选项卡，在"样式"组中单击"条件格式"下拉按钮，在弹出的下拉菜单中选择"突出显示单元格规则"命令，然后在弹出的子菜单中选择"大于"命令（见图 2-1），打开"大于"对话框。

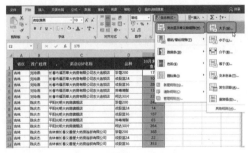

图 2-1

❷ 在"为大于以下值的单元格设置格式"文本框中输入"200"，如图 2-2 所示。

图 2-2

❸ 单击"确定"按钮，返回工作表中，即可看到库存大于 200 的单元格以"浅红填充色深红色文本"突出显示，如图 2-3 所示。

	A	B	C	D	E
1	省区	推广经理	药店GSP名称	品种	10月末库存盘点
2	吉林	刘玲燕	长春市福百草大药房有限公司农大连锁店	珍品200	173
3	吉林	刘玲燕	长春市福百草大药房有限公司农大连锁店	绞股蓝24	102
4	吉林	刘玲燕	长春市福百草大药房有限公司农大连锁店	绞股蓝36	288
5	吉林	刘玲燕	长春市福百草大药房有限公司农大连锁店	排毒清醋	159
6	吉林	刘玲燕	长春市福百草大药房有限公司农大连锁店	闷达30片	226
7	吉林	陈庆杰	平阳光明大药房旗舰店	珍品200	242
8	吉林	陈庆杰	平阳光明大药房旗舰店	绞股蓝24	14
9	吉林	陈庆杰	平阳光明大药房旗舰店	绞股蓝36	187
10	吉林	陈庆杰	平阳光明大药房旗舰店	排毒清醋	65
11	吉林	陈庆杰	平阳光明大药房旗舰店	闷达30片	264
12	吉林	陈庆杰	吉林省长春义善堂大药房连锁有限公司	珍品200	388
13	吉林	陈庆杰	吉林省长春义善堂大药房连锁有限公司	绞股蓝24	22
14	吉林	陈庆杰	吉林省长春义善堂大药房连锁有限公司	绞股蓝36	353
15	吉林	陈庆杰	吉林省长春义善堂大药房连锁有限公司	排毒清醋	97
16	吉林	陈庆杰	吉林省长春义善堂大药房连锁有限公司	闷达30片	30
17	吉林	李悦	吉林省永新大药房有限公司红旗街店	珍品200	210
18	吉林	李悦	吉林省新大药房连锁有限公司红旗街店	绞股蓝24	110
19	吉林	李悦	吉林省新大药房连锁有限公司红旗街店	绞股蓝36	222
20	吉林	佟锦波	成中西姓璨大药房	闷达30片	103

图 2-3

📌 知识扩展

在"突出显示单元格规则"中还可以看到有"小于""介于""等于"等其他命令，应用方法都是类似的。例如，当前数据表中如果设置规则为"突出显示单元格规则"→"小于"，且设置小于的值为 100，那么得出的特殊标记结果则如图 2-4 所示。

	A	B	C	D	E
1	省区	推广经理	药店GSP名称	品种	10月末库存盘点
2	吉林	刘玲燕	长春市福百草大药房有限公司农大连锁店	珍品200	173
3	吉林	刘玲燕	长春市福百草大药房有限公司农大连锁店	绞股蓝24	102
4	吉林	刘玲燕	长春市福百草大药房有限公司农大连锁店	绞股蓝36	288
5	吉林	刘玲燕	长春市福百草大药房有限公司农大连锁店	排毒清醋	159
6	吉林	刘玲燕	长春市福百草大药房有限公司农大连锁店	闷达30片	226
7	吉林	陈庆杰	平阳光明大药房旗舰店	珍品200	242
8	吉林	陈庆杰	平阳光明大药房旗舰店	绞股蓝24	14
9	吉林	陈庆杰	平阳光明大药房旗舰店	绞股蓝36	187
10	吉林	陈庆杰	平阳光明大药房旗舰店	排毒清醋	65
11	吉林	陈庆杰	平阳光明大药房旗舰店	闷达30片	264
12	吉林	陈庆杰	吉林省长春义善堂大药房连锁有限公司	珍品200	388
13	吉林	陈庆杰	吉林省长春义善堂大药房连锁有限公司	绞股蓝24	22
14	吉林	陈庆杰	吉林省长春义善堂大药房连锁有限公司	绞股蓝36	353
15	吉林	陈庆杰	吉林省长春义善堂大药房连锁有限公司	排毒清醋	97
16	吉林	陈庆杰	吉林省长春义善堂大药房连锁有限公司	闷达30片	30

图 2-4

2. 查看一列数据中排名前 5 的记录

针对一列数据也可以通过"条件格式"功能快速找到前几名、后几名的数据并特殊标记出来。例如在成绩表中，可以利用此功能快速让前五名的成绩以特殊格式突出显示。

❶选中要设置条件格式的单元格区域，选择"开始"选项卡，在"样式"组中单击"条件格式"下拉按钮，在弹出的下拉菜单中选择"最前/最后规则"命令，再在弹出的子菜单中选择"前10项"命令（见图2-5），打开"前10项"对话框。

图2-5

❷在"为值最大的那些单元格设置格式"文本框中将"10"更改为"5"，如图2-6所示。

❸单击"确定"按钮，返回工作表中，可以看到总分为前5的数据所在单元格以浅红填充色深红色文本格式突出显示出来，如图2-7所示。

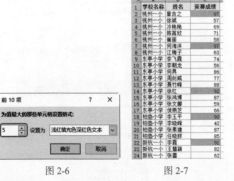

图2-6　　　　　　　图2-7

3. 标记一列数据中的唯一值

利用"条件格式"功能可以快速找出一组数据中的唯一值或重复值。关于如何找出一列数据中的重复值，在前面我们已做介绍。本例中将对值班表进行分析，快速找到哪些是仅值班一次的员工，并做出标记。

选中B2:B15单元格区域，此时选中区域的右下角会出现一个"⊞"快速分析按钮，单击此按钮，在下拉菜单中选择"唯一值"，如图2-8所示（鼠标指向时即可显示预览）。

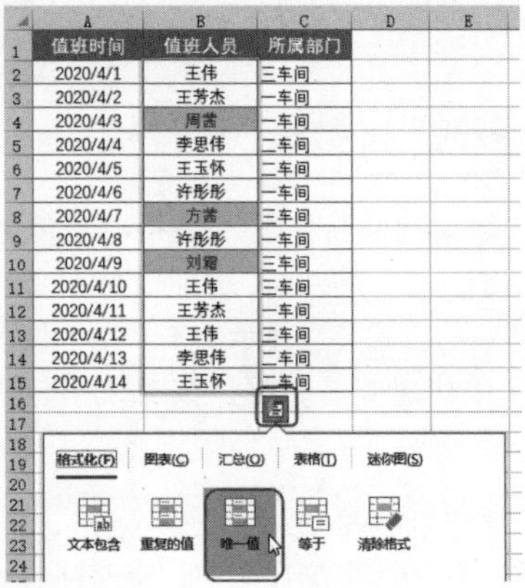

图2-8

📝 专家提示

在"快速分析"功能按钮的列表中还可以选择"重复的值"命令，快速标记重复值。

标记重复值与唯一值是比较简单的数据分析操作，但是它们非常实用，常用于从数据库中快速找到目标数据。

2.1.2 运算图标集标示满足条件的数据

图标集，顾名思义，就是指为满足条件的数据添加特殊的图标，以达到突出显示的目的。这种图标在报表中也经常会出现，下面通过两个例子来讲解。

1. 为测量数据亮起不同颜色的提示灯

例如，在一家企业对某段时间生产出的零件进行抽样测量的数据表中，要求将大于等于1的测量值标记为红色提示灯，0.8～1的测量值标记为黄色提示灯，小于0.8的测量值标记为绿色提示灯。

❶选中要设置条件格式的单元格区域（B2:E19

单元格区域），选择"开始"选项卡，在"样式"组中单击"条件格式"下拉按钮，在下拉菜单中选择"图标集"命令，再在弹出子菜单中选择"其他规则"命令（见图2-9），打开"新建格式规则"对话框，默认是三色灯的图标，如图2-10所示。（如果想使用其他样式的图标，则单击"图标样式"右侧的下拉按钮，可以从列表中重新选择）

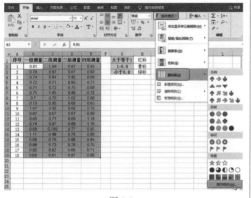

图 2-9

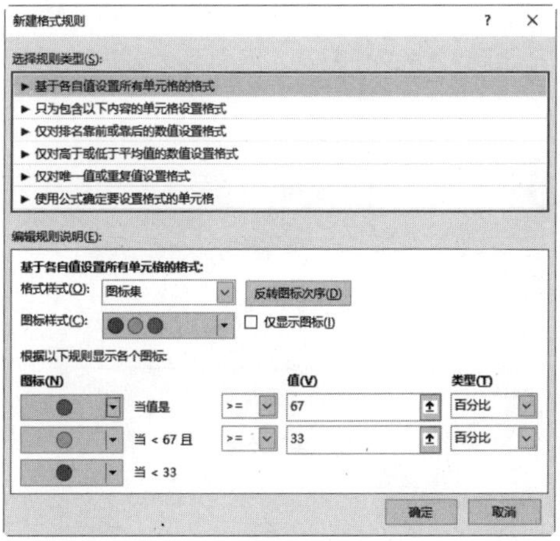

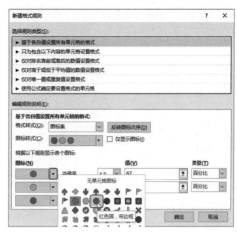

图 2-11

图 2-10

❷ 首先单击第一个绿色图标右侧的下拉按钮，选择红色图标，如图2-11所示。

❸ 接着将值的"类型"更改为"数字"格式（默认的值的类型为"百分比"），然后将值设置为"1"，如图2-12所示。

❹ 第二个图标使用默认的黄色图标，将值的"类型"更改为"数字"格式，并设置值为"0.8"，如图2-13所示。

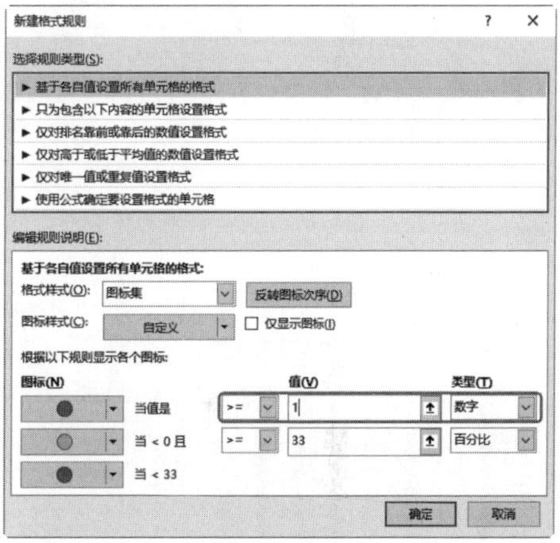

图 2-12

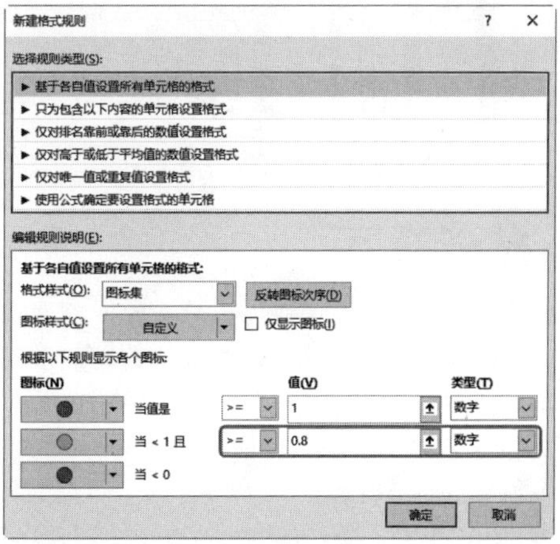

图 2-13

❺按步骤 2 相同的方法将第三个图标更改为绿色图标，如图 2-14 所示。

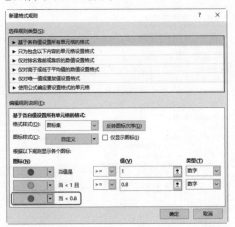

图 2-14

❻设置完成后，单击"确定"按钮，返回工作表中，可以看到在 B2:E19 单元格区域中的数字按所设置的格式分别显示为不同颜色的图标，如图 2-15 所示。这里，红色图标的数据被认定为不合格数据，查看起来会非常容易。

序号	一组测量	二组测量	三组测量	四组测量		大于等于1	红标
1	0.81	1.06	0.67	0.85		1-0.8	黄标
2	0.76	0.97	0.67	0.82		小于0.8	绿标
3	0.74	0.94	0.92	0.68			
4	0.72	0.71	0.95	0.71			
5	0.71	0.72	0.75	0.68			
6	0.71	1.05	0.88	0.72			
7	0.7	0.75	1.02	0.68			
8	0.73	0.85	0.68	0.65			
9	1.07	0.92	0.68	0.83			
10	0.67	0.67	0.67	0.89			
11	0.65	0.71	0.69	1.18			
12	0.74	0.87	0.68	1.16			
13	0.69	0.768	0.77	0.85			
14	1.11	0.99	0.76	0.84			
15	0.69	0.76	0.89	0.84			
16	0.98	0.73	0.78	0.75			
17	0.92	0.82	0.68	0.71			
18	0.68	0.81	0.87	0.68			

图 2-15

📝 专家提示

　　在设置数值的类型时，默认的是"百分比"类型，这里需要更改为数值类型，并且需要先设置类型为"数字"后再去设置具体的数值。另外，值的判断有"＞="和"＞"两种符号可以选择。

2. 给表现突出的销售额插红旗

　　要想给大于 100 000 元的销售额插红旗，也需要使用"条件格式"中的图标集规则，其设置方法会有所不同，操作方法如下。

❶选择目标区域后，按相同的方法打开"新建格式规则"对话框，首先需要更改图标的样式，单击第一个图标右侧的下拉按钮，在列表中选择红旗图标，如图 2-16 所示。

❷接着设置数值为"＞=100000"（注意要先设置类型为"数字"再设置数值），如图 2-17 所示。

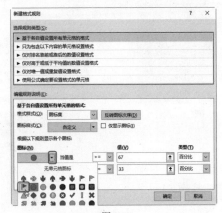

图 2-16

图 2-17

❸单击第二个图标右侧的下拉按钮，然后在打开的列表中选择"无单元格图标"，即取消图标，如图 2-18 所示。按相同方法再取消第三个图标，如图 2-19 所示。

图 2-18

图 2-19

④ 完成设置后,单击"确定"按钮,即可看到在"销售业绩"列已给大于等于 100 000 的数字前添加了红旗图标,如图 2-20 所示。

	A	B	C	D	E
1	序号	姓名	部门	销售业绩	
2	NO.007	王晗	女	▶ 100600	
3	NO.010	陈亮	男	▶ 125900	
4	NO.016	周学成	男	70800	
5	NO.018	陶毅	男	90600	
6	NO.020	于泽	男	75000	
7	NO.023	方小飞	男	18500	
8	NO.024	钱诚	男	▶ 135000	
9	NO.025	程明宇	男	34000	
10	NO.026	牧渔风	男	25900	
11	NO.027	王成博	女	▶ 103000	
12	NO.028	陈雅丽	女	18000	
13	NO.029	权城	男	48800	
14	NO.031	李烟	女	45800	
15	NO.033	周松	男	▶ 122000	
16	NO.034	放明亮	男	56800	
17	NO.036	赵晓波	女	98000	

图 2-20

2.1.3 运用公式判断满足条件的数据

在条件格式的规则类型中还有一个"使用公式确定要设置格式的单元格"规则类型,它表示使用公式来判断满足条件的单元格。利用公式建立条件可以让条件的判断更加灵活,但是要应用好这项功能,需要应用到一些函数,因此需要对 Excel 函数有所了解。下面举出几个例子来带大家认识这项功能。

1. 查看周末的加班记录

例如在加班统计表中,可以通过建立公式来快速标识出周末加班的记录。

❶ 选中目标单元格区域,在"开始"选项卡的"样式"组中,单击"条件格式"下拉按钮,选择"新建规则"命令(见图 2-21),打开"新建格式规则"对话框。

图 2-21

❷ 在"选择规则类型"栏中选择"使用公式确定要设置格式的单元格",在下面的文本框中输入公式"=WEEKDAY(A3,2)>5",如图 2-22 所示。

图 2-22

❸单击“格式”按钮，打开“设置单元格格式”对话框。对需要标识的单元格进行格式设置，这里设置单元格背景颜色为“黄色”，如图2-23所示。

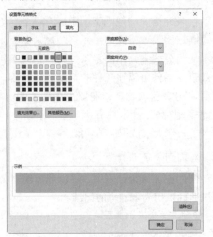

图2-23

❹单击“确定”按钮，返回到“新建格式规则”对话框中，再次单击“确定”按钮，即可将选定单元格区域内的双休日以黄色填充色标识出来，如图2-24所示。

	A	B	C	D	E	F
1	加班日期	加班员工	加班开始时间	加班结束时间	加班耗时	主管核实
2	2020/4/1	王艳	17:30:00	19:30:00	2	王勇
3	2020/4/2	周全	17:30:00	21:00:00	3.5	李南
4	2020/4/3	韩燕飞	18:00:00	19:30:00	1.5	王丽义
5	2020/4/4	陶毅	11:00:00	16:00:00	5	叶小菲
6	2020/4/6	伍先泽	17:30:00	21:00:00	3.5	林佳
7	2020/4/7	方小飞	17:30:00	19:30:00	2	彭力
8	2020/4/8	钱丽丽	17:30:00	20:00:00	2.5	范琳琳
9	2020/4/11	彭红	12:00:00	13:30:00	1.5	易亮
10	2020/4/11	夏守梅	11:00:00	16:00:00	5	黄燕
11	2020/4/12	陶菊	11:00:00	16:00:00	5	李亮
12	2020/4/14	张明亮	17:30:00	18:30:00	1	蔡敏
13	2020/4/16	石兴红	17:30:00	20:30:00	3	吴小莉
14	2020/4/19	周燕飞	14:00:00	17:00:00	3	陈述
15	2020/4/20	周松	19:00:00	22:30:00	3.5	张芳
16	2020/4/21	何亮亮	17:30:00	21:00:00	3.5	张立
17	2020/4/22	李丽	18:00:00	19:30:00	1.5	周晓松
18	2020/4/24	郑磊	17:30:00	19:30:00	2	周磊
19	2020/4/26	杨亚	11:00:00	16:00:00	5	胡锐
20	2020/4/28	李敏	18:00:00	19:30:00	1.5	楚军
21	2020/4/30	李小辉	17:30:00	20:30:00	3	娄小红

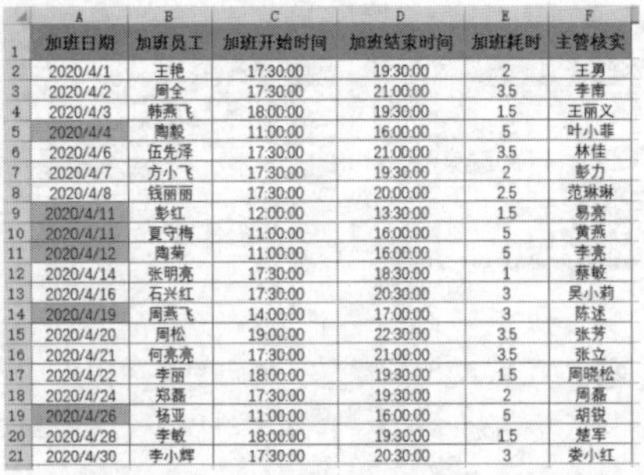

图2-24

专家提示

WEEKDAY函数返回日期对应的星期数，用数字1到7表示星期一到星期日。这里的公式返回大于5的数值，也就是返回6、7对应的周六和周日。

另外，利用公式建立条件可以处理更为复杂的数据，让条件的判断更加灵活。要想应用好些这项功能，需要对Excel函数有所了解。

2. 突出显示各行中的最大值

要突出显示各行中的最大值，需要使用公式来进行条件格式的设置。本例中突出显示各行中的最大值，可以很直观地看到各车间工人在6个月中最高生产量出现在哪个月。

❶选中目标单元格区域，在“开始”选项卡的“样式”组中，单击“条件格式”下拉按钮，在弹出的下拉菜单中选择“新建规则”命令（见图2-25），打开“新建格式规则”对话框。

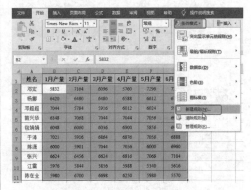

图2-25

专家提示

这里要对每一行中的各个数据进行判断并找到最大值，因此选择目标区域时注意是多列而不是单列。

❷在“选择规则类型”栏中选择“使用公式确定要设置格式的单元格”，在下面的文本框中输入公式“=B2=MAX($B2:$G2)”，如图2-26所示。

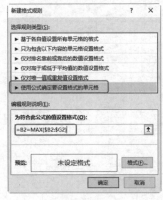

图2-26

❸单击"格式"按钮,打开"设置单元格格式"对话框。对需要标识的单元格进行格式设置,如图 2-27 所示。

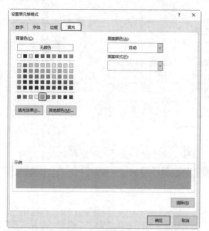

图 2-27

❹单击"确定"按钮,返回到"新建格式规则"对话框中,再次单击"确定"按钮,即可看到各行中的最大值以特殊颜色进行了标记,如图 2-28 所示。

	A	B	C	D	E	F	G
1	姓名	1月产量	2月产量	3月产量	4月产量	5月产量	6月产量
2	邓宏	5832	7164	6096	5760	7296	7272
3	杨娜	6420	6480	6480	6588	6612	6720
4	邓超超	7044	5784	5916	6012	6024	5956
5	苗兴华	6348	7068	7044	7044	7056	6936
6	包娟娟	6048	6060	6036	6900	5856	6972
7	于涛	7021	5916	6864	6876	7056	6888
8	陈潇	6000	5901	7044	7056	6000	6960
9	张兴	6624	6456	6624	6816	7068	7104
10	江雷	5976	5844	5856	5988	5340	5616
11	陈在全	5980	6700	6698	6250	5980	5570

图 2-28

3. 突出显示出勤率最低的员工

关于最大值的判定及突出显示,通过灵活的变化公式可以达到不同的可视化显示目的。在本例中,要求将出勤率最低的员工姓名特殊显示出来,其操作方法如下。

❶选中目标单元格区域,在"开始"选项卡的"样式"组中,单击"条件格式"下拉按钮,在弹出的下拉菜单中选择"新建规则"命令(见图 2-29),打开"新建格式规则"对话框。

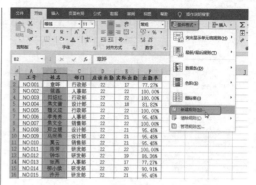

图 2-29

这里要求让"姓名"这一列满足要求时突出显示,因此在选择目标区域时,注意要准确地选中"姓名"列,而不是选中"出勤率"列。

❷在"选择规则类型"栏中选择"使用公式确定要设置格式的单元格",在下面的文本框中输入公式"=F2=MIN(F\$2:F\$26)",然后单击"格式"按钮打开"设置单元格格式"对话框,设置格式后返回,如图 2-30 所示。

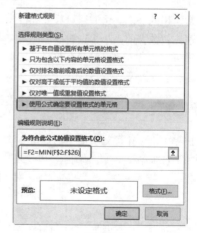

图 2-30

❸单击"确定"按钮,即可看到"出勤率"列中最小值所对应的"姓名"列中的姓名已以特殊颜色进行标记,如图 2-31 所示。

工号	姓名	部门	应该出勤	实际出勤	出勤率
NO.001	詹晖	行政部	22	17	77.27%
NO.002	姚磊	人事部	22	22	100.00%
NO.003	闫绍红	行政部	22	22	100.00%
NO.004	焦文雷	设计部	22	18	81.82%
NO.005	魏义成	行政部	22	22	100.00%
NO.006	李秀秀	人事部	22	21	95.45%
NO.007	焦文全	销售部	22	21	95.45%
NO.008	郑立媛	人事部	22	21	95.45%
NO.009	马同燕	设计部	22	21	95.45%
NO.010	莫云	销售部	22	21	95.45%
NO.011	陈芳	研发部	22	22	100.00%
NO.012	钟华	研发部	22	19	86.36%
NO.013	张燕	人事部	22	17	77.27%
NO.014	柳小续	研发部	22	20	90.91%
NO.015	许开	研发部	22	21	95.45%
NO.016	陈建	销售部	22	20	90.91%
NO.017	万茜	财务部	22	21	95.45%
NO.018	张亚明	财务部	22	22	100.00%
NO.019	张华	财务部	22	22	100.00%
NO.020	郝亮	销售部	22	22	100.00%
NO.021	穆宇飞	销售部	22	17	77.27%
NO.022	于青青	研发部	22	21	95.45%
NO.023	吴小华	销售部	22	22	100.00%

图 2-31

知识扩展

数据区域被设置了条件格式后，如果数据发生变化，条件格式会根据当前数据自动重新标记。如果不想再让该区域显示条件格式，则可以把条件格式规则删除。在“开始”选项卡的“样式”组中，单击“条件格式”下拉按钮，在下拉菜单中选择“管理规则”命令，打开“条件格式规则管理器”对话框，列表中会显示所有定义的规则，选中规则（见图 2-32），单击“删除规则”按钮即可。

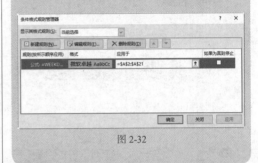

图 2-32

2.2 排序查看极值数据

在进行数据分析时，排序是一个既简单又非常实用的功能。例如，对数值进行排序可以迅速比较数据的大小、查看极值；对文本进行排序可以非常方便地对一类数据进行集中查看、对比、分析等。

2.2.1 单关键字排序

按单关键字排序是最简单的排序方法，重点是在执行排序命令前准确地选中单元格。

❶ 选中“考核成绩”列中的任意单元格（即要求对考核成绩进行排序），在“数据”选项卡的“排序和筛选”组中单击“降序”按钮，如图 2-33 所示。

❷ 单击“降序”按钮后，即可看到“考核成绩”列的数据从高到低进行排序，如图 2-34 所示。

❸ 如果要让数据从小到大排列，方法很简单，只要在“数据”选项卡的“排序和筛选”组中单击“升序”按钮即可。

图 2-33   图 2-34

知识扩展

排序也可以针对文本数据进行，从而让相同的数据排列到一起，利用此方法可以将零乱的数据整理得有规则。在如图 2-35 所示的表格中，“产品大类”列的数据是非常凌乱的，只要选中“产品大类”列中的任意单元格，在"数据"选项卡的"排序和筛选"组中单击"降序"或"升序"按钮即可将相同大类的记录排列到一起，表格瞬间变得有规则了，如图 2-36 所示。

	4月份销售统计表		
代码	产品大类	数量（吨）	金额（万元）
0126	生物活性类	7.38	12.76
0238	生物活性类	7.60	7.5
0327	高分子类产品	7.83	7.66
0327	高分子类产品	7.57	12.56
0327	化工类产品	7.61	7.55
0533	化工类产品	8.91	11.85
0610	生物活性类	5.96	9.88
0631	化工类产品	8.16	10.58
0632	化工类产品	5.00	8
0632	高分子类产品	7.06	12.08
0654	化工类产品	7.86	7.75
0662	生物活性类	3.87	5.76
0701	化工类产品	7.68	8.96
0706	化工类产品	7.76	7.68
0777	化工类产品	8.95	11.9
0777	生物活性类	2.96	3.88
1160	化工类产品	5.01	8.05
1160	化工类产品	3.85	5.66
1160	生物活性类	7.36	8.68
1254	高分子类产品	7.55	7.1
1254	化工类产品	5.97	9.96
1254	化工类产品	7.57	8.56
1254	化工类产品	7.63	7.56
1631	化工类产品	8.97	11.96

图 2-35

	4月份销售统计表		
代码	产品大类	数量（吨）	金额（万元）
0327	高分子类产品	7.83	7.66
0327	高分子类产品	7.57	12.56
0533	高分子类产品	8.91	11.85
0632	高分子类产品	5.00	8
0632	高分子类产品	7.06	12.08
1254	高分子类产品	7.55	7.1
2128	高分子类产品	5.05	8.06
2128	高分子类产品	3.69	7.98
2199	高分子类产品	7.01	8.05
2294	高分子类产品	5.51	9.05
2597	高分子类产品	7.65	7.56
2821	高分子类产品	5.79	9.58
2828	高分子类产品	8.15	10.3
0327	化工类产品	7.61	7.55
0631	化工类产品	8.16	10.58
0654	化工类产品	7.86	7.75
0701	化工类产品	7.68	8.96
0706	化工类产品	7.76	7.68
1160	化工类产品	5.01	8.05
1160	化工类产品	3.85	5.66
1254	化工类产品	5.97	9.96
1254	化工类产品	7.57	8.56
1254	化工类产品	7.63	7.56
1631	化工类产品	8.97	11.96
1690	化工类产品	7.75	7.66

图 2-36

2.2.2 双关键字排序

按双关键字排序是指当按某一个字段排序出现相同值时再按第 2 个条件进行排序。在本例中将通过设置两个条件，先将同一产品大类的数据排列到一起，然后再对相同大类中的金额从高到低排序。要实现双关键字的排序，必须打开"排序"对话框进行操作。

❶ 选中表格中任意单元格，在"数据"选项卡的"排序和筛选"组中单击"排序"按钮（见图 2-37），打开"排序"对话框。

	4月份销售统计表		
代码	产品大类	数量（吨）	金额（万元）
0126	生物活性类	7.38	12.76
0126	生物活性类	7.60	7.5
0327	高分子类产品	7.83	7.66
0327	高分子类产品	7.57	12.56
0327	化工类产品	7.61	7.55
0533	高分子类产品	8.91	11.85
0632	高分子类产品	5.00	8
0632	高分子类产品	7.06	12.08
0777	化工类产品	7.68	8.96
0777	化工类产品	7.76	7.68
0777	化工类产品	8.16	10.58
0777	化工类产品	7.86	7.75
0777	生物活性类	3.87	5.76
0777	生物活性类	5.96	9.88
0777	生物活性类	8.95	11.9
0777	生物活性类	2.96	3.88
1160	化工类产品	5.01	8.05
1160	化工类产品	3.85	5.66

图 2-37

❷ 单击"主要关键字"设置框右侧的下拉按钮，在下拉列表中选择"产品大类"，排序方式采用默认的"升序"，如图 2-38 所示。

图 2-38

❸ 单击"添加条件"按钮，在"次要关键字"设置框中选择"金额（万元）"关键字，在"次序"下拉列表中选择"降序"选项，如图 2-39 所示。

图 2-39

❹ 单击"确定"按钮，返回工作表中，即可看

27

到首先按"产品大类"进行排序，再对相同产品大类中的记录按"金额（万元）"这一列的值从高到低排序，如图 2-40 所示。

	A	B	C	D
1		4月份销售统计表		
2	代码	产品大类	数量（吨）	金额（万元）
3	0327	高分子类产品	7.57	12.56
4	0632	高分子类产品	7.06	12.08
5	0533	高分子类产品	8.91	11.85
6	2828	高分子类产品	8.15	10.3
7	2828	高分子类产品	5.79	9.58
8	2294	高分子类产品	5.51	9.05
9	2128	高分子类产品	5.05	8.06
10	2199	高分子类产品	7.01	8.05
11	0632	高分子类产品	5.00	8
12	2128	高分子类产品	3.69	7.98
13	0327	高分子类产品	7.83	7.66
14	2597	高分子类产品	7.65	7.56
15	1254	高分子类产品	7.55	7.1
16	1631	化工类产品	8.97	11.96
17	0777	化工类产品	8.16	10.58
18	0777	化工类产品	5.97	9.96
19	0777	化工类产品	7.68	8.88
20	2380	化工类产品	7.66	8.88
21	1254	化工类产品	7.57	8.56
22	2380	化工类产品	7.16	8.35
23	1160	化工类产品	5.01	8.05
24	0777	化工类产品	7.86	7.75
25	0777	化工类产品	7.76	7.68
26	1690	化工类产品	7.75	7.66
27	1254	化工类产品	7.63	7.56
28	0327	化工类产品	7.61	7.55

图 2-40

2.2.3 按单元格颜色排序

数据排序时默认以数值大小为排序依据，除此之外还可以设置以单元格的颜色、字体颜色、条件格式图标为排序依据。下面举例介绍按单元格颜色排序的方法。

本例中，将 60 岁及以上的年龄设置为特殊颜色（可以使用条件格式的功能快速按条件特殊标记单元格），现在希望将这些记录快速排序到表格最前面，并删除这些数据。

❶ 选中表格区域中的任意单元格，在"数据"选项卡的"排序和筛选"组中单击"排序"按钮，如图 2-41 所示。

❷ 打开"排序"对话框，分别设置"主要关键字"为"年龄"，"排序依据"为"单元格颜色"，如图 2-42 所示，接着设置"次序"为"升序"，在"无单元格颜色"下拉列表中选择"无单元格颜色"选框，位置设置为"在顶端"，如图 2-43 所示。

❸ 单击"确定"按钮，则可以得到如图 2-44 所示的排序效果。

图 2-41

图 2-42

图 2-43

	A	B	C	D
1	编码	性别	年龄	平时是否配戴
2	3	女	62	偶尔
3	8	女	65	偶尔
4	9	男	63	不戴
5	15	男	65	经常
6	16	男	71	偶尔
7	18	男	72	不戴
8	23	男	60	偶尔
9	28	男	60	偶尔
10	1	女	28	偶尔
11	2	男	30	经常
12	4	女	22	不戴
13	5	男	20	经常
14	6	男	29	经常
15	7	男	32	偶尔
16	10	男	26	不戴
17	11	女	35	经常
18	12	女	22	经常
19	13	男	30	经常
20	14	男	19	经常
21	17	女	42	偶尔
22	19	男	28	不戴

图 2-44

④ 至此，已将不满足条件的数据找到并排列到一起，一次性选中这些数据，并执行"删除"操作，如图 2-45 所示。

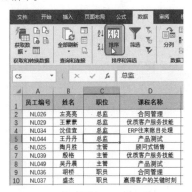

图 2-45

2.2.4 按自定义的规则排序

在对文本进行排序时，要么升序排列（从字母 A 到 Z 排序），要么降序排列（从字母 Z 到 A 排序），当这两种默认的排序方式不能满足需要时，就需要自定义排序规则。比如按学历层次的高低排序、按职位的高低排序、按地域从南到北排序等。下面给出一个实例讲解自定义排序规则的设定方法。

如图 2-46 所示表格中，我们需要将数据按"总监—经理—主管—职员"的顺序排列。我们先执行一次排序，可以看到无论是升序还是降序都无法让职位从高到低排序。

	A	B	C	D	E	F
1	员工编号	姓名	职位	课程名称	考核成绩	考核结果
2	NL026	左亮亮	总监	合同管理	78	合格
3	NL029	王蒙蒙	总监	优质客户服务技能	69	不合格
4	NL034	沈佳宜	总监	ERP往来账处理	70	合格
5	NL044	王丹丹	总监	产品测试	82	良好
6	NL025	陶月胜	主管	顾问式销售	86	良好
7	NL039	殷格	主管	优质客户服务技能	78	合格
8	NL049	吴丹晨	主管	产品测试	79	合格
9	NL036	胡桥	职员	合同管理	82	良好
10	NL037	盛杰	职员	赢得客户的关键时刻	79	合格
11	NL048	董薇	职员	成本控制	75	合格
12	NL023	柯娜	经理	合同管理	82	良好
13	NL024	张文清	经理	顾问式销售	90	良好
14	NL027	郑大伟	经理	产品测试	89	良好
15	NL031	刘晓芸	经理	合同管理	71	合格
16	NL045	叶倩文	经理	成本控制	72	合格

图 2-46

❶ 选择表格编辑区域中的任意单元格，如图 2-47 所示，在"数据"选项卡的"排序和筛选"选项组中单击"排序"按钮，打开"排序"对话框。

❷ 在"主要关键字"下拉列表中选择"职位"，在"次序"下拉列表中选择"自定义序列"，如图 2-48 所示。

图 2-47

图 2-48

❸ 弹出"自定义序列"对话框，在"输入序列"列表框中输入自定义序列，注意条目间换行显示，如图 2-49 所示。

图 2-49

❹ 单击"添加"按钮，可以将自定义的序列添加到左侧列表中，如图 2-50 所示。

图 2-50

❺ 依次单击"确定"按钮完成排序，从排序后的效果可以看到已经按职位从高到低排序了，如图 2-51 所示。

	A	B	C	D	E	F
1	员工编号	姓名	职位	课程名称	考核成绩	考核结果
2	NL026	左亮亮	总监	合同管理	78	合格
3	NL029	王蒙蒙	总监	优质客户服务技能	69	不合格
4	NL034	沈佳宜	总监	ERP往来账目处理	70	合格
5	NL044	王丹丹	总监	产品测试	82	良好
6	NL023	柯娜	经理	合同管理	82	良好
7	NL024	张文婧	经理	顾问式销售	90	良好
8	NL027	郑大伟	经理	产品测试	89	良好
9	NL031	刘晓芸	经理	合同管理	71	合格
10	NL045	叶倩文	经理	成本控制	72	合格
11	NL025	陶月胜	主管	顾问式销售	86	良好
12	NL039	殷格	主管	优质客户服务技能	78	合格
13	NL049	吴序晨	主管	产品测试	79	合格
14	NL036	胡桥	职员	合同管理	82	良好
15	NL037	盛杰	职员	赢得客户的关键时刻	79	合格
16	NL048	董意	职员	成本控制	75	合格

图 2-51

2.3 ▶ 筛选数据

从数据库表格中按分析目的筛选查看数据，是进行数据分析的基础，在查看数据的过程中也会得到相应的分析结论。根据字段（如数值字段、文本字段、日期字段）的不同，其筛选条件的设置也会不同。

筛选功能与排序功能一样，操作虽然简单，但在数据的统计分析过程中使用频繁。

2.3.1 从数据库中筛选查看满足的数据

对表格进行"筛选"操作，实际是对每个字段添加了一个自动筛选的按钮，通过这个筛选按钮可以实现查看满足条件的记录。

在本例中，选中数据区域中的任意一个单元格，在"数据"选项卡的"排序和筛选"组中单击"筛选"按钮（见图 2-52），则每个字段旁都添加了筛选按钮，如图 2-53 所示。

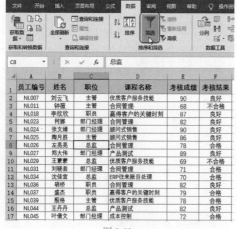

图 2-52

	A	B	C	D	E	F
1	员工编	姓名	职位	课程名称	考核成绩	考核结果
2	NL007	刘云飞	主管	优质客户服务技能	90	良好
3	NL011	钟薇	主管	合同管理	68	不合格
4	NL018	李欣欣	职员	赢得客户的关键时刻	87	良好
5	NL023	柯娜	部门经理	合同管理	82	良好
6	NL024	张文婧	部门经理	顾问式销售	90	良好
7	NL025	陶月胜	主管	顾问式销售	86	良好
8	NL026	左亮亮	总监	合同管理	78	合格
9	NL027	郑大伟	部门经理	产品测试	89	良好
10	NL029	王蒙蒙	总监	优质客户服务技能	69	不合格
11	NL031	刘晓芸	部门经理	合同管理	71	合格
12	NL034	沈佳宜	总监	ERP往来账目处理	70	合格
13	NL036	胡桥	职员	合同管理	82	良好
14	NL037	盛杰	职员	赢得客户的关键时刻	79	合格
15	NL039	殷格	主管	优质客户服务技能	78	合格
16	NL044	王丹丹	总监	产品测试	82	良好
17	NL045	叶倩文	部门经理	成本控制	72	合格
18	NL048	董意	职员	成本控制	67	不合格

图 2-53

可以筛选查看指定职位的考核记录。单击"职位"右侧的下拉按钮，在弹出的菜单中取消选中所有复选框，选中想查看的那个职位，例如选中"部门经理"（见图2-54），单击"确定"按钮，即可得到"职位"为"部门经理"的所有记录，如图2-55所示。

图 2-54

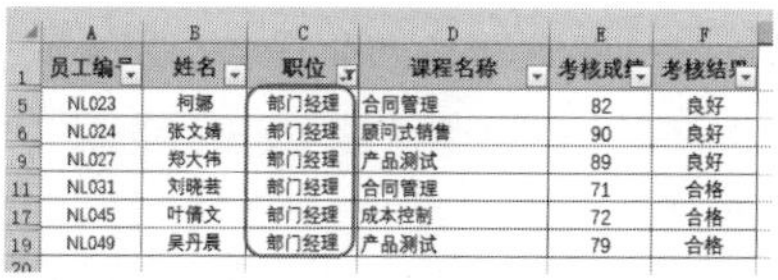

图 2-55

还可以筛选查看指定考核结果的数据。单击"考核结果"右侧的下拉按钮，在弹出的菜单中取消选中所有复选框，选中想查看的考核等级，例如选中"良好"（见图2-56），单击"确定"按钮即可得到"考核结果"为"良好"的所有记录，如图2-57所示。

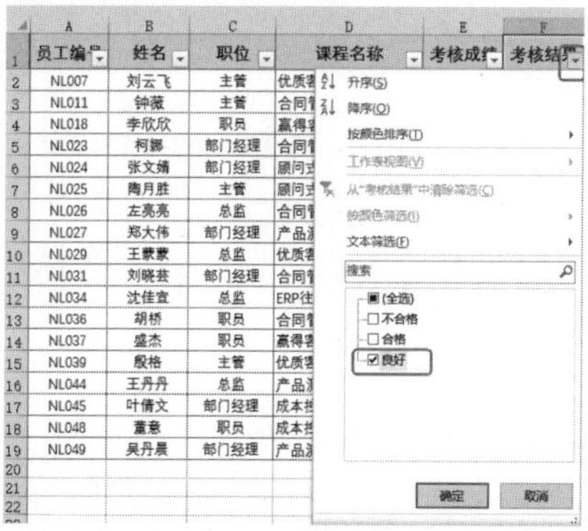

图 2-56

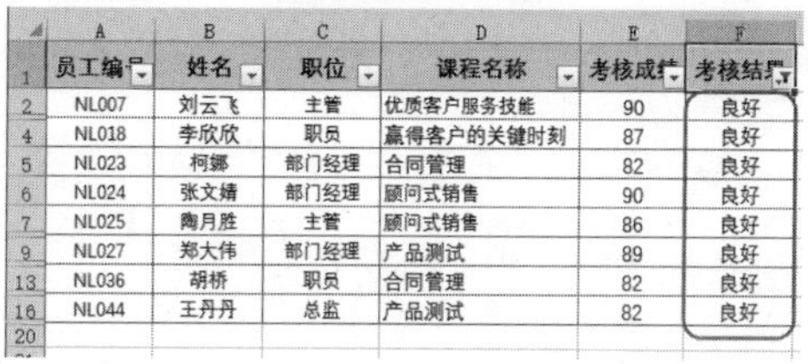

图 2-57

除此之外，我们还可以对具体数值进行判断并筛选，这将在下面的小节中进行讲解。

2.3.2 数字筛选

数字筛选是数据分析时最常用的筛选方式，如以支出费用、成绩、销售额等作为字段进行筛选。数字筛选的类型有"等于""不等于""大于""大于或等于""小于""小于或等于""介于"等，不同的筛选类型可以得到不同的筛选结果。

在本例中将要筛选出工龄大于5年的所有记录。

❶ 选中数据区域中的任意单元格，在"数据"选项卡的"排序和筛选"组中单击"筛选"按钮，添加自动筛选。

❷ 单击"工龄"右侧筛选按钮，在筛选菜单中选择"数字筛选"命令，在弹出的子菜单中选择"大于"命令（见图2-58），打开"自定义自动筛选方式"对话框。

图 2-58

❸ 在"大于"后面文本框中输入"5"，如图2-59所示。

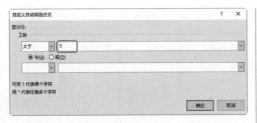

图 2-59

④ 单击"确定"按钮，返回工作表中，即可筛选出工龄大于 5 的记录，如图 2-60 所示。

图 2-60

知识扩展

当不需要筛选查看，而要显示出全部数据时，可以取消筛选。上面对"工龄"字段进行了筛选，单击"工龄"右侧下拉按钮，在筛选菜单中选择"从'工龄'中清除筛选"命令，如图 2-61 所示，即可取消筛选。

图 2-61

如果工作表中对多个字段进行了筛选，要想一次性取消全部字段的筛选，可以选择"数据"选项卡，在"排序和筛选"选项组单击"清除"按钮，一次性取消本工作表中的所有筛选。

例如，要筛选出年龄介于 30 和 35 岁之间的应聘者记录，可以按下面的方法进行筛选。

❶ 选中数据区域中的任意单元格，在"数据"

选项卡的"排序和筛选"组中单击"筛选"按钮添加自动筛选。

❷ 单击"年龄"右侧筛选按钮，在筛选菜单中选择"数字筛选"命令，在弹出的子菜单中选择"介于"命令（见图 2-62），打开"自定义自动筛选方式"对话框。

图 2-62

❸ 在"大于或等于"后面的文本框中输入"30"，在"小于或等于"后面的文本框中输入"35"，如图 2-63 所示。

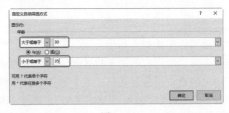

图 2-63

❹ 单击"确定"按钮，返回工作表中，即可筛选出年龄介于 30 和 35 岁之间的记录，如图 2-64 所示。

图 2-64

2.3.3 文本筛选

文本筛选，顾名思义，就是针对文本字段

Excel 2019 在工作总结与汇报中的典型应用（视频教学版）

的筛选。因此可以筛选出"包含"某文本、"开头是"某文本或者"结尾是"某文本的记录。严格来说，"开头是"和"结尾是"也属于包含的范畴。除此之外，本节中还将介绍"不包含"某字段的筛选操作。

1. 包含指定文本的筛选

对同一类型数据的筛选，实际类似于我们在查找时使用的通配符。在如图 2-65 所示的考核统计表中，有各种类别的经理职位，现在想筛选出包含"经理"的记录，从而实现对这一职位考核情况的查看。

	A	B	C	D	E	F
1	员工编号	姓名	职位	课程名称	考核成绩	考核结果
2	NL007	刘云飞	主管	优质客户服务技能	90	良好
3	NL011	钟薇	主管	合同管理	68	不合格
4	NL018	李欣欣	职员	赢得客户的关键时刻	87	良好
5	NL023	柯娜	部门经理	顾问式销售	82	良好
6	NL024	张文婧	部门经理	顾问式销售	90	良好
7	NL025	陶月胜	部门经理	顾问式销售	86	良好
8	NL026	左亮亮	总监	合同管理	78	合格
9	NL027	郑大伟	部门经理	产品测试	89	良好
10	NL031	王蒙蒙	总监	优质客户服务技能	69	不合格
11	NL031	刘晓芸	部门经理	合同管理	71	合格
12	NL036	沈佳宜	总监	ERP往来账目处理	70	合格
13	NL036	胡桥	职员	合同管理	82	良好
14	NL037	盛杰	职员	赢得客户的关键时刻	79	良好
15	NL039	殷格	主管	优质客户服务技能	78	良好
16	NL044	王丹丹	总监	产品测试	82	良好
17	NL045	叶倩文	部门经理	成本控制	72	合格
18	NL048	董意	职员	成本控制	67	不合格
19	NL049	吴丹晨	部门经理	产品测试	79	合格

图 2-65

❶ 选中数据区域中的任意单元格，在"数据"选项卡的"排序和筛选"组中单击"筛选"按钮，添加自动筛选。

❷ 单击"员工编号"列标识右侧下拉按钮，在筛选菜单中选择"文本筛选"命令，在弹出的子菜单中选择"包含"命令（见图 2-66），打开"自定义自动筛选方式"对话框。

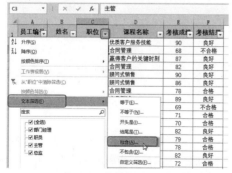

图 2-66

❸ 在"包含"后面文本框中输入"经理"，如图 2-67 所示。

图 2-67

❹ 单击"确定"按钮，可以看到得出的筛选记录，如图 2-68 所示。

	A	B	C	D	E	F
1	员工编号	姓名	职位	课程名称	考核成绩	考核结果
2	NL007	刘云飞	人事经理	优质客户服务技能	90	良好
3	NL011	钟薇	行政经理	合同管理	68	不合格
5	NL023	柯娜	销售经理	合同管理	82	良好
6	NL024	张文婧	销售经理	顾问式销售	90	良好
9	NL025	陶月胜	财务经理	顾问式销售	86	良好
10	NL027	郑大伟	销售经理	产品测试	89	良好
13	NL031	刘晓芸	销售经理	合同管理	71	合格
17	NL045	叶倩文	销售经理	成本控制	72	合格
19	NL049	吴丹晨	人事经理	产品测试	79	合格

图 2-68

2. 不包含指定文本的筛选

在进行文本筛选时也可以实现不包含指定文本的筛选。例如，筛选出除经理职位之外的所有考核记录，可以使用"不包含"功能自动剔除包含指定文本的记录。

❶ 选中数据区域中的任意单元格，在"数据"选项卡的"排序和筛选"组中单击"筛选"按钮，添加自动筛选。

❷ 单击"职位"列标识右侧下拉按钮，在"文本筛选"子菜单中选择"不包含"命令，如图 2-69 所示。

	A	B	C	D	E	F
	员工编号	姓名	职位	课程名称	考核成绩	考核结果
				优质客户服务技能	90	良好
				合同管理	68	不合格
				赢得客户的关键时刻	87	良好
				合同管理	82	良好
				顾问式销售	90	良好
				顾问式销售	86	良好
				合同管理	78	合格
					89	良好
					69	不合格
					71	合格
					70	合格
					82	良好
					79	良好
					78	合格
					82	良好
					72	合格

图 2-69

③ 打开"自定义自动筛选方式"对话框，从中自定义自动筛选方式，设置不包含文本为"经理"，如图 2-70 所示。

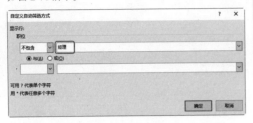

图 2-70

④ 单击"确定"按钮后，即可筛选出职位中排除"经理"文字的所有其他记录，筛选结果如图 2-71 所示。

	A	B	C	D	E	F
	员工编	姓名	职位	课程名称	考核成绩	考核结果
4	NL018	李欣欣	职员	赢得客户的关键时刻	87	良好
8	NL026	左亮亮	总监	合同管理	78	合格
10	NL029	王蒙蒙	总监	优质服务技能	69	不合格
12	NL034	沈佳宜	总监	ERP往来账目处理	70	合格
13	NL036	胡桥	职员	合同管理	82	良好
14	NL037	盛杰	职员	赢得客户的关键时刻	79	合格
15	NL039	殷格	职员	优质服务技能	78	合格
16	NL044	王丹丹	总监	产品测试	82	良好
18	NL048	董意	职员	成本控制	67	不合格

图 2-71

2.3.4 结果独立放置的筛选

上面我们进行的筛选都是在源数据表的基础上进行的，即将不满足条件的记录暂时隐藏起来。如果需要将筛选结果独立放置，则需要进行高级筛选。

在高级筛选方式下可以实现满足多条件中任意一个条件的筛选（即"或"条件筛选），也可以实现同时满足多个条件的筛选（即"与"条件筛选）。

1. 高级筛选中的"与"条件筛选

"与"条件筛选是指同时满足两个条件或多个条件的筛选。例如在下面的数据表中，需要筛选出"报名时间"在 2020/10/8 之后，并且"所报课程"为"陶艺"的所有记录。

① 在 F1:G2 单元格区域设定筛选条件（见图 2-72），在"数据"选项卡的"排序和筛选"组中单击"高级"按钮，打开"高级筛选"对话框。

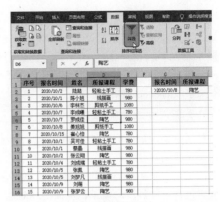

图 2-72

② 设置"列表区域"为 A1:E27 单元格区域，设置"条件区域"为 G1:H2 单元格区域，选中"将筛选结果复制到其他位置"单选按钮，将光标定位到激活的"复制到"文本框中，在工作表中单击 G5 单元格，如图 2-73 所示。

图 2-73

③ 单击"确定"按钮，返回到工作表中，即可得到同时满足双条件的筛选结果，如图 2-74 所示。

图 2-74

2. 高级筛选中的"或"条件筛选

"或"条件筛选是指只要满足两个或多个条件中的一个都被视作满足要求的筛选。在本例中将针对数据源筛选出职位为"部门经理"

或者考核结果为"不合格"的所有记录。

❶ 在 H1:I3 单元格区域设定筛选条件（见图 2-75），在"数据"选项卡的"排序和筛选"组中单击"高级"按钮，打开"高级筛选"对话框。

图 2-75

❷ 设置"列表区域"为 A1:F19 单元格区域，设置"条件区域"为 H1:I3 单元格区域，选中"将筛选结果复制到其他位置"单选按钮，将光标定位到激活的"复制到"文本框中，在工作表中选中 H5 单元格，如图 2-76 所示。

图 2-76

❸ 单击"确定"按钮，返回到工作表中，可以

查看 J 列与 M 列的数据，发现这些记录至少会满足所设置的两个条件中的任意一个，如图 2-77 所示。

H	I	J	K	L	M
职位	考核结果				
部门经理					
	不合格				

员工编号	姓名	职位	课程名称	考核成绩	考核结果
NL011	钟薇	主管	合同管理	68	不合格
NL023	柯娜	部门经理	合同管理	82	良好
NL024	张文婧	部门经理	顾问式销售	90	良好
NL027	郑大伟	部门经理	产品测试	89	良好
NL029	王蒙蒙	总监	优质客户服务	69	不合格
NL031	刘晓蕊	部门经理	合同管理	71	合格
NL045	叶倩文	部门经理	成本控制	72	合格
NL045	董意	职员	成本控制	67	不合格
NL049	吴丹晨	部门经理	产品测试	79	合格

图 2-77

	A	B	C	D	E	F
1	商品名称	销售数量	销售金额		商品名称	销售数量
2	醉香薄烧（杏仁薄烧）	20	512		伏苓糕*	>=20
3	手工曲奇（红枣）	68	918			
4	伏苓糕（绿豆沙）	22	99			
5	伏苓糕（桃花）	20	180			
6	醉香薄烧（榛果薄饼）	47	490			
7	手工曲奇（草莓）	146	1971			
8	伏苓糕（铁盒）	15	537			
9	伏苓糕（礼盒海苔）	29	521.5			
10	伏苓糕（海苔）	5	49			
11	伏苓糕（香芋）	10	90			

图 2-78

2.4 ▶ 数据的分类汇总

分类汇总，顾名思义，就是将同一类别的记录进行合并统计。用于合并统计的字段可以自定义设置，合并统计的计算方式可以是求和、求平均值、求最大值和求最小值等。这项功能是数据分析乃至大数据统计分析中的常用的功能之一。

2.4.1 单层分类汇总

在进行分类汇总之前，需要按目标字段进行排序，将同一类数据放置在一起，形成多个分类，然后才能对各个类别进行合并统计。在如图 2-79 所示的表格中，可以通过分类汇总统计各仓库的库存总量。

图 2-79

❶ 选中"仓库名称"列下任意单元格，在"数据"选项卡的"排序和筛选"组中单击"升序"按钮，即可将相同品类的记录排序到一起，如图 2-80 所示。

图 2-80

❷ 在"数据"选项卡的"分级显示"组中单击"分类汇总"按钮（见图 2-81），打开"分类汇总"对话框。

图 2-81

❸ 单击"分类字段"文本框下拉按钮，在下拉菜单中选择"仓库名称"（注意分类字段一定是经过排序的那个字段），如图 2-82 所示，"汇总方式"采用默认的"求和"，在"选项汇总项"中选中"本月库存"复选框，如图 2-83 所示。

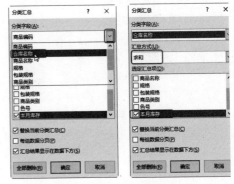

图 2-82　　　　　　　　图 2-83

❹ 单击"确定"按钮，返回工作表中，即可看到表格中的数据以"仓库名称"为字段进行了汇总统计，即每一个相同的大类下出现了一个汇总项，如图 2-84 所示。

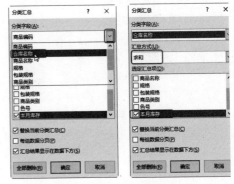

图 2-84

❺ 当数据较多时，为了能更清晰地查看到分类统计结果，可单击左上角的"2"，即可只显示出统计结果，如图 2-85 所示。

	A	B	C	D	E	F	G	H
1	商品编码	仓库名称	商品名称	规格	包装规格	商品类别	色号	本月库存
16		西城仓 汇总						8290
21		临玉加工厂仓库 汇总						2020
26		建材商城仓库 汇总						2072
40		东城仓 汇总						4730
51		北城A仓 汇总						4350
63		北城A仓 汇总						2563
64		总计						24025

图 2-85

另外，在此表中也可以对不同的商品类别进行库存量的汇总。

❶选中"商品类别"列下任意单元格，在"数据"选项卡的"排序和筛选"组中单击"升序"按钮，即可将相同品类的记录排列到一起，如图 2-86 所示。

图 2-86

❷打开"分类汇总"对话框，单击"分类字段"文本框下拉按钮，在下拉菜单中选择"商品类别"，"汇总方式"采用默认的"求和"，在"选项汇总项"中选中"本月库存"复选框，如图 2-87 所示。

图 2-87

❸单击"确定"按钮，返回工作表中，即可实现按商品类别进行分类汇总，如图 2-88 所示。

	A	B	C	D	E	F	G	H
1	商品编码	仓库名称	商品名称	规格	包装规格	商品类别	色号	本月库存
16						抛釉砖 汇总		6877
44						仿古砖 汇总		1795
61						大理石 汇总		8200
62						瓷片 汇总		7153
						总计		24025

图 2-88

2.4.2 多层分类汇总

多级分类汇总是指一级分类下还有下一级分类的情况，这时就可以同时显示出多层的分类汇总结果。本例仍然沿用上面的数据表，首先对"仓库名称"进行分类汇总，然后再对同一仓库名称下的各个"商品类别"进行二次分类汇总。

❶打开工作表，选择"数据"选项卡，在"排序和筛选"组中单击"排序"按钮（见图 2-89），打开"排序"对话框。

图 2-89

❷分别设置"主要关键字"为"仓库名称"，"次要关键字"为"商品类别"，排序的次序可以采用默认的设置，如图 2-90 所示。

图 2-90

❸单击"确定"按钮可见表格双关键字排序的结果，即先将同一仓库的数据排到一起，再将同一仓库下相同商品类别排到一起，如图 2-91 所示。

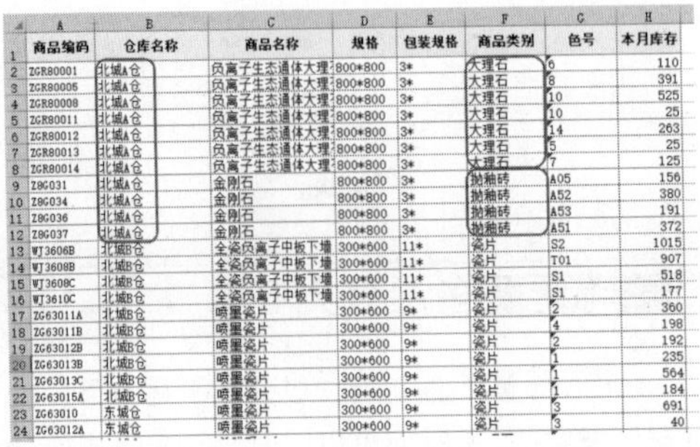

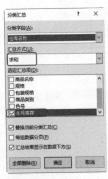

	A	B	C	D	E	F	G	H
1	商品编码	仓库名称	商品名称	规格	包装规格	商品类别	色号	本月库存
2	ZGR80001	北城A仓	负离子生态通体大理	800*800	3*	大理石	6	110
3	ZGR80005	北城A仓	负离子生态通体大理	800*800	3*	大理石	8	391
4	ZGR80008	北城A仓	负离子生态通体大理	800*800	3*	大理石	10	525
5	ZGR80011	北城A仓	负离子生态通体大理	800*800	3*	大理石	10	25
6	ZGR80012	北城A仓	负离子生态通体大理	800*800	3*	大理石	14	263
7	ZGR80013	北城A仓	负离子生态通体大理	800*800	3*	大理石	5	25
8	ZGR80014	北城A仓	负离子生态通体大理	800*800	3*	大理石	7	125
9	Z8G031	北城A仓	金刚石	800*800	3*	抛釉砖	A05	156
10	Z8G034	北城A仓	金刚石	800*800	3*	抛釉砖	A52	380
11	Z8G036	北城A仓	金刚石	800*800	3*	抛釉砖	A53	191
12	Z8G037	北城A仓	金刚石	800*800	3*	抛釉砖	A51	372
13	WJ3606B	北城B仓	全瓷负离子中板下墙	300*600	11*	瓷片	S2	1015
14	WJ3608B	北城B仓	全瓷负离子中板下墙	300*600	11*	瓷片	T01	907
15	WJ3608C	北城B仓	全瓷负离子中板下墙	300*600	11*	瓷片	S1	518
16	WJ3610C	北城B仓	全瓷负离子中板下墙	300*600	11*	瓷片	S1	177
17	ZG63011A	北城B仓	喷墨瓷片	300*600	9*	瓷片	2	360
18	ZG63011B	北城B仓	喷墨瓷片	300*600	9*	瓷片	4	198
19	ZG63012B	北城B仓	喷墨瓷片	300*600	9*	瓷片	2	192
20	ZG63013B	北城B仓	喷墨瓷片	300*600	9*	瓷片	1	235
21	ZG63013C	北城B仓	喷墨瓷片	300*600	9*	瓷片	1	564
22	ZG63015A	北城B仓	喷墨瓷片	300*600	9*	瓷片	1	184
23	ZG63010	东城仓	喷墨瓷片	300*600	9*	瓷片	3	691
24	ZG63012A	东城仓	喷墨瓷片	300*600	9*	瓷片	3	40

图 2-91

❹ 在“数据”选项卡的“分级显示”组中单击“分类汇总”按钮，打开“分类汇总”对话框。单击“分类字段”文本框下拉按钮，在下拉菜单中选择“仓库名称”，“汇总方式”采用默认的“求和”，“选项汇总项”中选中“本月库存”复选框，如图 2-92 所示。

❺ 单击“确定”按钮，可以看到一次分类汇总的结果，即统计出了各个仓库的库存汇总数量。再次打开“分类汇总”对话框，将“分类字段”更改为“商品类别”，其他选项保持不变，取消选中“替换当前分类汇总”复选框，如图 2-93 所示。

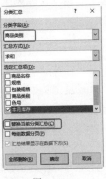

图 2-92

图 2-93

专家提示

系统默认在工作表中创建下一个分类汇总时，自动替换当前的分类汇总。如果需要在工作表中创建多级或者多种统计的分类汇总，则需在创建一次分类汇总方式后，在“分类汇总”对话框中取消选中“替换当前分类汇总”复选框。

❻ 单击“确定”按钮，可以看到二次分类汇总的结果，因为当前数据量稍大，受屏幕大小限制，我们需要单击左上角的显示级别 3 来查看统计结果。从当前的统计结果可以看出，本例分两个级别来统计，如图 2-94 所示。

	A	B	C	D	E	F	G	H
1	商品编码	仓库名称	商品名称	规格	包装规格	商品类别	色号	本月库存
9						大理石 汇总		1464
14						抛釉砖 汇总		1099
15		北城A仓 汇总						2563
26						瓷片 汇总		4350
27		北城B仓 汇总						4350
30						瓷片 汇总		731
38						大理石 汇总		2204
43						仿古砖 汇总		1795
44		东城仓 汇总						4730
49						瓷片 汇总		2072
50		建材商城仓库 汇总						2072
53						大理石 汇总		821
56						抛釉砖 汇总		1199
57		临玉加工厂仓库 汇总						2020
64						大理石 汇总		3711
73						抛釉砖 汇总		4579
74		西城仓 汇总						8290
75		总计						24025

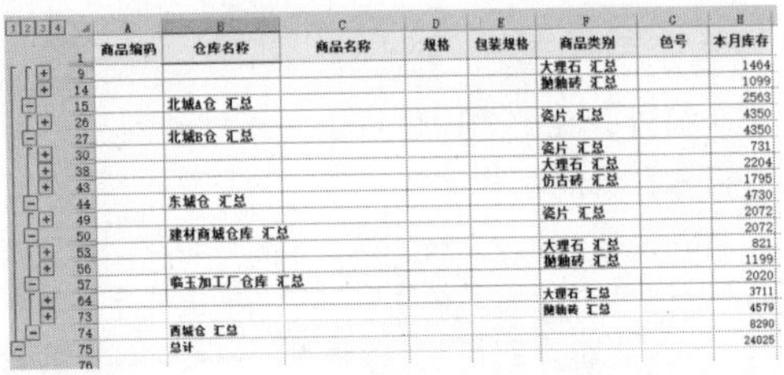

图 2-94

知识扩展

当不需要对工作表中的数据进行分类汇总时，可以取消分类汇总。不管工作表中设置了一种还是多种分类汇总，都可以一次性取消分类汇总。打开“分类汇总”对话框，单击“全部删除”按钮（见图 2-95），返回工作表中，即可取消工作表中的分类汇总。

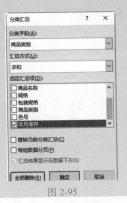

图 2-95

2.4.3 同一字段的多种不同汇总

针对同一字段，可以同时显示多种统计结果，如同时显示求和值、最大值、平均值等。本例中将同时统计各班学生总分的最高分与平均分两项分类汇总的结果。

❶ 针对本例数据源，首先对"班级"字段进行排序，将相同班级的数据排到一起。在"数据"选项卡的"分级显示"组中单击"分类汇总"按钮，如图 2-96 所示。

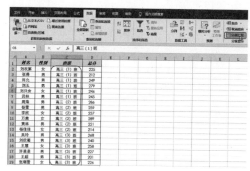

图 2-96

❷ 打开"分类汇总"对话框，设置"分类字段"为"班级"，设置"汇总方式"为"平均值"，在"选定汇总项"列表框中选中"总分"复选框，如图 2-97 所示。

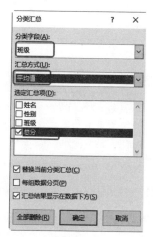

图 2-97

❸ 单击"确定"按钮，得到第一次分类汇总的结果，如图 2-98 所示。

❹ 按相同的方法，再次打开"分类汇总"对话框，设置"汇总方式"为"最大值"，取消选中下方的"替换当前分类汇总"复选框，如图 2-99 所示。

❺ 单击"确定"按钮完成设置，此时可以看到表格中分类汇总的结果是两种统计结果，如图 2-100 所示。

图 2-98

图 2-99

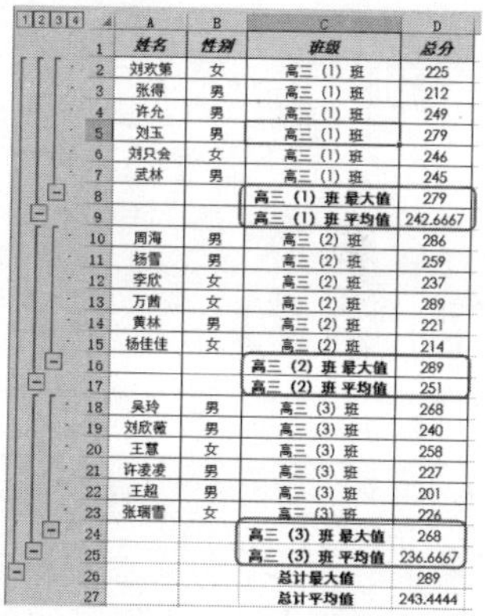

图 2-100

2.4.4 生成分类汇总报表

利用分类汇总功能获取统计结果后，可以通过复制使用汇总结果，并可通过格式整理，形成用于汇报的汇总报表。在复制分类汇总结果时，会自动将明细数据全部粘贴过来，如果只想把汇总结果复制下来，则需要按如下方法操作。

❶ 打开创建了分类汇总的表格，先选中有统计数据的单元格区域，如图 2-101 所示。

图 2-101

❷按 F5 键即可打开"定位条件"对话框，选中"可见单元格"单选按钮，如图 2-102 所示。

理，如图 2-105 所示。

图 2-102

❸单击"确定"按钮，即可将所有可见单元格区域选中，再按 Ctrl+C 组合键执行复制命令，如图 2-103 所示。

图 2-103

❹打开新工作表后，按 Ctrl+V 组合键执行粘贴命令，只将分类汇总结果粘贴到新表格中，如图 2-104 所示。

	A 商品编码	B 仓库名称	C 商品名称	D 规格	E 包装规格	F 商品类别	G 色号	H 本月库存
1						大理石 汇总		1464
2						抛釉砖 汇总		1099
3		北城A仓 汇总						2563
4						瓷片 汇总		4350
5		北城B仓 汇总						4350
6						瓷片 汇总		731
7						大理石 汇总		2204
8						仿古砖 汇总		1795
9		东城仓 汇总						4730
10						瓷片 汇总		2072
11		建材商城仓库 汇总						2072
12						大理石 汇总		821
13						抛釉砖 汇总		1199
14		临玉加工厂仓库 汇总						2020
15						大理石 汇总		3711
16						抛釉砖 汇总		4579
17		西城仓 汇总						8290
18		总计						24025

图 2-104

❺将一些没有统计项的列删除，对表格稍做整

	A 仓库名称	B 商品类别	C 本月库存
1		大理石 汇总	1464
2		抛釉砖 汇总	1099
3		大理石 汇总	1464
4	北城A仓 汇总		2563
5		瓷片 汇总	4350
6	北城B仓 汇总		4350
7		瓷片 汇总	731
8		大理石 汇总	2204
9		仿古砖 汇总	1795
10	东城仓 汇总		4730
11		瓷片 汇总	2072
12	建材商城仓库 汇总		2072
13		大理石 汇总	821
14		抛釉砖 汇总	1199
15	临玉加工厂仓库 汇总		2020
16		大理石 汇总	3711
17		抛釉砖 汇总	4579
18	西城仓 汇总		8290
19	总计		24025

图 2-105

❻按 Ctrl+H 组合键打开"查找和替换"对话框，在"查找内容"框中输入"汇总"，"替换为"框中保持空白，如图 2-106 所示。

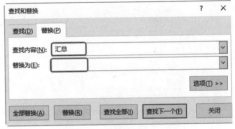

图 2-106

❼单击"全部替换"按钮，即可将报表中的"汇总"文字删除。然后再为报表添加标题，最终形成可用于工作汇报的报表，如图 2-107 所示。

	A 仓库名称	B 商品类别	C 本月库存
1		大理石	1464
2		抛釉砖	1099
3	北城A仓		2563
4		瓷片	4350
5	北城B仓		4350
6		瓷片	731
7		大理石	2204
8		仿古砖	1795
9	东城仓		4730
10		瓷片	2072
11	建材商城仓库		2072
12		大理石	821
13		抛釉砖	1199
14	临玉加工厂仓库		2020
15		大理石	3711
16		抛釉砖	4579
17	西城仓		8290
18	总计		24025

图 2-107

第 **3** 章

统计、计算生成汇总报表

Excel 中的表格有的用于资料显示，有的是相关工作的原始数据记录。由于出处不同，所以数据格式通常也不统一，且同一类别数据可能散落在不同的报表中，需要进行多表合并计算，生成的汇总报表才能辅助于最终决策。

- ☑ 多表求和的合并计算报表
- ☑ 多表求平均值的合并计算报表
- ☑ 多表计数的合并计算报表
- ☑ 几种实用的统计函数、按条件统计函数
- ☑ 数据的自动化查询匹配

3.1 合并计算生成汇总报表

在日常工作中，我们经常会将数据分门别类地存放在不同的表格中，例如按月存放、按部门存放、按销售区域存放等。因此在季末或月末一般都需要进行合并汇总统计，这时候就需要使用到 Excel 中的合并计算功能，快速、一次性地完成。利用此功能可以把多个格式相同的表格数据进行求和、求平均值、计数等运算，并将最终的结果显示在一张单独的表格中。

3.1.1 多表汇总求和运算

多表汇总求和运算指的是将多个表格的数据进行汇总，其计算的方式是求和运算。

例如，图 3-1~ 图 3-3 分别为某市场调查中 3 次调查的结果，现在需要根据 3 张表的数据进行计算，建立一张汇总表格，将三张表格中的统计数据进行汇总，从而准确查看此新产品哪些功能是最吸引消费者的。观察一下这 3 张表格，可以看到需要合并计算的数据存放的位置相同（顺序和位置均相同），因此可以按位置进行合并计算。

图 3-1　　　　　　　　　　图 3-2　　　　　　　　　　图 3-3

❶ 新建一张工作表，重命名为"统计"，建立基础数据。选中 B2 单元格，在"数据"选项卡的"数据工具"组中单击"合并计算"按钮，如图 3-4 所示，打开"合并计算"对话框，使用默认的求和函数，单击"引用位置"右侧的拾取器按钮，如图 3-5 所示。

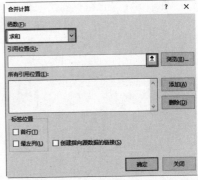

图 3-4　　　　　　　　　　　　　　　　　图 3-5

❷ 切换到"一次调查"工作表，选择待计算的区域 B2:B11 单元格区域（注意不要选中列标识），如图 3-6 所示。

图 3-6

③ 再次单击拾取器按钮，返回"合并计算"对话框。单击"添加"按钮，完成第一个计算区域的添加，如图 3-7 所示。按相同的方法依次将"二次调查"工作表中的"B2:B11"单元格区域、"三次调查"工作表中的 **B2:B11** 单元格区域都添加为计算区域，如图 3-8 所示。

图 3-7

图 3-8

④ 单击"确定"按钮，即可看到"统计"工作表中合并计算后的结果，如图 3-9 所示。

	A	B	C	D
1	最吸引功能	选择人数		
2	GPS定位功能	19		
3	运动记录功能	2		
4	射频感应或遥感功能	21		
5	音乐存储与播放功能	7		
6	拍照功能	6		
7	WIF功能	10		
8	双向通话功能	14		
9	蓝牙功能	7		
10	邮件电话短信	9		
11	语音控制功能	8		
12				

图 3-9

知识扩展

注意观察可以看到，上面例子中两个源数据表中的数据顺序是完全一致的，因此在进行合并计算时，只要将不同表格相同位置上的数据相加就表示进行了合并计算。那么如果数据的顺序并不一致该怎么办呢？例如，在如图 3-10 和图 3-11 所示的两张表格中，通过对比 B 列的数据可以看到数据顺序不一致，而且也不完全相同。

	A	B	C
1	类别	产品名称	销售金额
2		充电式吸剪打毛器	2189
3		迷你小吹风机	2170
4	吹风机	学生静音吹风机	1055.7
5		大功率家用吹风机	1192
6		负离子吹风机	1799
7		发廊专用大功率	4194
8		家用挂烫机	997.5
9		手持式迷你挂烫机	548.9
10	熨斗	学生旅行熨斗	295
11		大功率熨烫机	198
12		吊瓶式电熨斗	358

图 3-10

	A	B	C
1	类别	产品名称	销售金额
2		学生静音吹风机	163.9
3		负离子吹风机	458.7
4	吹风机	充电式吸剪打毛器	3540
5		迷你小吹风机	1078.2
6		吊瓶式电熨斗	463.1
7		手持式迷你挂烫机	217
8	熨斗	家用挂烫机	2106
		家用喷气型熨斗	980

图 3-11

此时在进行合并计算时应注意两点：一是在建立合并计算表格时先不要建立标识，如本例中"产品名称"并不一致，暂时不能确定有哪些项目，所以不要输入，合并计算时会按数据情况自动生成；二是在"合并计算"对话框中除了准确添加引用位置外，一

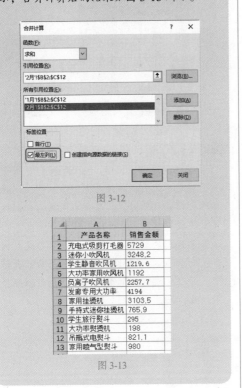

定要选中"最左列"复选框,如图 3-12 所示,合并计算后的结果如图 3-13 所示。

图 3-12

图 3-13

图 3-14

图 3-15

3.1.2 多表汇总求平均值计算

在进行合并计算时,除了可进行求和运算,也可以进行求平均值运算。本例中是按月份记录销售部员工的工资(见图 3-14 和图 3-15,当前显示 3 个月),并且每张表格的结构完全相同。现在需要计算出这一季度中每位销售员的月平均工资。

❶ 新建一张工作表,重命名为"月平均工资计算",建立基础数据。选中 B2 单元格,在"数据"选项卡的"数据工具"组中单击"合并计算"按钮,如图 3-16 所示。

❷ 打开"合并计算"对话框,单击"函数"右侧下拉按钮,在弹出的下拉列表中选择"平均值"选项,然后单击"引用位置"右侧的拾取器按钮,如图 3-17 所示。

图 3-16

图 3-17

44

Excel 2019 在工作总结与汇报中的典型应用(视频教学版)

❸ 切换到“一月”工作表，选择待计算的 D2:D14 单元格区域（注意不要选中列标识），如图 3-18 所示。

	编号	姓名	所属部门	应发合计
2	001	陈春洋	销售部	2989
3	002	侯淑媛	销售部	4710
4	003	孙丽萍	销售部	3450
5	004	李平	销售部	5000
6	005	王保国	销售部	12132
7	006	杨和平	销售部	3303.57
8	007	张文轩	销售部	8029.2
9	008	彭丽丽	销售部	19640
10	009	韦余强	销售部	3507
11	010	闫绍红	销售部	2650
12	011	罗婷	销售部	6258.33
13	012	杨增	销售部	17964.8
14	014	姚磊	销售部	3469

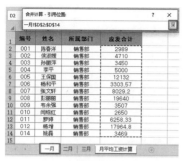

图 3-18

❹ 再次单击拾取器按钮，返回“合并计算”对话框。单击“添加”按钮，完成第一个计算区域的添加，如图 3-19 所示。按相同的方法依次将“二月”工作表中的 D2:D14 单元格区域、“三月”工作表中的 D2:D14 单元格区域都添加为计算区域，如图 3-20 所示。

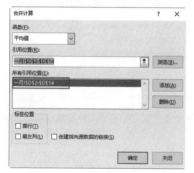

图 3-19

❺ 单击“确定”按钮，即可看到“月平均工资计算”工作表中工资平均计算后的结果，如图 3-21 所示。

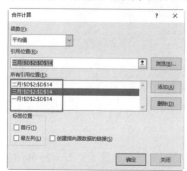

图 3-20

	姓名	平均工资
2	陈春洋	4229.666667
3	侯淑媛	4535
4	孙丽萍	5008.333333
5	李平	4733.333333
6	王保国	10290.33333
7	杨和平	3461.903333
8	张文轩	7187.533333
9	彭丽丽	20131.66667
10	韦余强	4863
11	闫绍红	3075
12	罗婷	6749.996667
13	杨增	11789.8
14	姚磊	5740.86

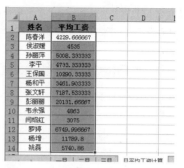

图 3-21

3.1.3 多表汇总计数运算

合并计算时还可以根据分析目标进行求计数运算。如图 3-22 和图 3-23 所示的两张工作表分别记录了两位调查员的 20 条调查记录，现在要统计各项功能被选择的总次数，完成这项统计则需要使用计数函数来进行合并计算。

	最吸引功能	编码	性别	年龄
2	运动记录功能	001	女	28
3	GPS定位功能	002	男	30
4	GPS定位功能	003	女	45
5	GPS定位功能	004	女	22
6	双向通话功能	005	女	55
7	运动记录功能	006	女	22
8	射频感应或遥感功能	007	男	20
9	GPS定位功能	008	男	29
10	双向通话功能	009	男	32
11	WIF功能	010	女	52
12	双向通话功能	011	男	45
13	GPS定位功能	012	男	26
14	GPS定位功能	013	女	35
15	GPS定位功能	014	女	22
16	运动记录功能	015	女	30
17	射频感应或遥感功能	016	男	19
18	双向通话功能	017	男	60
19	射频感应或遥感功能	018	男	71
20	GPS定位功能	019	女	42
21	GPS定位功能	020	男	42

图 3-22

	最吸引功能	编码	性别	年龄
2	WIF功能	001	男	28
3	射频感应或遥感功能	002	女	27
4	运动记录功能	003	女	36
5	GPS定位功能	004	男	50
6	双向通话功能	005	男	60
7	GPS定位功能	006	男	23
8	GPS定位功能	007	男	21
9	射频感应或遥感功能	008	女	25
10	GPS定位功能	009	男	29
11	运动记录功能	010	女	36
12	WIF功能	011	女	38
13	GPS定位功能	012	女	41
14	双向通话功能	013	女	40
15	GPS定位功能	014	男	19
16	音乐存储与播放功能	015	男	25
17	拍照功能	016	男	22
18	运动记录功能	017	女	42
19	双向通话功能	018	男	42
20	GPS定位功能	019	男	28
21	GPS定位功能	020	男	27

图 3-23

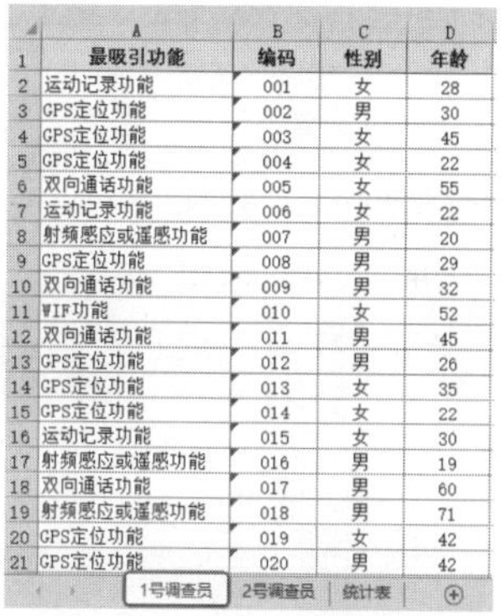

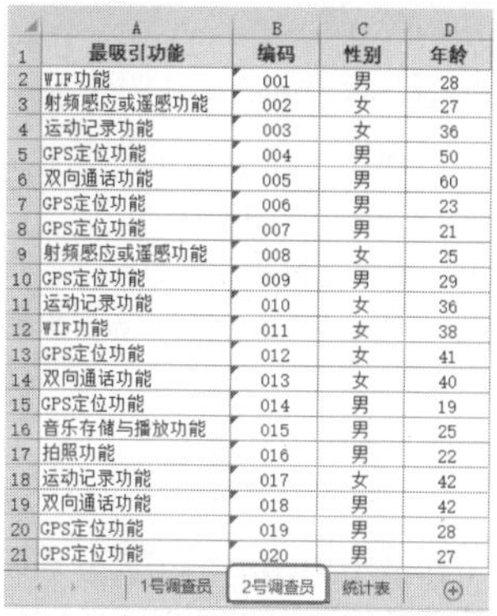

❶ 建立一张统计表，选中 A2 单元格，在"数据"选项卡的"数据工具"组中单击"合并计算"按钮，如图 3-24 所示。

图 3-24

❷ 打开"合并计算"对话框，单击"函数"右侧的下拉按钮，在弹出的下拉列表中选择"计数"选项，如图 3-25 所示。

图 3-25

❸ 单击"引用位置"中的拾取器按钮，回到工作表中，设置第一个引用位置为"1号调查员"工作表中 A2:B21 单元格区域，如图 3-26 所示。

❹ 继续设置第二个引用位置为"2号调查员"工作表的 A2:B21 单元格区域。返回到"合并计算"对话框中，选中"最左列"复选框，如图 3-27 所示。

图 3-26

图 3-27

❺ 单击"确定"按钮，即可以计数的方式合并计算两张表格的数据，计算出各个不同功能被选择的次数，如图 3-28 所示。

图 3-28

3.1.4 多表汇总生成销售额汇总报表

本例工作簿中用两个工作表分别统计了商品的单价和商品的销售数量（见图 3-29 和图 3-30）。利用合并计算功能可以迅速得到总销售额统计表，其操作方法如下。

图 3-29

图 3-30

❶建立"总销售额报表",并建立列标识(图 3-31)。选中 A2 单元格,打开"合并计算"对话框,选择函数为"乘积",如图 3-32 所示。

图 3-31

图 3-32

❷分别拾取"商品单价"工作表中的 A2:B13 单元格区域、"销售件数"工作表中的 A2:B13 单元格区域,将它们都添加到"合并计算"对话框的引用位置列表中,并选中"最左列"复选框,如图 3-33 所示。

图 3-33

❸单击"确定"按钮,返回"总销售额报表"工作表后,即可计算出每一种商品的总销售额,如图 3-34 所示。

	A	B	C
1	商品	总销售额	
2	LED护眼台灯	3456	
3	40抽厨房纸	3192	
4	保鲜膜(盒装)	2772	
5	美洁刀切纸1000g	1918.2	
6	彩色玫瑰仿真花	1068	
7	沐浴球	1980	
8	陶瓷多肉迷你小花盆	3540	
9	18色马克毛套盒	550	
10	洗脸仪	176	
11	衣物除毛滚轮(可撕式)	500	
12	ins风玻璃简洁花瓶	267	
13	脚踏式垃圾桶	1482	
14			

图 3-34

3.1.5 合并计算生成二维汇总报表

本例统计了不同店面各商品的销售额,如图 3-35~3-37 所示,下面需要将各个分店的销售额汇总在一张表格中显示(也就是既显示各店面名称又显示对应的销售额的二维表格)。

这里表格具有相同的列标识,如果直接合

并，就会将两个表格的数据按最左侧数据直接合并出金额。因此，要想得到既显示各店面名称又显示对应的销售额的二维表格，需要先对原表数据的列标识进行处理。

	A	B	C	D
1	商品	销售额 （万元）		
2	A商品	38		
3	B商品	40		
4	C商品	12.6		
5	D商品	23		
6	E商品	35		
7	F商品	36		
8	G商品	28.9		
9				
10				
11				

百大店　鼓楼店　红星店

图 3-35

	A	B	C	
1	商品	销售额 （万元）		
2	B商品	11		
3	A商品	78		
4	D商品	12.8		
5	E商品	51.3		
6	F商品	19.4		
7				
8				
9				
10				
11				

百大店　鼓楼店　红星店

图 3-36

	A	B	C	D
1	商品	销售额 （万元）		
2	B商品	27		
3	F商品	35.9		
4	G商品	35		
5	C商品	50		
6	D商品	40.5		
7	E商品	12.8		
8				
9				
10				
11				

百大店　鼓楼店　红星店

图 3-37

可将各个表中 B1 单元格的列标识依次更改为"百大 - 销售额"（见图 3-38）、"鼓楼 - 销售额"（见图 3-39）、"红星 - 销售额"，再进行合并计算，具体操作方法如下。

	A	B	C	D
1	商品	百大-销售额 （万元）		
2	A商品	38		
3	B商品	40		
4	C商品	12.6		
5	D商品	23		
6	E商品	35		
7	F商品	36		
8	G商品	28.9		
9				
10				
11				

百大店　鼓楼店　红星店

图 3-38

图 3-40

❷ 单击拾取器按钮，回到"合并计算"对话框中，单击"添加"按钮，如图 3-41 所示。按相同的方法依次添加"鼓楼店"和"红星店"的单元格区域，返回"合并计算"对话框后，选中"首行"和"最左列"复选框，如图 3-42 所示。

	A	B	C	
1	商品	鼓楼-销售额 （万元）		
2	B商品	11		
3	A商品	78		
4	D商品	12.8		
5	E商品	51.3		
6	F商品	19.4		
7				
8				
9				
10				
11				

百大店　鼓楼店　红星店

图 3-39

❶ 新建一张工作表作为统计表（什么内容也不要输入），选中 A1 单元格，在"数据"选项卡"数据工具"组中，单击"合并计算"按钮，打开"合并计算"对话框。单击"引用位置"文本框右侧的拾取器按钮，设置第一个引用位置为"百大店"工作表的 A1:B8 单元格区域，如图 3-40 所示。

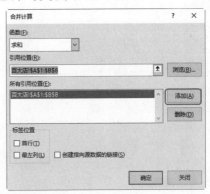

图 3-41

❸ 单击"确定"按钮完成合并计算，在"统计表"中可以看到各产品在各店铺的销售额，即在合并计算的同时还快速生成了一张二维统计报表，如图 3-43 所示。

Excel 2019 在工作总结与汇报中的典型应用（视频教学版）

图 3-42

	A	B	C	D
1		百大-销售额（万元）	鼓楼-销售额（万元）	红星-销售额（万元）
2	A商品	38	78	
3	B商品	40	11	27
4	C商品	12.6		50
5	D商品	23	12.8	40.5
6	E商品	35	51.3	12.8
7	F商品	36	19.4	35.9
8	G商品	28.9		35
9				
10				

图 3-43

3.2 ▶ 数据统计计算

在日常工作中，通过对数据的运算获取汇总报表是非常必要的，而在数据的求和、统计等运算时，并不局限于单条件，而可以按多个条件求和、求平均数、计数统计等。因此根据不同的分析需求，可以利用函数来统计、计算生成各类分析报表。

3.2.1 按仓库名称统计的库存量月报表

SUMIF 函数用于按照指定条件对若干单元格、区域或引用求和。

SUMIF 函数语法：SUMIF(range,criteria,sum_range)

◆ range：用于条件判断的单元格区域。

◆ criteria：由数字、逻辑表达式等组成的判定条件。

◆ sum_range：为需要求和的单元格、区域或引用。

例如，在下面的库存记录表中，要求建立一张各仓库库存总量的统计报表。对于通过一个公式完成多项求解需求的，都需要将判断条件以单元格引用的方式写入公式中，所以在求解前需要在空白区域中建立引用标识（也是我们统计报表的标识）。

❶ 在表格的空白处建立报表的标识，即各个仓库的名称，如图 3-44 所示。

	A	B	C	D	E	F	G	H	I	J	K
1	商品编码	仓库名称	商品名称	规格	包装规格	商品类别	色号	本月库存		10月份各仓库存量统计表	
2	WJ3606B	北城B仓	全瓷负离子中板下墙	300*600	11*	瓷片	S2	1015		仓库名称	本期总库存
3	WJ3608B	北城B仓	全瓷负离子中板下墙	300*600	11*	瓷片	T01	907		西城仓	
4	WJ3608C	北城B仓	全瓷负离子中板下墙	300*600	11*	瓷片	S1	518		临玉加工厂仓库	
5	WJ3610C	北城B仓	全瓷负离子中板下墙	300*600	11*	瓷片	S1	177		建材商城仓库	
6	WJ8868	东城仓	新锦爵士白	800*800	2*	大理石	5	89		东城仓	
7	WJ8869	东城仓	新锦爵士白	800*800	2*	大理石	6	231		北城B仓	
8	WJ8870	东城仓	新锦爵士白	800*800	2*	大理石	8	592		北城A仓	
9	WJ8871	东城仓	新锦爵士白	800*800	2*	大理石	7	636			
10	WJ8872	东城仓	新锦爵士白	800*800	2*	大理石	1	608			
11	WJ8873	东城仓	新锦爵士白	800*800	2*	大理石	4	10			
12	WJ8874	东城仓	新锦爵士白	800*800	2*	大理石	3	38			
13	Z8G031	临玉加工厂仓库	金刚石	800*800	3*	抛釉砖	A52	612			
14	Z8G031	北城A仓	金刚石	800*800	3*	抛釉砖	A05	156			
15	Z8G032	临玉加工厂仓库	金刚石	800*800	3*	抛釉砖	A55	587			
16	Z8G033	西城仓	金刚石	800*800	3*	抛釉砖	A53	25			
17	Z8G034	北城A仓	金刚石	800*800	3*	抛釉砖	A52	380			
18	Z8G036	北城A仓	金刚石	800*800	3*	抛釉砖	A53	191			
19	Z8G037	北城A仓	金刚石	800*800	3*	抛釉砖	A51	372			
20	ZG6011	西城仓	生态大理石	600*600	4*	抛釉砖	E6	32			
21	ZG6012	西城仓	生态大理石	600*600	4*	抛釉砖	15A	1396			
22	ZG6013	西城仓	生态大理石	600*600	4*	抛釉砖	4A	133			
23	ZG6014	西城仓	生态大理石	600*600	4*	抛釉砖	20A	819			
24	ZG6015	西城仓	生态大理石	600*600	4*	抛釉砖	1A	1083			
25	ZG6016	西城仓	生态大理石	600*600	4*	抛釉砖	1A	817			
26	ZG6017	西城仓	生态大理石	600*600	4*	抛釉砖	5A	274			
27	ZG63010	东城仓	鸣墨瓷片	300*600	3*	瓷片	3	691			

图 3-44

② 选中 K3 单元格，在编辑栏中输入公式：

=SUMIF($B$2:$B$57,J3,$H$2:$H$57)

按 Enter 键，即可统计出"西城仓"的总支出金额，如图 3-45 所示。

图 3-45

Excel 2019 在工作总结与汇报中的典型应用（视频教学版）

✏️ 专家提示

　　由于在进行公式复制时，$B$2:$B$57 和 $H$2:$H$57 这两部分单元格区域始终是不能改变的，所以必须使用绝对引用方式。$B$2:$B$57 是用于条件判断的区域，J3 单元格是条件，$H$2:$H$57 是用于求和的区域，即公式表示将 $B$2:$B$57 单元格区域中满足 J3 单元格中条件的对应在 $H$2:$H$57 单元格区域上的值求和。

③ 选中 K3 单元格，光标定位到右下角，向下填充公式到 K8 单元格中，分别得到其他仓库名称的本期总库存数，如图 3-46 所示。当前图中显示的是 K4 单元格的公式，可以看到只有第二个参数发生了变化，即判断条件发生了变化，其他参数都不变。

图 3-46

🔍 知识扩展

　　在编辑公式时，选择某个单元格或单元格区域参与运算，其默认的引用方式是相对引用的，其显示为 A1、A3:C3 形式。采用相对方式引用的数据源，当将其公式复制到其他位置时，公式中的单元格地址会随之改变。

　　如图 3-47 所示，在 D2 单元格中建立了公式，在向下复制公式时，选中 D4 单元格，可以在编辑栏中看到公式引用的单元格也发生了相对变化，如图 3-48 所示。

D2 | =(C2-B2)/B2

	A	B	C	D
1	商品名称	进货价格	销售价格	利润率
2	苏打饼干	6.2	8.6	38.7%
3	夹心威化	5.4	7.7	
4	葱油博饼	3.1	4.1	
5	巧克力威化	10.7	13.4	
6	原味薯片	8.6	10.3	
7	蒸蛋糕	2.1	3.8	

图 3-47

D4 | =(C4-B4)/B4

	A	B	C	D
1	商品名称	进货价格	销售价格	利润率
2	苏打饼干	6.2	8.6	38.7%
3	夹心威化	5.4	7.7	42.6%
4	葱油博饼	3.1	4.1	32.3%
5	巧克力威化	10.7	13.4	25.2%
6	原味薯片	8.6	10.3	19.8%
7	蒸蛋糕	2.1	3.8	81.0%

图 3-48

绝对引用数据源是指把公式复制新位置时，公式中对单元格的引用保持不变。在单元格地址前加上“$”符号就表示绝对引用，其显示为 $A$1、$A$2:$B$2 形式。

如图 3-49 所示，在 C2 单元格中建立了公式，其中“$B$2:$B$6”这一部分是使用了绝对引用，当向下复制公式后，选中 C4 单元格，可以在编辑栏中看到公式的“$B$2:$B$6”不发生任何变化，如图 3-50 所示。

C2 | =B2/SUM($B$2:$B$6)

	A	B	C	D
1	销售员	销售额	占总销售额的比	
2	周佳怡	13554	24.4%	
3	韩琪琪	10433		
4	侯欣怡	9849		
5	李晓月	11387		
6	郭振兴	10244		

图 3-49

C4 | =B4/SUM($B$2:$B$6)

	A	B	C	D
1	销售员	销售额	占总销售额的比	
2	周佳怡	13554	24.4%	
3	韩琪琪	10433	18.8%	
4	侯欣怡	9849	17.8%	
5	李晓月	11387	20.5%	
6	郭振兴	10244	18.5%	

图 3-50

3.2.2 按品类统计的销售月报表

由于数据的存在样式多种多样，根据不同的数据表现形式进行数据计算则要采取不同的应对方式。例如在下面的表格中，商品名称都包含商品的品类，但并未建立单独的列表管理品类，这时如果按品类来统计销售额，则可以借助通配符来实现。

通配符中包括问号（？）和星号（*）。问号匹配任意单个字符，星号匹配任意一串字符。

❶ 在表格的空白处建立报表标识，即各种不同的商品品类，如图 3-51 所示。

❷ 选中 F2 单元格，在公式编辑栏中输入公式：

=SUMIF($A$2:$A$24,E2&"*",$C$2:$C$24)

按 Enter 键，即可统计出所有手工曲奇类商品的总销售金额，如图 3-52 所示。

	A	B	C	D	E	F
1	商品名称	销售数量	销售金额		品类	总销售金额
2	手工曲奇（迷你）	175	2100		手工曲奇	
3	手工曲奇（草莓）	146	1971		马蹄酥	
4	手工曲奇（红枣）	68	918		伏苓糕	
5	马蹄酥（花生）	66	844.8		薄烧	
6	手工曲奇（香草）	150	2045			
7	伏苓糕（铁盒）	15	537			
8	伏苓糕（椒盐）	54	529.2			
9	伏苓糕（礼盒）	29	1521.5			
10	薄烧（榛果）	20	512			
11	薄烧（醇香）	49	490			
12	手工曲奇（巧克力）	35	472.5			
13	薄烧（蔓越莓）	43	430			
14	马蹄酥（椒盐）	30	384			
15	马蹄酥（孜然）	19	376.2			
16	薄烧（杏仁）	32	320			
17	手工曲奇（原味）	21	283.5			
18	马蹄酥（可可）	40	984			
19	伏苓糕（桂花）	20	180			
20	马蹄酥（海苔）	13	166.4			
21	伏苓糕（绿豆沙）	11	99			
22	伏苓糕（香芋）	10	90			
23	马蹄酥（奶香）	22	754			
24	薄烧（芝麻）	50	680			

图 3-51

❸ 选中 F2 单元格，向下填充公式到 F5 单元格中，分别得到其他品类的合计金额，如图 3-53 所示。

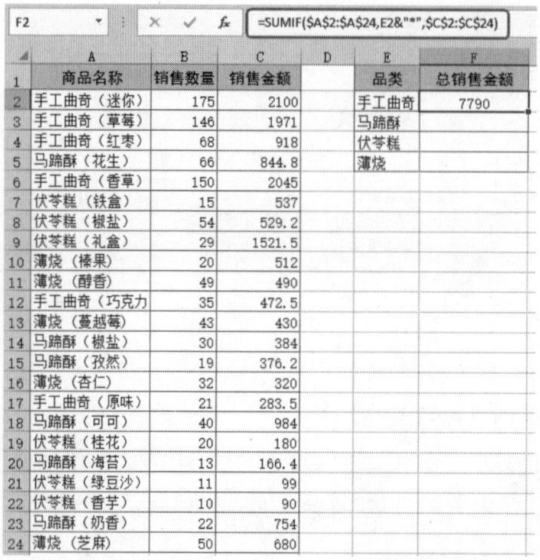

F2 =SUMIF($A$2:$A$24,E2&"*",$C$2:$C$24)

	A	B	C	D	E	F
1	商品名称	销售数量	销售金额		品类	总销售金额
2	手工曲奇（迷你）	175	2100		手工曲奇	7790
3	手工曲奇（草莓）	146	1971		马蹄酥	
4	手工曲奇（红枣）	68	918		伏苓糕	
5	马蹄酥（花生）	66	844.8		薄烧	
6	手工曲奇（香草）	150	2045			
7	伏苓糕（铁盒）	15	537			
8	伏苓糕（椒盐）	54	529.2			
9	伏苓糕（礼盒）	29	1521.5			
10	薄烧（榛果）	20	512			
11	薄烧（醇香）	49	490			
12	手工曲奇（巧克力	35	472.5			
13	薄烧（蔓越莓）	43	430			
14	马蹄酥（椒盐）	30	384			
15	马蹄酥（孜然）	19	376.2			
16	薄烧（杏仁）	32	320			
17	手工曲奇（原味）	21	283.5			
18	马蹄酥（可可）	40	984			
19	伏苓糕（桂花）	20	180			
20	马蹄酥（海苔）	13	166.4			
21	伏苓糕（绿豆沙）	11	99			
22	伏苓糕（香芋）	10	90			
23	马蹄酥（奶香）	22	754			
24	薄烧（芝麻）	50	680			

图 3-52

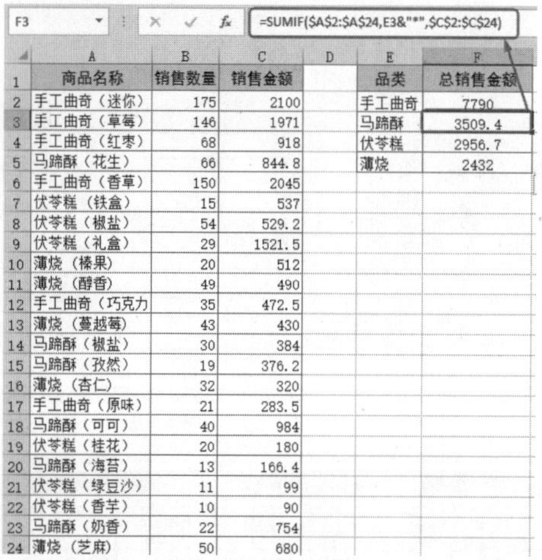

F3 =SUMIF($A$2:$A$24,E3&"*",$C$2:$C$24)

	A	B	C	D	E	F
1	商品名称	销售数量	销售金额		品类	总销售金额
2	手工曲奇（迷你）	175	2100		手工曲奇	7790
3	手工曲奇（草莓）	146	1971		马蹄酥	3509.4
4	手工曲奇（红枣）	68	918		伏苓糕	2956.7
5	马蹄酥（花生）	66	844.8		薄烧	2432
6	手工曲奇（香草）	150	2045			
7	伏苓糕（铁盒）	15	537			
8	伏苓糕（椒盐）	54	529.2			
9	伏苓糕（礼盒）	29	1521.5			
10	薄烧（榛果）	20	512			
11	薄烧（醇香）	49	490			
12	手工曲奇（巧克力	35	472.5			
13	薄烧（蔓越莓）	43	430			
14	马蹄酥（椒盐）	30	384			
15	马蹄酥（孜然）	19	376.2			
16	薄烧（杏仁）	32	320			
17	手工曲奇（原味）	21	283.5			
18	马蹄酥（可可）	40	984			
19	伏苓糕（桂花）	20	180			
20	马蹄酥（海苔）	13	166.4			
21	伏苓糕（绿豆沙）	11	99			
22	伏苓糕（香芋）	10	90			
23	马蹄酥（奶香）	22	754			
24	薄烧（芝麻）	50	680			

图 3-53

专家提示

这个公式在设计时需要注意两点。

1. 关于通配符的使用，因为比如“手工曲奇”算一个分类，但它有不同的口味，因此在后面使用“*”来匹配不同的口味。

2. 因为想建立的是按各个品类统计的销售月报表，我们不但要匹配一个“手工曲奇”，还要匹配“马蹄酥”“伏苓糕”等，因此要使用相对引用单元格的方式来写入参数，同时要使用“&”符号与通配符相连接。

3.2.3 分上中下旬统计的出库量报表

SUMIFS 函数用于对某一区域内满足多重条件的单元格求和。

SUMIFS 函数语法：SUMIFS(sum_range, criteria_range1,criteria1, criteria_range2, criteria2…)

- sum_range：要求和的一个或多个单元格，其中包括数字或包含数字的名称、数组或引用。空值和文本值会被忽略。仅当 sum_range 中的每一单元格满足为其指定的所有关联条件时，才对这些单元格进行求和。sum_range 中包含 TRUE 的单元格计算为“1”；sum_range 中包含“FALSE”的单元格计算为“0”(零)。与 SUMIF 函数中的区域和条件参数不同，SUMIFS 中每个 criteria_range 的大小和形状必须与 sum_range 相同。
- criteria_range1, criteria_range2, …：计算关联条件的 1 ~ 127 个区域。
- criteria1, criteria2, …：数字、表达式、单元格引用或文本形式的 1 ~ 127 个条件，用于定义要对哪些单元格求和。例如：条件可以表示为 32、"32"、">32"、"apples" 或 B4。
- 在条件中使用通配符，即问号（?）和星号（*）。问号匹配任一单个字符；星号匹配任一字符序列。如果要查找实际的问号或星号，那么请在字符前输入波形符（~）。

如图 3-54 所示的表格是一张出库记录表，从当前表格中的数据可以看出日期是较为混乱的，而使用 SUMIF 函数和 SUMIFS 函数则可以快速找到日期规律，从而建立按上中下旬统计的出库量报表。

❶ 在表格的空白处建立报表标识，即建立上旬、中旬、下旬 3 个不同的时段，如图 3-54 所示。

❷ 选中 G3 单元格，在编辑栏中输入公式：

=SUMIF(A2:A27,"<=2020/10/10",D2:D27)

按 Enter 键即可对日期进行判断，计算出的是“2020/10/10”及之前的出库量合计，即 10 月上旬的出库量合计，如图 3-55 所示。

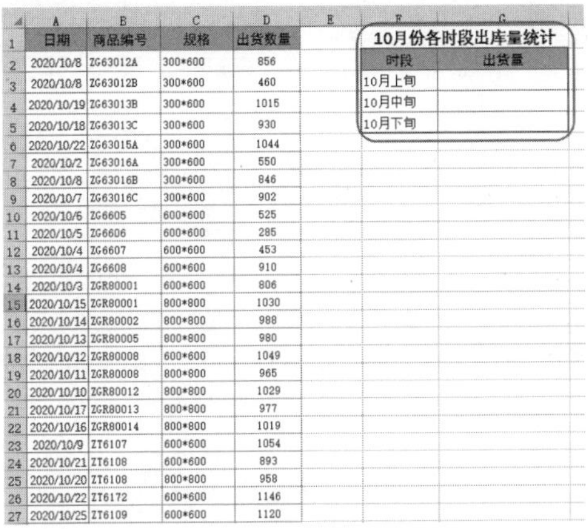

日期	商品编号	规格	出货数量
2020/10/8	ZG63012A	300*600	856
2020/10/8	ZG63012B	300*600	460
2020/10/19	ZG63013B	300*600	1015
2020/10/18	ZG63013C	300*600	930
2020/10/22	ZG63015A	300*600	1044
2020/10/2	ZG63016A	300*600	550
2020/10/8	ZG63016B	300*600	846
2020/10/7	ZG63016C	300*600	902
2020/10/6	ZG6605	600*600	525
2020/10/5	ZG6606	600*600	285
2020/10/4	ZG6607	600*600	453
2020/10/4	ZG6608	600*600	910
2020/10/3	ZGR80001	600*600	806
2020/10/15	ZGR80001	800*800	1030
2020/10/14	ZGR80002	800*800	988
2020/10/13	ZGR80005	800*800	980
2020/10/12	ZGR80008	600*600	1049
2020/10/11	ZGR80008	800*800	965
2020/10/10	ZGR80012	800*800	1029
2020/10/17	ZGR80013	800*800	977
2020/10/16	ZGR80014	800*800	1019
2020/10/9	ZT6107	600*600	1054
2020/10/21	ZT6108	600*600	893
2020/10/20	ZT6108	800*800	958
2020/10/22	ZT6172	600*600	1146
2020/10/25	ZT6109	600*600	1120

10月份各时段出库量统计

时段	出货量
10月上旬	
10月中旬	
10月下旬	

图 3-54

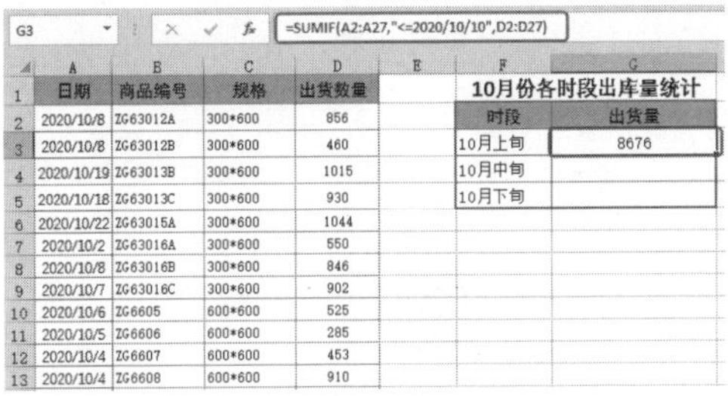

G3 =SUMIF(A2:A27,"<=2020/10/10",D2:D27)

日期	商品编号	规格	出货数量
2020/10/8	ZG63012A	300*600	856
2020/10/8	ZG63012B	300*600	460
2020/10/19	ZG63013B	300*600	1015
2020/10/18	ZG63013C	300*600	930
2020/10/22	ZG63015A	300*600	1044
2020/10/2	ZG63016A	300*600	550
2020/10/8	ZG63016B	300*600	846
2020/10/7	ZG63016C	300*600	902
2020/10/6	ZG6605	600*600	525
2020/10/5	ZG6606	600*600	285
2020/10/4	ZG6607	600*600	453
2020/10/4	ZG6608	600*600	910

10月份各时段出库量统计

时段	出货量
10月上旬	8676
10月中旬	
10月下旬	

图 3-55

❸ 选中 G4 单元格，在编辑栏中输入公式：

=SUMIFS(D2:D27,A2:A27,">2020/10/10",A2:A27,"<=2020/10/20")

按 Enter 键，计算出的是大于“2020/10/10”并且小于等于“2020/10/20”这个日期区间中对应的出库量合计，即 10 月中旬的出库量合计，如图 3-56 所示。

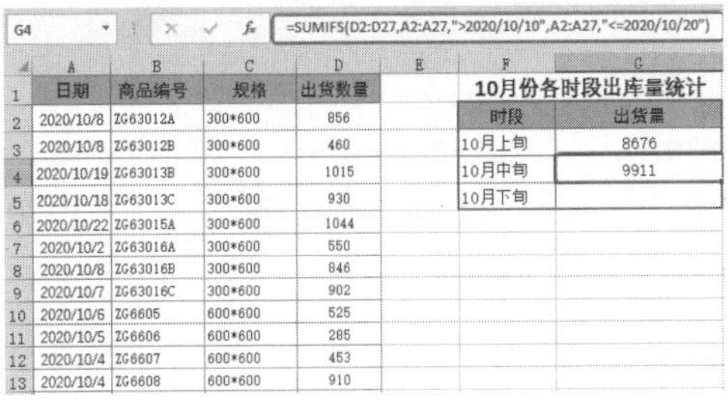

G4 =SUMIFS(D2:D27,A2:A27,">2020/10/10",A2:A27,"<=2020/10/20")

日期	商品编号	规格	出货数量
2020/10/8	ZG63012A	300*600	856
2020/10/8	ZG63012B	300*600	460
2020/10/19	ZG63013B	300*600	1015
2020/10/18	ZG63013C	300*600	930
2020/10/22	ZG63015A	300*600	1044
2020/10/2	ZG63016A	300*600	550
2020/10/8	ZG63016B	300*600	846
2020/10/7	ZG63016C	300*600	902
2020/10/6	ZG6605	600*600	525
2020/10/5	ZG6606	600*600	285
2020/10/4	ZG6607	600*600	453
2020/10/4	ZG6608	600*600	910

10月份各时段出库量统计

时段	出货量
10月上旬	8676
10月中旬	9911
10月下旬	

图 3-56

❹ 选中 G5 单元格，在编辑栏中输入公式：

=SUMIFS(D2:D27,A2:A27,">2020/10/20",A2:A27,"<=2020/10/31")

按 Enter 键计算出的是大于“2020/10/20”并且小于等于“2020/10/31”这个日期区间中对应的出库量合计，即 10 月下旬的出库量合计，如图 3-57 所示。

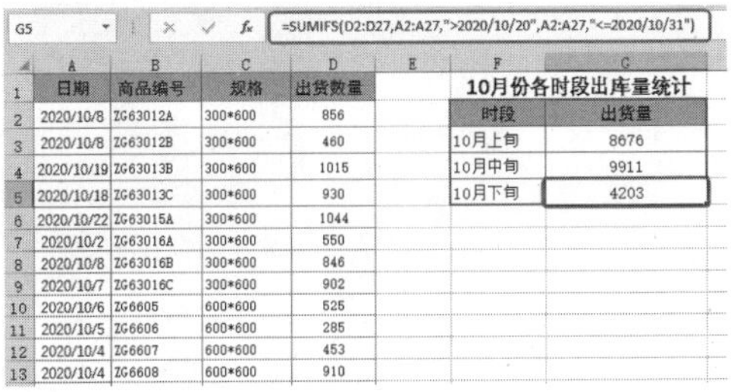

G5 =SUMIFS(D2:D27,A2:A27,">2020/10/20",A2:A27,"<=2020/10/31")

日期	商品编号	规格	出货数量
2020/10/8	ZG63012A	300*600	856
2020/10/8	ZG63012B	300*600	460
2020/10/19	ZG63013B	300*600	1015
2020/10/18	ZG63013C	300*600	930
2020/10/22	ZG63015A	300*600	1044
2020/10/2	ZG63016A	300*600	550
2020/10/8	ZG63016B	300*600	846
2020/10/7	ZG63016C	300*600	902
2020/10/6	ZG6605	600*600	525
2020/10/5	ZG6606	600*600	285
2020/10/4	ZG6607	600*600	453
2020/10/4	ZG6608	600*600	910

10月份各时段出库量统计

时段	出货量
10月上旬	8676
10月中旬	9911
10月下旬	4203

图 3-57

专家提示

SUMIFS 函数用于对某一区域内满足多重条件的单元格求和。在 A2:A27 单元格区域中判断 ">2020/10/10" 这个条件，同时还要判断 "<=2020/10/20" 这个条件，即要同时满足这两个条件，因此使用了 SUMIFS 函数来判断。如果同时满足这两个条件则被认定为符合条件的记录，就将其对应在 D2:D27 单元格区域上的值取出并进行求和运算。

3.2.4 同时按两个关键字建立二维统计报表

要同时判断两个关键字来建立二维统计表，也可以使用 SUMIFS 函数来实现，同时通过灵活地进行单元格的引用可以实现只建立一个公式即可批量统计，达到这一目的的关键在于对单元格的引用方式一定要设置正确。

在本例中，将分不同的仓库和不同的商品类别分别汇总统计，即形成分店仓库分商品类别统计的二维统计表。

❶ 在表格的空白处建立报表标识，即各个不同的仓库和各个不同的商品类别，如图 3-58 所示。

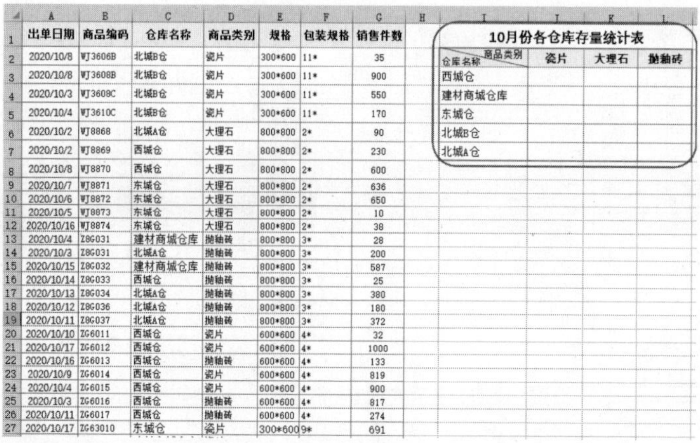

出单日期	商品编码	仓库名称	商品类别	规格	包装规格	销售件数
2020/10/8	WJ3606B	北城B仓	瓷片	300*600	11*	35
2020/10/8	WJ3608B	北城B仓	瓷片	300*600	11*	900
2020/10/3	WJ3608C	北城B仓	瓷片	300*600	11*	550
2020/10/4	WJ3610C	北城B仓	瓷片	300*600	11*	170
2020/10/2	WJ8868	北城A仓	大理石	800*800	2*	90
2020/10/2	WJ8869	西城仓	大理石	800*800	2*	230
2020/10/8	WJ8870	西城仓	大理石	800*800	2*	600
2020/10/7	WJ8871	东城仓	大理石	800*800	2*	636
2020/10/6	WJ8872	东城仓	大理石	800*800	2*	650
2020/10/5	WJ8873	东城仓	大理石	800*800	2*	10
2020/10/16	WJ8874	东城仓	大理石	800*800	2*	38
2020/10/4	Z8G031	建材商城仓库	抛釉砖	800*800	3*	28
2020/10/3	Z8G031	北城A仓	抛釉砖	800*800	3*	200
2020/10/15	Z8G032	建材商城仓库	抛釉砖	800*800	3*	587
2020/10/14	Z8G033	西城仓	抛釉砖	800*800	3*	25
2020/10/13	Z8G034	北城A仓	抛釉砖	800*800	3*	380
2020/10/12	Z8G036	北城A仓	抛釉砖	800*800	3*	180
2020/10/11	Z8G037	北城A仓	抛釉砖	800*800	3*	372
2020/10/10	ZG6011	西城仓	瓷片	600*600	4*	32
2020/10/17	ZG6012	西城仓	瓷片	600*600	4*	1000
2020/10/16	ZG6013	西城仓	抛釉砖	600*600	4*	133
2020/10/9	ZG6014	西城仓	瓷片	600*600	4*	819
2020/10/4	ZG6015	西城仓	瓷片	600*600	4*	900
2020/10/3	ZG6016	西城仓	抛釉砖	600*600	4*	817
2020/10/11	ZG6017	西城仓	抛釉砖	600*600	4*	274
2020/10/17	ZG63010	东城仓	瓷片	300*600	9*	691

10月份各仓库存量统计表

商品类别 / 仓库名称	瓷片	大理石	抛釉砖
西城仓			
建材商城仓库			
东城仓			
北城B仓			
北城A仓			

图 3-58

❷ 选中J3单元格，在公式编辑栏中输入公式：

=SUMIFS($G$2:$G$37,$C$2:$C$37,$I3,$D$2:$D$37,J$2)

按 Enter 键，统计出“西城仓”中“瓷片”类别的销售件数，如图 3-59 所示。

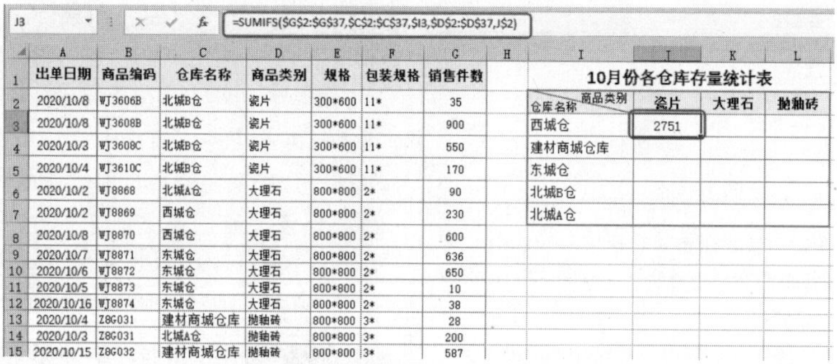

J3　=SUMIFS($G$2:$G$37,$C$2:$C$37,$I3,$D$2:$D$37,J$2)

出单日期	商品编码	仓库名称	商品类别	规格	包装规格	销售件数
2020/10/8	WJ3606B	北城B仓	瓷片	300*600	11*	35
2020/10/8	WJ3608B	北城B仓	瓷片	300*600	11*	900
2020/10/3	WJ3608C	北城B仓	瓷片	300*600	11*	550
2020/10/4	WJ3610C	北城B仓	瓷片	300*600	11*	170
2020/10/2	WJ8868	北城A仓	大理石	800*800	2*	90
2020/10/2	WJ8869	西城仓	大理石	800*800	2*	230
2020/10/8	WJ8870	西城仓	大理石	800*800	2*	600
2020/10/7	WJ8871	东城仓	大理石	800*800	2*	636
2020/10/6	WJ8872	东城仓	大理石	800*800	2*	650
2020/10/5	WJ8873	东城仓	大理石	800*800	2*	10
2020/10/16	WJ8874	东城仓	大理石	800*800	2*	38
2020/10/4	Z8G031	建材商城仓库	抛釉砖	800*800	3*	28
2020/10/3	Z8G031	北城A仓	抛釉砖	800*800	3*	200
2020/10/15	Z8G032	建材商城仓库	抛釉砖	800*800	3*	587

10月份各仓库存量统计表

商品类别 / 仓库名称	瓷片	大理石	抛釉砖
西城仓	2751		
建材商城仓库			
东城仓			
北城B仓			
北城A仓			

图 3-59

❸ 选中J3单元格，向右填充公式到L3单元格，得到“西城仓”不同商品类别的总销售件数，如图 3-60 所示。

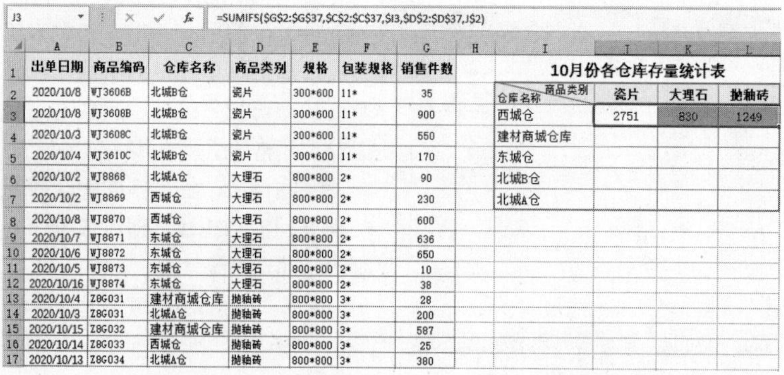

J3　=SUMIFS($G$2:$G$37,$C$2:$C$37,$I3,$D$2:$D$37,J$2)

出单日期	商品编码	仓库名称	商品类别	规格	包装规格	销售件数
2020/10/8	WJ3606B	北城B仓	瓷片	300*600	11*	35
2020/10/8	WJ3608B	北城B仓	瓷片	300*600	11*	900
2020/10/3	WJ3608C	北城B仓	瓷片	300*600	11*	550
2020/10/4	WJ3610C	北城B仓	瓷片	300*600	11*	170
2020/10/2	WJ8868	北城A仓	大理石	800*800	2*	90
2020/10/2	WJ8869	西城仓	大理石	800*800	2*	230
2020/10/8	WJ8870	西城仓	大理石	800*800	2*	600
2020/10/7	WJ8871	东城仓	大理石	800*800	2*	636
2020/10/6	WJ8872	东城仓	大理石	800*800	2*	650
2020/10/5	WJ8873	东城仓	大理石	800*800	2*	10
2020/10/16	WJ8874	东城仓	大理石	800*800	2*	38
2020/10/4	Z8G031	建材商城仓库	抛釉砖	800*800	3*	28
2020/10/3	Z8G031	北城A仓	抛釉砖	800*800	3*	200
2020/10/15	Z8G032	建材商城仓库	抛釉砖	800*800	3*	587
2020/10/14	Z8G033	西城仓	抛釉砖	800*800	3*	25
2020/10/13	Z8G034	北城A仓	抛釉砖	800*800	3*	380

10月份各仓库存量统计表

商品类别 / 仓库名称	瓷片	大理石	抛釉砖
西城仓	2751	830	1249
建材商城仓库			
东城仓			
北城B仓			
北城A仓			

图 3-60

❹ 选中 J3:L3 单元格区域，向下填充公式到 L7 单元格，得到各个仓库各个商品类别的总销售件数，如图 3-61 所示。

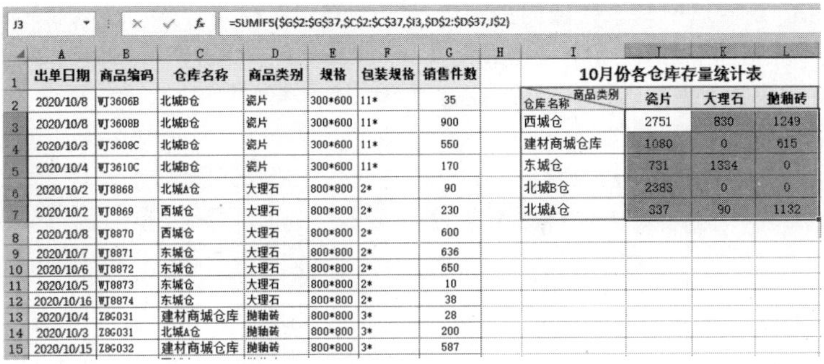

	出单日期	商品编码	仓库名称	商品类别	规格	包装规格	销售件数
2	2020/10/8	WJ3606B	北城B仓	瓷片	300*600	11*	35
3	2020/10/8	WJ3608B	北城B仓	瓷片	300*600	11*	900
4	2020/10/3	WJ3608C	北城B仓	瓷片	300*600	11*	550
5	2020/10/4	WJ3610C	北城B仓	瓷片	300*600	11*	170
6	2020/10/2	WJ8868	北城A仓	大理石	800*800	2*	90
7	2020/10/2	WJ8869	西城仓	大理石	800*800	2*	230
8	2020/10/8	WJ8870	西城仓	大理石	800*800	2*	600
9	2020/10/7	WJ8871	东城仓	大理石	800*800	2*	636
10	2020/10/6	WJ8872	东城仓	大理石	800*800	2*	650
11	2020/10/5	WJ8873	东城仓	大理石	800*800	2*	10
12	2020/10/16	WJ8874	东城仓	大理石	800*800	2*	38
13	2020/10/4	ZBG031	建材商城仓库	抛釉砖	800*800	3*	28
14	2020/10/3	ZBG031	北城A仓	抛釉砖	800*800	3*	200
15	2020/10/15	ZBG032	建材商城仓库	抛釉砖	800*800	3*	587

商品类别 / 仓库名称	瓷片	大理石	抛釉砖
西城仓	2751	830	1249
建材商城仓库	1080	0	615
东城仓	731	1334	0
北城B仓	2383	0	0
北城A仓	337	90	1132

图 3-61

建立了 J3 单元格的公式后，公式既要向右复制又要向下复制，因此对单元格的引用方式要格外注意。下面我们来对这个公式进行讲解。

首先用于求值的区域（$G$2:$G$37）与用于条件判断的区域（$C$2:$C$37 和 $D$2:$D$37）都是不作任何改变的，所以全部使用绝对引用。需要变动的是对不同仓库的引用和对不同商品类别的引用。当公式向右复制时，需要改变对不同商品类别的引用，所以使用“J$2”这种引用方式（行相对引用，列绝对引用）。查看 K3 单元格的公式，可以看到“J$2”变为了“K$2”，如图 3-62 所示。

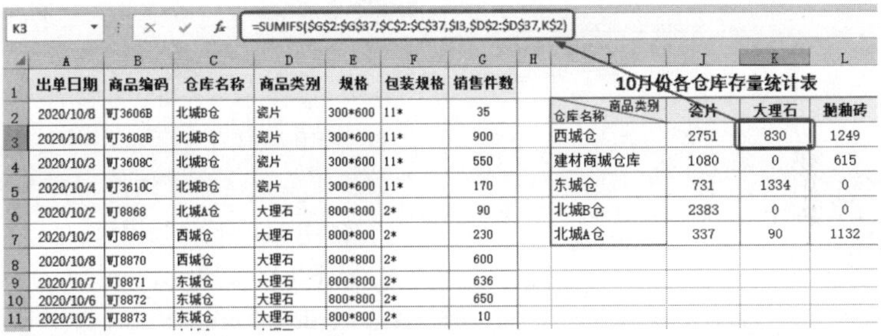

	出单日期	商品编码	仓库名称	商品类别	规格	包装规格	销售件数
2	2020/10/8	WJ3606B	北城B仓	瓷片	300*600	11*	35
3	2020/10/8	WJ3608B	北城B仓	瓷片	300*600	11*	900
4	2020/10/3	WJ3608C	北城B仓	瓷片	300*600	11*	550
5	2020/10/4	WJ3610C	北城B仓	瓷片	300*600	11*	170
6	2020/10/2	WJ8868	北城A仓	大理石	800*800	2*	90
7	2020/10/2	WJ8869	西城仓	大理石	800*800	2*	230
8	2020/10/8	WJ8870	西城仓	大理石	800*800	2*	600
9	2020/10/7	WJ8871	东城仓	大理石	800*800	2*	636
10	2020/10/6	WJ8872	东城仓	大理石	800*800	2*	650
11	2020/10/5	WJ8873	东城仓	大理石	800*800	2*	10

商品类别 / 仓库名称	瓷片	大理石	抛釉砖
西城仓	2751	830	1249
建材商城仓库	1080	0	615
东城仓	731	1334	0
北城B仓	2383	0	0
北城A仓	337	90	1132

图 3-62

当公式向下复制时，需要改变对不同仓库的引用，所以使用“$I3”这种引用方式（行绝对引用，列相对引用）。查看 J5 单元格的公式，可以看到“$I3”变为了“$I5”，如图 3-63 所示。

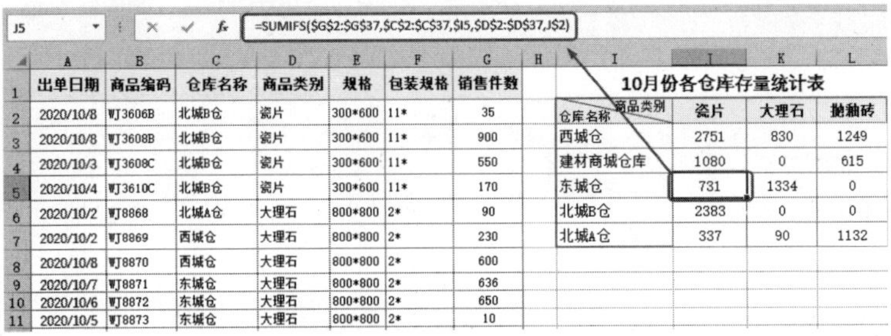

	出单日期	商品编码	仓库名称	商品类别	规格	包装规格	销售件数
2	2020/10/8	WJ3606B	北城B仓	瓷片	300*600	11*	35
3	2020/10/8	WJ3608B	北城B仓	瓷片	300*600	11*	900
4	2020/10/3	WJ3608C	北城B仓	瓷片	300*600	11*	550
5	2020/10/4	WJ3610C	北城B仓	瓷片	300*600	11*	170
6	2020/10/2	WJ8868	北城A仓	大理石	800*800	2*	90
7	2020/10/2	WJ8869	西城仓	大理石	800*800	2*	230
8	2020/10/8	WJ8870	西城仓	大理石	800*800	2*	600
9	2020/10/7	WJ8871	东城仓	大理石	800*800	2*	636
10	2020/10/6	WJ8872	东城仓	大理石	800*800	2*	650
11	2020/10/5	WJ8873	东城仓	大理石	800*800	2*	10

商品类别 / 仓库名称	瓷片	大理石	抛釉砖
西城仓	2751	830	1249
建材商城仓库	1080	0	615
东城仓	731	1334	0
北城B仓	2383	0	0
北城A仓	337	90	1132

图 3-63

AVERAGEIF 函数返回某个区域内满足给定条件的所有单元格的平均值（算术平均值）。

AVERAGEIF 函数语法：AVERAGEIF(range, criteria,average_range)

- range：要计算平均值的一个或多个单元格，其中包括数字或包含数字的名称、数组或引用。
- criteria：数字、表达式、单元格引用或文本形式的条件，用于定义要对哪些单元格计算平均值。例如：条件可以表示为 32、"32"、">32"、"apples" 或 B4。
- average_range：要计算平均值的实际单元格集。如果忽略，则使用 range。

例如，下面的表格中是某企业为测定新购入的三种型号机器的生产量，分别抽取 5 个数据，统计各机器的平均生产数量。

❶ 在表格的空白处建立报表标识，如图 3-64 所示。

图 3-64

❷ 选中 F3 单元格，在编辑栏中输入公式：

= AVERAGEIF($B$2:$B$16,E3,$C$2:$C$16)

按 Enter 键，即可统计出"1 号机器"的平均产量，如图 3-65 所示。

图 3-65

❸ 选中 F3 单元格，光标定位到右下角，向下填充公式到 F5 单元格中，分别得到其他机器的平均产量，如图 3-66 所示。

图 3-66

专家提示

判断 $B$2:$B$16 单元格区域中的值是否为 E3 中指定的值，如果是则为满足条件的记录，就将其对应在 $C$2:$C$16 单元格区域中的值取出并进行求平均值运算。

3.2.6 千米跑平均速度统计报表

AVERAGEIFS 函数用于计算满足多重条件的所有单元格的平均值（算术平均值）。

AVERAGEIF 函数语法：

AVERAGEIFS(average_range, criteria_range1,criteria1,criteria_range2, criteria2…)

- average_range：要计算平均值的一个或多个单元格，其中包括数字或包含数字的名称、数组或引用。
- criteria_range1, criteria_range2, …：进行条件判断的区域。
- criteria1,criteria2, …：判断条件，即用于指定有哪些单元格参与求平均值计算。

本例将建立学生千米跑步成绩的统计表。共有三个班级，每班抽取 7 位同学，男生 4 名，女生 3 名，现要求建立各个班级男女生平均速度的统计报表。要完成这项判断需要同时满足两个条件，即同时指定班级与性别，两个条件同时满足时进行平均值的计

Excel 2019 在工作总结与汇报中的典型应用（视频教学版）

算。这里就需要使用 AVERAGEIFS 函数来设置公式。

❶ 在表格的空白处建立报表（也可在其他工作表中建立，为方便读者查看，一般在当前工作表中建立），如图 3-67 所示。

	A	B	C	D	E	F	G	H
1	姓名	班级	性别	完成时间(分钟)		千米跑平均速度统计报表		
2	韩佳人	七(1)班	女	11.2		班级	男(分钟)	女(分钟)
3	何心怡	七(1)班	女	8.24		七(1)班		
4	何志新	七(1)班	男	7.2		七(2)班		
5	胡晓阳	七(3)班	男	7.32		七(3)班		
6	林成瑞	七(1)班	男	6.92				
7	刘莉莉	七(2)班	女	12.3				
8	苏俊成	七(2)班	男	7.1				
9	田心贝	七(3)班	女	8.75				
10	王小雅	七(1)班	女	8.9				
11	吴明璐	七(3)班	女	9.1				
12	夏楚奇	七(3)班	男	7.6				
13	肖诗雨	七(2)班	女	9.58				
14	徐梓瑞	七(2)班	男	7.5				
15	杨冰冰	七(1)班	男	7.98				
16	张景梦	七(3)班	女	7.16				
17	张明宇	七(2)班	男	6.9				
18	赵思飞	七(3)班	男	7.8				
19	周金星	七(1)班	男	8.4				
20	周洋	七(3)班	男	6.8				
21	周志鹏	七(2)班	男	7.9				
22	邹阳阳	七(2)班	女	9.05				

图 3-67

❷ 选中 G3 单元格，在公式编辑栏中输入公式：

= AVERAGEIFS($D$2:$D$22,$B$2:$B$22,F3,$C$2:$C$22," 男 ")

按 Enter 键，统计出班级为“七 (1) 班”、性别为“男”的千米跑平均速度，如图 3-68 所示。

G3 =AVERAGEIFS($D$2:$D$22,$B$2:$B$22,F3,$C$2:$C$22,"男")

	A	B	C	D	E	F	G	H
1	姓名	班级	性别	完成时间(分钟)		千米跑平均速度统计报表		
2	韩佳人	七(1)班	女	11.2		班级	男(分钟)	女(分钟)
3	何心怡	七(1)班	女	8.24		七(1)班	7.625	
4	何志新	七(1)班	男	7.2		七(2)班		
5	胡晓阳	七(3)班	男	7.32		七(3)班		
6	林成瑞	七(1)班	男	6.92				
7	刘莉莉	七(2)班	女	12.3				
8	苏俊成	七(2)班	男	7.1				
9	田心贝	七(3)班	女	8.75				
10	王小雅	七(1)班	女	8.9				
11	吴明璐	七(3)班	女	9.1				

图 3-68

❸ 选中 H3 单元格，在公式编辑栏中输入公式：

= AVERAGEIFS($D$2:$D$22,$B$2:$B$22,F3,$C$2:$C$22," 女 ")

按 Enter 键，统计出班级为“七 (1) 班”、性别为“女”的千米跑平均速度，如图 3-69 所示。

❹ 选中 G3:H3 单元格区域，光标定位到单元格右下角，向下填充公式，得到不同班级不同性别的学生对应的平均速度，如图 3-70 所示。

H3 =AVERAGEIFS($D$2:$D$22,$B$2:$B$22,F3,$C$2:$C$22,"女")

	A	B	C	D	E	F	G	H
1	姓名	班级	性别	完成时间(分钟)		千米跑平均速度统计报表		
2	韩佳人	七(1)班	女	11.2		班级	男(分钟)	女(分钟)
3	何心怡	七(1)班	女	8.24		七(1)班	7.625	9.446666667
4	何志新	七(1)班	男	7.2		七(2)班		
5	胡晓阳	七(3)班	男	7.32		七(3)班		
6	林成瑞	七(1)班	男	6.92				
7	刘莉莉	七(2)班	女	12.3				
8	苏俊成	七(2)班	男	7.1				
9	田心贝	七(3)班	女	8.75				
10	王小雅	七(1)班	女	8.9				

图 3-69

G3 =AVERAGEIFS($D$2:$D$22,$B$2:$B$22,F3,$C$2:$C$22,"男")

	A	B	C	D	E	F	G	H
1	姓名	班级	性别	完成时间(分钟)		千米跑平均速度统计报表		
2	韩佳人	七(1)班	女	11.2		班级	男(分钟)	女(分钟)
3	何心怡	七(1)班	女	8.24		七(1)班	7.625	9.446666667
4	何志新	七(1)班	男	7.2		七(2)班	7.35	10.31
5	胡晓阳	七(3)班	男	7.32		七(3)班	7.38	8.336666667
6	林成瑞	七(1)班	男	6.92				
7	刘莉莉	七(2)班	女	12.3				
8	苏俊成	七(2)班	男	7.1				
9	田心贝	七(3)班	女	8.75				
10	王小雅	七(1)班	女	8.9				
11	吴明璐	七(3)班	女	9.1				
12	夏楚奇	七(3)班	男	7.6				
13	肖诗雨	七(2)班	女	9.58				

图 3-70

专家提示

AVERAGEIFS 函数用于求值的区域为 $D$2:$D$22，第一个条件判断的区域为 $B$2:$B$22，即判断班级；第二个条件判断的区域为 $C$2:$C$22，即判断性别。当两个条件同时满足时，将其对应 $D$2:$D$22 单元格区域上的值取出并进行平均值运算。

3.2.7 不同课程报名人数汇总报表

COUNTIF 函数用来统计区域中满足给定条件的单元格的个数。

COUNTIF 函数语法：COUNTIF (range, criteria)

- range：需要计算其中满足条件的单元格数目的单元格区域。
- criteria：确定哪些单元格将被计算在内的条件，其形式可以为数字、表达式或文本。

例如，下面的表格中是某培训机构对学员报名情况的记录，现要求建立各个不同课程报名人数的统计报表。

❶ 在表格的空白处建立报表标识，即各种不同的课程名称，如图 3-71 所示。

序号	报名时间	姓名	所报课程	学费
1	2020/10/2	陆路	轻粘土手工	780
2	2020/10/1	陈小旭	线描画	980
3	2020/10/6	李林杰	剪纸手工	1080
4	2020/10/7	李成曦	轻粘土手工	780
5	2020/10/7	罗成佳	陶艺	980
6	2020/10/8	姜旭旭	剪纸手工	1080
7	2020/10/15	崔心怡	陶艺	780
8	2020/10/1	吴可佳	轻粘土手工	780
9	2020/10/1	蔡晶	线描画	980
10	2020/10/2	张云翔	陶艺	980
11	2020/10/4	刘成瑞	轻粘土手工	780
12	2020/10/5	张凯	陶艺	980
13	2020/10/5	刘梦凡	线描画	980
14	2020/10/9	刘萌	陶艺	980
15	2020/10/9	张梦云	陶艺	980
16	2020/10/9	张春阳	剪纸手工	1080
17	2020/10/11	杨一帆	轻粘土手工	780
18	2020/10/11	李小蝶	剪纸手工	1080
19	2020/10/17	黄新磊	线描画	1080
20	2020/10/17	冯琪	陶艺	980
21	2020/10/18	何小梦	轻粘土手工	780
22	2020/10/18	李洋	剪纸手工	1080
23	2020/10/20	林玉成	陶艺	980
24	2020/10/21	苏成宇	线描画	1080
25	2020/10/22	张怡玲	陶艺	980
26	2020/10/22	李威	轻粘土手工	780

各课程报名人数统计

所报课程	报名人数
轻粘土手工	
线描画	
剪纸手工	
陶艺	

图 3-71

❷ 选中 H3 单元格，在公式编辑栏中输入公式：

=COUNTIF($D$2:$D$27,G3)

按 Enter 键，即可统计出“轻粘土手工”课程的报名人数，如图 3-72 所示。

H3 =COUNTIF($D$2:$D$27,G3)

序号	报名时间	姓名	所报课程	学费
1	2020/10/2	陆路	轻粘土手工	780
2	2020/10/1	陈小旭	线描画	980
3	2020/10/6	李林杰	剪纸手工	1080
4	2020/10/7	李成曦	轻粘土手工	780
5	2020/10/7	罗成佳	陶艺	980
6	2020/10/8	姜旭旭	剪纸手工	1080
7	2020/10/15	崔心怡	陶艺	780
8	2020/10/1	吴可佳	轻粘土手工	780
9	2020/10/1	蔡晶	线描画	980
10	2020/10/2	张云翔	陶艺	980

各课程报名人数统计

所报课程	报名人数
轻粘土手工	7
线描画	
剪纸手工	
陶艺	

图 3-72

❸ 选中 H3 单元格，向下填充公式到 H6 单元格中，分别得到其他不同课程的报名人数，如图 3-73 所示。

H3 =COUNTIF($D$2:$D$27,G3)

序号	报名时间	姓名	所报课程	学费
1	2020/10/2	陆路	轻粘土手工	780
2	2020/10/1	陈小旭	线描画	980
3	2020/10/6	李林杰	剪纸手工	1080
4	2020/10/7	李成曦	轻粘土手工	780
5	2020/10/7	罗成佳	陶艺	980
6	2020/10/8	姜旭旭	剪纸手工	1080
7	2020/10/15	崔心怡	陶艺	780
8	2020/10/1	吴可佳	轻粘土手工	780
9	2020/10/1	蔡晶	线描画	980
10	2020/10/2	张云翔	陶艺	980

各课程报名人数统计

所报课程	报名人数
轻粘土手工	7
线描画	5
剪纸手工	5
陶艺	9

图 3-73

3.2.8 问卷调查中客户最吸引功能统计报表

本例将建立企业某新上市产品主打功能的市场调查数据，通过建立客户最吸引功能统计报表，从而分析哪些功能是最被用户喜欢和接受的。

❶ 在表格的空白处建立报表标识，即各种不同的功能名称，如图 3-74 所示。

编码	性别	年龄	最吸引功能
001	女	61	连接移动设备
002	男	30	高度计、气压计
003	女	45	射频感应或遥感功能
004	女	22	高度计、气压计
005	女	55	双向通话功能
006	女	22	高度计、气压计
007	男	20	射频感应或遥感功能
008	男	29	高度计、气压计
009	男	32	双向通话功能
010	女	52	连接移动设备
011	男	65	射频感应或遥感功能
012	男	26	高度计、气压计
013	女	35	高度计、气压计
014	女	22	高度计、气压计
015	女	30	射频感应或遥感功能
016	男	19	射频感应或遥感功能
017	男	60	双向通话功能
018	男	71	连接移动设备
019	女	42	高度计、气压计
020	男	42	高度计、气压计
021	男	25	高度计、气压计
022	男	22	高度计、气压计
023	女	62	射频感应或遥感功能
024	男	61	双向通话功能
025	男	28	高度计、气压计
026	男	63	连接移动设备
027	女	35	连接移动设备
028	男	57	连接移动设备
029	男	26	射频感应或遥感功能
030	女	55	连接移动设备
031	女	56	双向通话功能
032	女	26	射频感应或遥感功能
033	男	54	高度计、气压计
034	男	58	高度计、气压计
035	男	35	高度计、气压计

最吸引功能分析报表

最吸引功能	选择人数
射频感应或遥感功能	
高度计、气压计	
双向通话功能	
连接移动设备	

图 3-74

❷ 选中 G3 单元格，在公式编辑栏中输入公式：

=COUNTIF($D$2:$D$36,F3)

按 Enter 键，即可统计出“射频感应或遥感功能”这项功能被选择的人数，如图 3-75 所示。

G3 =COUNTIF($D$2:$D$36,F3)

编码	性别	年龄	最吸引功能
001	女	61	连接移动设备
002	男	30	高度计、气压计
003	女	45	射频感应或遥感功能
004	女	22	高度计、气压计
005	女	55	双向通话功能
006	女	22	高度计、气压计
007	男	20	射频感应或遥感功能
008	男	29	高度计、气压计
009	男	32	双向通话功能
010	女	52	连接移动设备

最吸引功能分析报表

最吸引功能	选择人数
射频感应或遥感功能	8
高度计、气压计	
双向通话功能	
连接移动设备	

图 3-75

❸ 选中 G3 单元格，向下填充公式到 G6 单元格中，分别得到其他最吸引功能被选择的人数，如图 3-76 所示。

图 3-76

3.2.9 学生成绩各分数区段人数统计报表

COUNTIFS 函数用来统计某个区域中满足多重条件的单元格数目。

COUNTIFS 函数语法：COUNTIFS(range1, criteria1,range2, criteria2…)

◆ range1, range2, …：计算关联条件的 1 ~ 127 个区域。每个区域中的单元格必须是数字或包含数字的名称、数组或引用。空值和文本值会被忽略。

◆ criteria1, criteria2, …：数字、表达式、单元格引用或文本形式的 1 ~ 127 个条件，用于定义要对哪些单元格进行计算。例如：条件可以表示为 32、"32"、">32"、"apples" 或 B4。

利用 COUNTIF 和 COUNTIFS 函数可以对学生考试成绩各分数区段的人数进行统计，从而形成学生成绩各分数区段人数统计报表。

❶ 在表格的空白处建立报表标识，即各种不同的成绩区间。

❷ 选中 F2 单元格，在编辑栏中输入公式：

=COUNTIF(C2:C20,"<80")

按 Enter 键，即可统计出 C2:C20 单元格区域中成绩小于 80 分的人数，如图 3-77 所示。

❸ 选中 F3 单元格，在编辑栏中输入公式：

=COUNTIFS(C2:C20,">=80",C2:C20,"<90")

按 Enter 键，即可统计出 C2:C20 单元格区域中成绩在 80 ~ 90 分的人数，如图 3-78 所示。

❹ 选中 F4 单元格，在编辑栏中输入公式：

=COUNTIFS(C2:C20,">=90",C2:C20,"<95")

按 Enter 键，即可统计出 C2:C20 单元格区域中

成绩在 90 ~ 95 分的人数，如图 3-79 所示。

图 3-77

图 3-78

图 3-79

❺ 选中 F5 单元格，在编辑栏中输入公式：

=COUNTIF(C2:C20,">=95")

按 Enter 键，即可统计出 C2:C20 单元格区域中成绩 95 分及以上的人数，如图 3-80 所示。

F5 =COUNTIF(C2:C20,">=95")

姓名	性别	成绩
郝佳怡	女	78
王浩宇	男	90
叶伊伊	女	93
郝凌云	女	85
李成雪	女	96
陈江远	男	76
刘澈	女	82
苏瑞瑞	女	90
苏俊成	男	87
周洋	男	92
林成瑞	男	85
邹阳阳	男	80
张景源	男	84
杨冰冰	女	89
肖诗雨	女	93
田心贝	女	88
何心怡	女	78
徐梓瑞	男	89
胡晓阳	男	95

成绩区间	人数
<80	3
80~90之间	9
90~95之间	5
95以及上	2

图 3-80

3.2.10 各岗位应聘人数统计报表（分性别统计）

例如，下面的表格是企业某次招聘情况的数据记录，现在要分性别统计出各个岗位应聘的人数。

❶ 在表格的空白处建立报表标识，这是一个二维统计表，因此包含行列标识，如图 3-81 所示。

姓名	性别	年龄	学历	应聘岗位	初试时间	参加初试	初试通过
曹正	男	26	专科	客服	2020/3/12	是	是
陈江远	男	32	专科	客服	2020/1/5	是	
冯易	男	31	硕士	研究员	2020/3/8	是	是
顾源	女	33	本科	客服	2020/1/5	是	是
郭军	男	23	本科	销售专员	2020/3/25	是	
何路	男	27	专科	研究员	2020/1/5	是	是
简志能	男	27	高中	销售专员	2019/12/14	是	
李红玉	女	29	本科	客服	2020/3/9	是	
李明璐	女	28	本科	助理	2020/2/15	是	是
李琼	女	33	本科	销售专员	2019/12/14	是	是
凌玲	女	23	本科	助理	2020/2/15	是	
刘澈	女	36	专科	研究员	2020/3/11	是	是
孙倩	男	26	本科	销售专员	2019/12/13	是	是
王雪峰	女	22	本科	销售专员	2020/3/25	是	
吴东	男	22	硕士	研究员	2020/3/25	是	是
杨依林	男	31	本科	研究员	2020/3/10	是	
张以军	男	33	本科	销售专员	2020/3/25	是	是
周洋	女	21	专科	销售专员	2019/12/13	是	
朱子进	男	28	本科	研究员	2020/3/10	是	是
邹娜	女	22	专科	客服	2019/12/13	是	是
苏明荣	女	34	专科	客服	2019/12/13	是	

各岗位应聘人数统计报表

应聘岗位	人数(男)	人数(女)
研究员		
客服		
销售专员		
助理		

图 3-81

❷ 选中 K3 单元格，在编辑栏中输入公式：

=COUNTIFS($E$2:$E$22,J3,$B$2:$B$22," 男 ")

按 Enter 键，即可统计出同时满足应聘岗位为“研究员”且性别为“男”两个条件的人数，如图 3-82 所示。

❷ 选中 L3 单元格，在编辑栏中输入公式：

=COUNTIFS($E$2:$E$22,J3,$B$2:$B$22," 女 ")

按 Enter 键，即可统计出同时满足应聘岗位为“研究员”且性别为“女”两个条件的人数，如图 3-83 所示。

K3 =COUNTIFS($E$2:$E$22,J3,$B$2:$B$22,"男")

姓名	性别	年龄	学历	应聘岗位	初试时间	参加初试	初试通过
曹正	男	26	专科	客服	2020/3/12	是	是
陈江远	男	32	专科	客服	2020/1/5	是	
冯易	男	31	硕士	研究员	2020/3/8	是	是
顾源	女	33	本科	客服	2020/1/5	是	是
郭军	男	23	本科	销售专员	2020/3/25	是	
何路	男	27	专科	研究员	2020/1/5	是	是
简志能	男	27	高中	销售专员	2019/12/14	是	
李红玉	女	29	本科	客服	2020/3/9	是	
李明璐	女	28	本科	助理	2020/2/15	是	是
李琼	女	33	本科	销售专员	2019/12/14	是	是

各岗位应聘人数统计报表

应聘岗位	人数(男)	人数(女)
研究员	5	
客服		
销售专员		
助理		

图 3- 82

L3 =COUNTIFS($E$2:$E$22,J3,$B$2:$B$22,"女")

姓名	性别	年龄	学历	应聘岗位	初试时间	参加初试	初试通过
曹正	男	26	专科	客服	2020/3/12	是	是
陈江远	男	32	专科	客服	2020/1/5	是	
冯易	男	31	硕士	研究员	2020/3/8	是	是
顾源	女	33	本科	客服	2020/1/5	是	是
郭军	男	23	本科	销售专员	2020/3/25	是	
何路	男	27	专科	研究员	2020/1/5	是	是
简志能	男	27	高中	销售专员	2019/12/14	是	
李红玉	女	29	本科	客服	2020/3/9	是	
李明璐	女	28	本科	助理	2020/2/15	是	是
李琼	女	33	本科	销售专员	2019/12/14	是	是

各岗位应聘人数统计报表

应聘岗位	人数(男)	人数(女)
研究员	5	1
客服		
销售专员		
助理		

图 3-83

❹ 选中 K3:L3 单元格，光标定位到右下角，向下拖动填充公式，分别得到其他岗位不同性别的应聘人数，如图 3-84 所示。

K3 =COUNTIFS($E$2:$E$22,J3,$B$2:$B$22,"男")

姓名	性别	年龄	学历	应聘岗位	初试时间	参加初试	初试通过
曹正	男	26	专科	客服	2020/3/12	是	是
陈江远	男	32	专科	客服	2020/1/5	是	
冯易	男	31	硕士	研究员	2020/3/8	是	是
顾源	女	33	本科	客服	2020/1/5	是	是
郭军	男	23	本科	销售专员	2020/3/25	是	
何路	男	27	专科	研究员	2020/1/5	是	是
简志能	男	27	高中	销售专员	2019/12/14	是	
李红玉	女	29	本科	客服	2020/3/9	是	
李明璐	女	28	本科	助理	2020/2/15	是	是
李琼	女	33	本科	销售专员	2019/12/14	是	是
凌玲	女	23	本科	助理	2020/2/15	是	
刘澈	女	36	专科	研究员	2020/3/11	是	是

各岗位应聘人数统计报表

应聘岗位	人数(男)	人数(女)
研究员	5	1
客服	2	4
销售专员	4	3
助理	0	2

图 3-84

专家提示

条件 1 是在 $E$2:$E$22 单元格区域中判断值是否是 J3 单元格中指定的岗位，条件 2 是在 $B$2:$B$22 这个单元格区域中判断是否是“男”这个条件，统计出同时满足这两个条件的条目数。

在 COUNTIFS 函数中，参数的顺序是先写第一个条件判断区域和第一个判断条件，接着是第二个条件判断区域和第二个判断条件。要注意学习公式中文本及表达式的写法。

3.3 ▶ 数据的自动化查找

数据的查换、匹配在数据的处理及报表的生成过程中也是一件非常重要的工作，在 Excel 中有一个非常实用的查找函数是必须要学习和了解的。

3.3.1 按产品编号查询库存

VLOOKUP 函数用于在表格或数值数组的首行查找指定的数值，并由此返回表格或数组当前行中指定列处的值。

VLOOKUP 函数语法：VLOOKUP(lookup_value, table_array, col_index_num, [range_lookup])

◆ lookup_value：要在表格或区域的第一列中搜索的值。lookup_value 参数可以是值或引用；

◆ table_array：包含数据的单元格区域。可以使用对区域或区域名称的引用；

◆ col_index_num：table_array 参数中必须返回的匹配值的列号；

◆ range_lookup：可选参数，一个逻辑值，指定希望 VLOOKUP 查找精确匹配值还是近似匹配值。

在 Excel 中解决查询匹配问题的方法很多，其中使用 VLOOKUP 函数就是最常用的方法之一。VLOOKUP 函数的工作过程就像查字典一样，首先确定要查找的音节，然后在音节索引首列找到该音节，接着确定音节所在页码，最后在正文对应页码中找到对应的汉字。VLOOKUP 函数采用类似的几个步骤完成查询操作。

例如，根据产品编号从库存表中匹配查询库存量，根据学生的编号从成绩表中匹配查询成绩等都可以使用这个函数来解决。本例将讲解如何根据产品编号查询对应的库存量。

如图 3-85 所示为一张"库存统计表"。

	A	B	C	D	E	F	G	H
1	商品编码	仓库名称	商品名称	规格	包装规格	商品类别	色号	库存数量
2	BG63011B	北城B仓	喷墨瓷片	300*600	9*	瓷片	1	170
3	BG63012B	北城B仓	喷墨瓷片	300*600	9*	瓷片	2	192
4	BG63013B	北城B仓	喷墨瓷片	300*600	9*	瓷片	1	235
5	BG63013C	北城B仓	喷墨瓷片	300*600	9*	瓷片	1	564
6	BG63015A	北城B仓	喷墨瓷片	300*600	9*	瓷片	1	184
7	BJ3608B	北城B仓	全瓷负离子中板下埋	300*600	11*	瓷片	T01	907
8	BJ3608C	北城B仓	全瓷负离子中板下埋	300*600	11*	瓷片	S1	518
9	BJ3610C	北城B仓	全瓷负离子中板下埋	300*600	11*	瓷片	S1	177
10	JC63011A	建材商城仓库	喷墨瓷片	300*600	9*	瓷片	7	1036
11	JC63016A	建材商城仓库	喷墨瓷片	300*600	9*	瓷片	1	337
12	JC63016B	建材商城仓库	喷墨瓷片	300*600	9*	瓷片	1	482
13	JC63016C	建材商城仓库	喷墨瓷片	300*600	9*	瓷片	1	217
14	LR031	临玉加工厂仓库	金刚石	800*800	3*	抛釉砖	A52	612
15	LR032	临玉加工厂仓库	金刚石	800*800	3*	抛釉砖	A55	587
16	LR80001	临玉加工厂仓库	负离子生态通体大理	800*800	3*	大理石	10	509
17	LR80002	临玉加工厂仓库	负离子生态通体大理	800*800	3*	大理石	16	312
18	WJ63010	东城仓	喷墨瓷片	300*600	9*	瓷片	3	691
19	WJ63012A	东城仓	喷墨瓷片	300*600	9*	瓷片	3	40
20	WJ6605	东城仓	艺术仿古砖	600*600	4*	仿古砖	14	496
21	WJ6606	东城仓	艺术仿古砖	600*600	4*	仿古砖	11	1144
22	WJ6607	东城仓	艺术仿古砖	600*600	4*	仿古砖	10	1112
23	WJ6608	东城仓	艺术仿古砖	600*600	4*	仿古砖	7	1186
24	WJ8868	东城仓	希腊爵士白	800*800	2*	大理石	5	89
25	WJ8869	东城仓	希腊爵士白	800*800	2*	大理石	6	231

库存统计表　Sheet2　＋

图 3-85

❶ 创建一张新工作表，命名为"库存查询表"，如图 3-86 所示。

❷ 选中 B1 单元格，选择"数据"选项卡，在"数据工具"选项组中单击"数据验证"下拉按钮，在下拉菜单中选择"数据验证"命令，如图 3-87 所示。

图 3-86

图 3-87

❸ 打开"数据验证"对话框，单击"允许"下拉按钮，在其下列表框中选择"序列"，如图 3-88 所示，接着在"来源"对话框中输入"= 库存统计表 !$A$2:$A$42"，如图 3-89 所示。

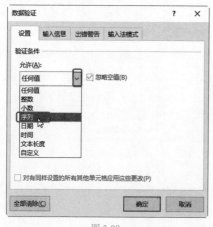

图 3-88

图 3-89

❹ 设置完成后单击"确定"按钮，返回工作表中，可以看到 B1 单元格右侧出现下拉按钮，单击此下拉按钮，则可以看到显示了所有编号的列表，如图 3-90 所示。

图 3-90

❺ 选中 B3 单元格，在编辑栏中输入公式：

=VLOOKUP($B$1, 库 存 统 计 表 !$A$1: $H$42, ROW(A2))

按 Enter 键，即可根据选择的编号返回对应的仓库名称，如图 3-91 所示。

图 3-91

❻ 选中 B3 单元格，向下填充公式至 B9 单元格中，释放鼠标即可返回各项查询到的信息，如图 3-92 所示。

	A	B	C
1	请输入查询编号	BC63015A	
3	仓库名称	北城B仓	
4	商品名称	喷墨瓷片	
5	规格	300*600	
6	包装规格	9*	
7	商品类别	瓷片	
8	色号	1	
9	库存数量	184	

图 3-92

❼ 单击 B1 单元格下拉按钮，在其下拉列表中单击选择其他的产品编号，如"JC63016B"，系统即可自动更新查询到的库存信息，如图 3-93 所示。

	A	B
1	请输入查询编号	JC63016B
2	仓库名称	建材商城仓库
3	商品名称	喷墨瓷片
4	规格	300*600
5	包装规格	9*
6	商品类别	瓷片
7	色号	1

图 3-93

专家提示

=VLOOKUP($B$1,库存统计表!$A$1:$H$42,ROW(A2))

"ROW(A2)"，返回 A2 单元格所在的行号，因此返回结果为 2。公式表示在"库存统计表!$A$1:$H$42"这个区域的首列中寻找与 B1 单格中相同的编号，找到后返回对应在第 2 列中的值，即对应的仓库名称。此公式中的查找范围与查找条件都使用了绝对引用方式，即在向下复制公式时都是不改变的，唯一要改变的是用于指定返回"库存统计表!$A$1:$H$42"区域哪一列值的参数，本例中使用了"ROW(A2)"来表示，例如当公式复制到 C5 单元格时，"ROW(A2)"变为"ROW(A3)"，返回值为 3；当公式复制到 C6 单元格时，"ROW(A2)"变为"ROW(A4)"，返回值为 4，依次类推。

3.3.2 VLOOKUP 多表联动匹配数据

如图 3-94 所示的员工工资表，其中的"销售提成"和"加班工资"不是每位员工都具有，所以一般都会建立单独的表格进行核算，如图 3-95 所示为"销售提成统计表"，如图 3-96 所示为"加班费统计表"。在月末进行工资核算时，需要将这些数据都匹配到工资表中。

	A	B	C	D	E	F	G	H
1	姓名	所属部门	基本工资	工龄工资	销售提成	加班工资	满勤奖金	应发合计
2	刘志飞	销售部	800	400			0	
3	何伟诚	财务部	2500	400			500	
4	崔娜	企划部	1800	200			0	
5	林成瑞	企划部	2500	800			0	
6	童磊	网络安全部	2000	400			0	
7	徐志林	销售部	800	400			500	
8	何忆婷	网络安全部	3000	400			0	
9	高攀	行政部	1500	300			0	
10	陈佳佳	销售部	2200	400			500	
11	陈怡	行政部	1500	0			0	
12	周蓓	销售部	800	300			0	
13	夏慧	企划部	1800	900			0	
14	韩文信	销售部	1500	900			0	
15	葛丽	行政部	1500	100			0	
16	张小河	网络安全部	2000	1000			0	
17	韩燕	销售部	800	900			0	
18	刘江波	行政部	1500	900			0	
19	王磊	网络安全部	1500	400			0	
20	郝艳艳	销售部	800	400			500	
21	陶莉莉	网络安全部	2000	700			0	
22	李君浩	销售部	1500	500			0	
23	苏诚	销售部	2300	600			0	

图 3-94

	A	B	C	D	E	F
1	4月份销售提成统计					
2	姓名	所属部门	销售金额	提成		
3	刘志飞	销售部	75800	6064		
4	徐志林	销售部	105260	8420.8		
5	周蓓	销售部	45000	2250		
6	韩文信	销售部	96000	7680		
7	韩燕	销售部	55000	4400		
8	郝艳艳	销售部	25000	1250		
9	李君浩	销售部	32000	1600		
10	苏诚	销售部	198000	15840		

销售提成统计表　加班费统计表　工资表　⊕

图 3-95

	A	B	C	D
1	4月份加班费统计			
2	加班人	加班费		
3	崔娜	520		
4	林成瑞	487.5		
5	何忆婷	560		
6	高攀	505		
7	陈怡	0		
8	葛丽	425		
9	刘江波	587.5		
10	夏慧	225		
11	韩文信	300		

销售提成统计表　加班费统计表　工资表

图 3-96

❶选中 E2 单元格，在编辑栏中输入部分公式"=VLOOKUP(A2,"，如图 3-97 所示（第一个参数表示以 A2 为匹配对象，即以姓名来匹配）。

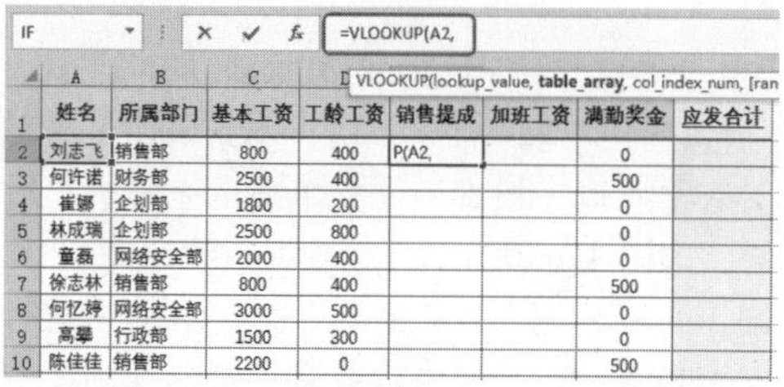

图 3-97

❷接着切换到"销售提成统计表"工作表中，选中数据区域，表示在这个区域的首列中查找，如图 3-98 所示。

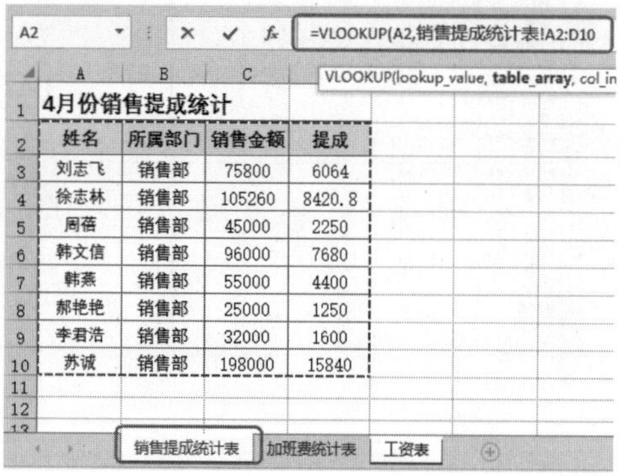

图 3-98

❸接着补齐公式的后面部分，即指定返回哪一列上的值，按 Enter 键，即可从"员工销售提成 !$A$2:$E$20"的首列匹配与 A2 单元格中相同的姓名，并返回对应在第 4 列上的值，如图 3-99 所示。

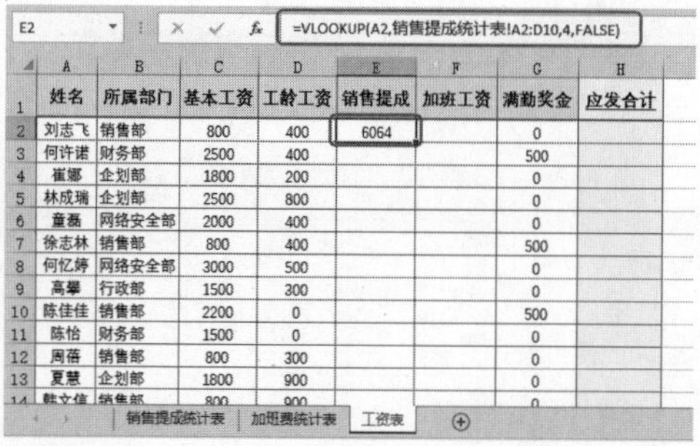

图 3-99

❹选中 E2 单元格，向下填充公式，可依次从"员工销售提成 !$A$2:$E$20"的首列匹配销售员姓名，匹配不到的返回错误值"#N/A"，如图 3-100 所示。

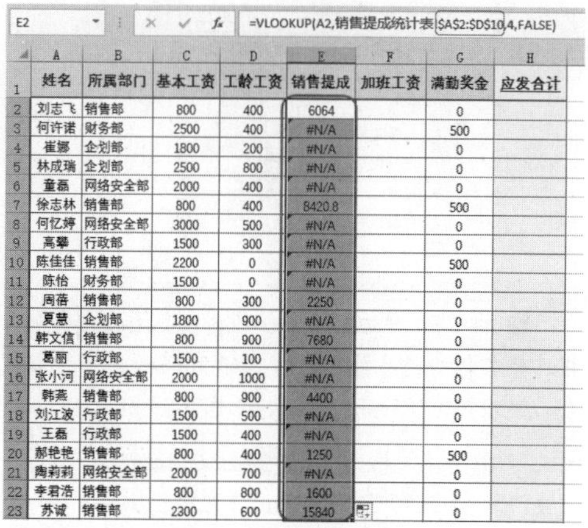

图 3-100

❺选中 F2 单元格，在编辑栏中输入公式：

= VLOOKUP(A2, 加班费统计表 !$A$2:$B$11, 2,FALSE)

按 Enter 键，则可以从"加班费统计表 ! $A$2: $B$11"的首列匹配姓名，并返回对应在第 2 列上的值。向下填充公式，匹配到的返回其对应的加班工资，匹配不到的返回错误值"#N/A"，如图 3-101 所示。

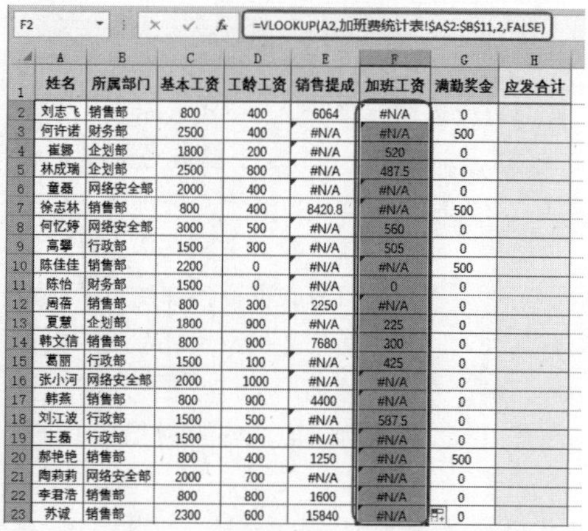

图 3-101

通过前面几步的查找匹配操作可以看到，

能匹配到的，返回正确的值；如果匹配不到，则返回错误值“#N/A”。有了错误值的存在，会给后面的求和运算带来错误。如图 3-102 所示，利用 SUM 函数进行最终工资的核算时出现了错误值“#N/A”，所以我们需要在 VLOOKUP 函数的外层嵌套一个函数来解决此问题。

姓名	所属部门	基本工资	工龄工资	销售提成	加班工资	满勤奖金	应发合计
刘志飞	销售部	800	400	6064	#N/A	0	#N/A
何许诺	财务部	2500	400	#N/A	#N/A	500	#N/A
崔娜	企划部	1800	200	#N/A	520	0	#N/A
林成瑞	企划部	2500	800	#N/A	487.5	0	#N/A
童磊	网络安全部	2000	400	#N/A	#N/A	0	#N/A
徐志林	销售部	800	400	8420.8	#N/A	500	#N/A
何忆婷	网络安全部	3000	500	#N/A	560	0	#N/A
高攀	行政部	1500	300	#N/A	505	0	#N/A
陈佳佳	销售部	2200	0	#N/A	#N/A	500	#N/A
陈怡	财务部	1500	0	#N/A	0	0	#N/A
周蓓	销售部	800	300	2250	#N/A	0	#N/A
夏慧	企划部	1800	900	#N/A	225	0	#N/A
韩文信	销售部	800	900	7680	300	0	9680.00
葛丽	行政部	1500	100	#N/A	425	0	#N/A
张小河	网络安全部	2000	1000	#N/A	#N/A	0	#N/A
韩燕	销售部	800	900	4400	#N/A	0	#N/A
刘江波	行政部	1500	500	#N/A	587.5	0	#N/A
王磊	行政部	1500	400	#N/A	#N/A	0	#N/A
郝艳艳	销售部	800	400	1250	#N/A	500	#N/A
陶莉莉	网络安全部	2000	700	#N/A	#N/A	0	#N/A
李君浩	销售部	800	800	1600	#N/A	0	#N/A
苏诚	销售部	2300	600	15840	#N/A	0	#N/A

图 3-102

❻ 将 E2 单元格的公式更改为：

=IFERROR(VLOOKUP(A2,销售提成统计表!$A$2:$D$10,4,FALSE),"")

按 Enter 键，然后向下填充公式，可以看到所有匹配不到的不再显示“#N/A”，而显示为空值，如图 3-103 所示。

❼ 按相同的方法，将 F2 单元格的公式更改为：

=IFERROR(VLOOKUP(A2,加班费统计表!$A$2:$B$11,2,FALSE),"")

按 Enter 键，然后向下填充公式。随着 F 列公式的更改，“应发合计”列的计算数据也能正确显示出来了，如图 3-104 所示。

E2 =IFERROR(VLOOKUP(A2,销售提成统计表!$A$2:$D$10,4,FALSE),"")

姓名	所属部门	基本工资	工龄工资	销售提成	加班工资	满勤奖金	应发合计
刘志飞	销售部	800	400	6064	#N/A	0	#N/A
何许诺	财务部	2500	400		#N/A	500	#N/A
崔娜	企划部	1800	200		520	0	2520.00
林成瑞	企划部	2500	800		487.5	0	3787.50
童磊	网络安全部	2000	400		#N/A	0	#N/A
徐志林	销售部	800	400	8420.8	#N/A	500	#N/A
何忆婷	网络安全部	3000	500		560	0	4060.00
高攀	行政部	1500	300		505	0	2305.00
陈佳佳	销售部	2200	0		#N/A	500	#N/A
陈怡	财务部	1500	0		0	0	1500.00
周蓓	销售部	800	300	2250	#N/A	0	#N/A
夏慧	企划部	1800	900		225	0	2925.00
韩文信	销售部	800	900	7680	300	0	9680.00
葛丽	行政部	1500	100		425	0	2025.00
张小河	网络安全部	2000	1000		#N/A	0	#N/A
韩燕	销售部	800	900	4400	#N/A	0	#N/A
刘江波	行政部	1500	500		587.5	0	2587.50
王磊	行政部	1500	400		#N/A	0	#N/A
郝艳艳	销售部	800	400	1250	#N/A	500	#N/A
陶莉莉	网络安全部	2000	700		#N/A	0	#N/A
李君浩	销售部	800	800	1600	#N/A	0	#N/A
苏诚	销售部	2300	600	15840	#N/A	0	#N/A

图 3-103

F2 =IFERROR(VLOOKUP(A2,加班费统计表!$A$2:$B$11,2,FALSE),"")

姓名	所属部门	基本工资	工龄工资	销售提成	加班工资	满勤奖金	应发合计
刘志飞	销售部	800	400	6064		0	7264.00
何许诺	财务部	2500	400			500	3400.00
崔娜	企划部	1800	200		520	0	2520.00
林成瑞	企划部	2500	800		487.5	0	3787.50
童磊	网络安全部	2000	400			0	2400.00
徐志林	销售部	800	400	8420.8		500	10120.80
何忆婷	网络安全部	3000	500		560	0	4060.00
高攀	行政部	1500	300		505	0	2305.00
陈佳佳	销售部	2200	0			500	2700.00
陈怡	财务部	1500	0		0	0	1500.00
周蓓	销售部	800	300	2250		0	3350.00
夏慧	企划部	1800	900		225	0	2925.00
韩文信	销售部	800	900	7680	300	0	9680.00
葛丽	行政部	1500	100		425	0	2025.00
张小河	网络安全部	2000	1000			0	3000.00
韩燕	销售部	800	900	4400		0	6100.00
刘江波	行政部	1500	500		587.5	0	2587.50
王磊	行政部	1500	400			0	1900.00
郝艳艳	销售部	800	400	1250		500	2950.00
陶莉莉	网络安全部	2000	700			0	2700.00
李君浩	销售部	800	800	1600		0	3200.00
苏诚	销售部	2300	600	15840		0	18740.00

图 3-104

专家提示

IFERROR 函数是一个信息函数，它用于判断指定数据是否为任何错误值。所以在本例中把它嵌套在 VLOOKUP 函数的外层，表示当 VLOOKUP 函数因为匹配不到而返回错误值时，IFERROR 函数就将它输出为空值。

第4章

图表在工作总结与汇报中的应用

　　图表作为数据的最佳呈现载体之一，具有形象直观、生动易懂的优势，因此其被广泛应用于工作总结与汇报中。然而要熟练驾驭图表，全面发挥其优势却需要大量的编辑操作，从图表类型的选取到数据源的组织，再到显示效果的优化，都需要相应的方法与技巧。

- ☑ 选择正确的图表类型
- ☑ 创建图表的基本操作
- ☑ 图表的优化编辑技术
- ☑ 图表的美化原则及操作要点

4.1 ▶ 工作总结与汇报利器——图表

我们日常工作中产生、记录的各种数据蕴含着巨大的价值，只是这些价值很多时候都隐藏于数据的深层，如果想要充分地运用它们，还需要使用恰当的方式去分析和呈现。表现数据的过程就是数据可视化的过程。

数据可视化有多种不同方式，图表是其中最常见的一种，它具有直观形象、应用广泛的特点。一张制作完善的图表至少应具有如下几个方面的作用。

◆ 挖掘数据隐藏的信息。

原始数据往往非常庞杂，即便是有巨大的价值也可能是深层次的。使用恰当的图表来调动人们的形象思维和深层思考，就很可能找出数据的本质，及时地发现业务中可能存在的问题。

◆ 较高的概括力。

图表能一目了然地反映数据的特点和内在规律，在较小的空间里承载较多有用的结论，为决策提供辅助。

◆ 较强的说服力。

图表直接呈现数据本质，具有一种强大的专业性与说服力，人们能够依据这些数据做出更好的决策，从而提升决策的科学性。

◆ 让人直接专注重点。

图表使得数据结论可视化，瞬间将重点传入脑海，摒弃非重点信息，使审阅者提升工作效率。

◆ 使信息的表达鲜明生动。

图表让枯燥的数据更加生动，无论是撰写报告还是商务演示，应用精良的商务图表都能在传达信息的同时丰富版面效果。

制作好的图表可用于 Word 文档的纸质报告中，PPT 演示文稿中，以及在线演示的移动设备中。

如图 4-1 所示是将 Excel 图表应用于 PPT 文档中。

如图 4-2 所示是将 Excel 图表应用于 Word 报告中。

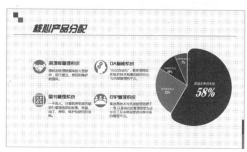

图 4-1   图 4-2

Excel 中提供了多种类型的图表，制作简单，效果突出。但通过合理地编辑，我们可以将图表设计得更好。实践表明，设计精良的图表在日常工作及商务沟通中扮演着越来越重要的角色。如图 4-3 所示的幻灯片中加入了普通的未经编辑的饼形图表，如图 4-4 所示的幻灯片中加入了编辑设计后的创意饼图，两者对比，差距十分显著。

 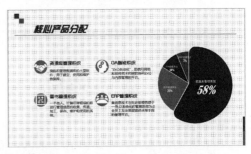

图 4-3   图 4-4

所以，我们不但要学会创建图表，更要学会合理编辑图表，整理数据，以及必要的美化设计。

4.2 选择正确的图表类型

Microsoft Excel 支持各种各样的图表，作为使用者肯定是要选择对自己的分析最有帮助的图表类型。不同的图表类型，其分析的重点也有所不同，如柱形图常用于数据比较，饼图常用于展示局部占总体的比率，折线图用于展示数据变化趋势等。本节主要对不同图表类型的应用领域进行介绍，使读者对如何选择图表有一个正确的认识。

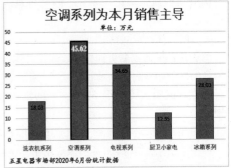

图 4-5

4.2.1 用于数据比较的图表

要表达项目间数据大小的比较情况，一般是使用柱形图和条形图，条形图可以看成是旋转的柱形图，其作用与柱形图基本相同。

如图 4-5 所示的柱形图，数据比较起来非常直观，哪个柱子最高，代表值最大；同时也能直观地看到各柱子间的差距情况。

如图 4-6 所示的柱形图用于对两个系列进行比较，可以对同一颜色的柱子（表示同一系列）进行对比，也可以对某个分类进行比较。

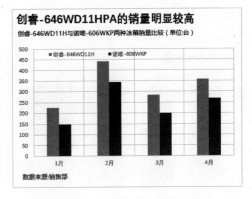

图 4-6

如图 4-7 所示为条形图，用于对单个系列值进行比较。在创建图表前可以对数据进行排序，从而让比较效果更加直观。

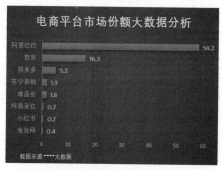

图 4-7

4.2.2 表示成分关系的图表

如果想反映出几个项目的占比情况，最典型的就是使用饼图。饼图用扇面的形式表达出局部占总体的比率关系，为了让表达的信息更加醒目与直观，可以将重点表达的部分进行色调或分离式强调设计。

如图 4-8 所示的饼图对最小的扇面使用了不同色调进行强调（但注意不要整体使用爆炸型图表）。

如图 4-9 所示的饼图对最小的扇面使用了分离式强调。

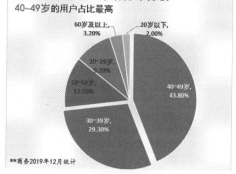

图 4-8

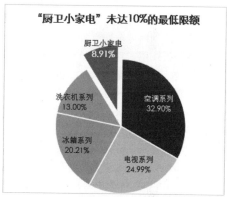

图 4-9

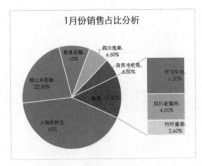

图 4-10

4.2.3 表示时间序列的图表

在进行数据分析时也经常需要展示某事物在一定时间范围内的发展趋势。表示趋势关系最常用的是折线图，它可以很直观地展示出在这一期间的变化趋势是增长的、减少的、上下波动的还是基本保持不变的。

如图 4-11 所示的图表可以看到销售利润的变化趋势。

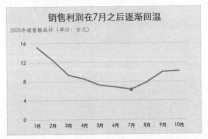

图 4-11

折线图也可以表示多个数据系列。如图 4-12 所示的图表比较了两地房价，其数据大小及变化趋势一目了然。

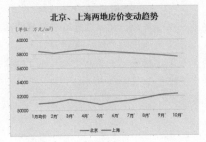

图 4-12

面积图也可以按时间或类型显示数据趋势，从而直观地显示数据的变化幅度。从如图 4-13 所示的图表中可以看到，随着时间的推移，数据呈现持续增长的趋势。

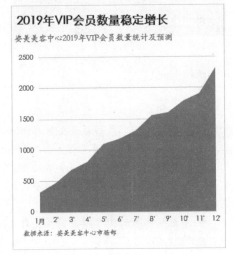

图 4-13

4.2.4 表示相关性的图表

最典型的表示相关性的图表是散点图。散点图将两组数据分别绘制于横坐标与纵坐标中，在创建时最好对其中一组数据排序，让其呈现上升或下降的趋势，如果另一组数据也呈现了上升或下降的趋势，表示二者具有相关性。

如图 4-14 所示的图表，类型是"带直线和数据标记的散点图"，水平轴表示销售业绩，垂直轴表示工资金额，从图表我们可以看到：随着销售金额的提高，工资金额增加，因此工资金额与销售业绩呈现非常直接的正相关性。

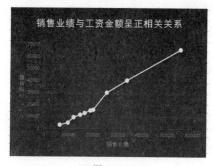

图 4-14

如图 4-15 所示的图表，类型是"散点图"，水平轴表示月收入，垂直轴表示月网购消费额，从图表我们可以看到：并非是收入越高网购消费额越高，月收入和月网购消费额并没有直接的正相关性。

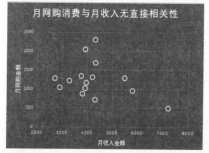

图 4-15

专家提示

制作散点图的注意要点：

如果数据呈现的是上升或下降趋势，则可以选择带直线或带平滑线的散点图，通过线条展现数据趋势。但如果数据不具备趋势性，则不能选择带直线或带平滑线的散点图，否则线条连接起来整个图表会非常混乱。

4.2.5 统计直方图

直方图是典型的数据分析图表，常用于对数据的频率分布进行分析。因此，在数据数量过少时并无太大意义。直方图通常用于在一系列数据中找寻规律。

如图 4-16 所示的图表，展示的是企业某次问卷调查的评分情况，通过图表可以看到分数主要集中在 80 分以上，评价结果较好。

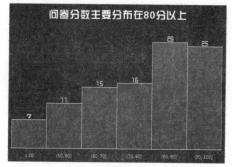

图 4-16

4.2.6 迷你图

迷你图是呈现于单元格中的一种微型图表，可以将一个数据序列描述为一个简洁的图表。使用迷你图可以比较一组数据的大小、显示数值系列中的趋势，还可以突出显示最大值和最小值。

迷你图与图表不同，它不是对象，而是单元格背景中的一个微型图表。如图 4-17 所示的数据，可快速建立迷你图，以月份呈现房价的变化趋势，由图表可以非常直观地看到哪些数据呈上升趋势，哪些数据呈下降趋势。

城市	1月均价(元/㎡)	2月均价	3月均价	4月均价	5月均价	6月均价	7月均价	8月均价	9月均价	10月均价	价格走势图
北京	58439	58150	58435	58605	58352	58277	58096	57951	57809	57609	
上海	50962	51129	51530	51234	50816	51176	51408	51772	52164	52294	
天津	20458	20804	21262	20774	20368	20165	20123	20088	20114	19924	

图 4-17

4.2.7 复合型图表

我们经常在一些商务图表中看到折线图与柱形图混用的例子，如图 4-18 所示。这样的双图表是复合型图表，制作的关键点是要设置某个数据系列沿次坐标轴绘制。不同的图表类型表达的通常不是同一种数据类型，例如一个是销售额，一个是百分比，显然这两种数据是无法用同一坐标轴体现的。

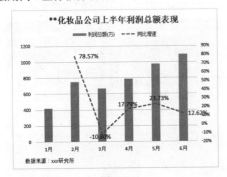

图 4-18

为了方便建立复合型图表，在 Excel 2013 之后的各个版本中提供了一个“推荐的图表”功能，当选择数据源后，程序会根据所选数据源推荐使用图表类型，这对初学者来说是一项不错的功能。尤其对于创建复合型图表来说，会省去很多步骤设置。

❶ 在如图 4-19 所示的工作表中，选中 A2:C8 单元格区域，在“插入”选项卡的“图表”组中单击“推荐的图表”（见图 4-19），打开“插入图表”对话框。

月份	利润总额(万)	同比增速
1月	420	
2月	750	78.57%
3月	669	-10.80%
4月	788	17.79%
5月	975	23.73%
6月	1098	12.62%

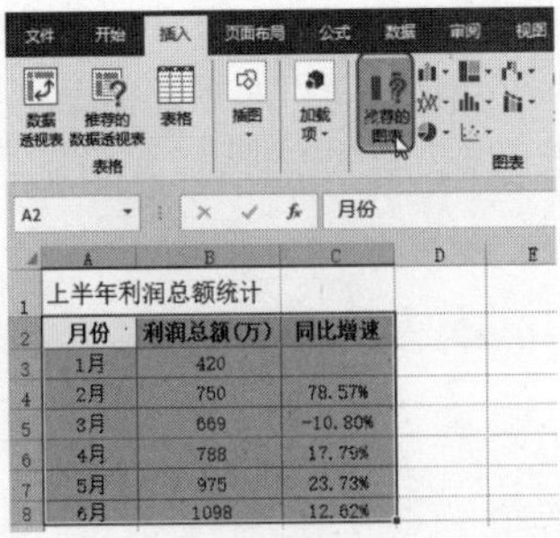

图 4-19

❷ 左侧列表中显示的都是推荐的图表，第一个图表就是我们所需要的复合型图表。选中图表，如图 4-20 所示。

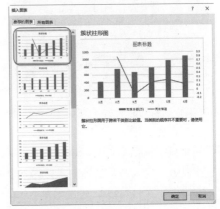

图 4-20

❸ 单击“确定”按钮，创建的图表如图 4-21 所示，可以看到百分比值直接绘制到了次坐标轴上，这也正是我们所需要的图表效果。

专家提示

关于次坐标轴的启用，在后面的章节中还会有相关的图表范例讲解，它有时是因为要建立复合型图表而启用，有时是为了让图表达到某种特定的效果而启用，起到辅助的作用。

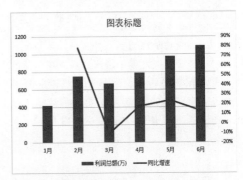

图 4-21

知识扩展

图 4-20 中给出了图表的原始雏形样式，如果想达到如图 4-18 所示效果图中呈现的效果，还需要进行多步美化设置。

① 添加完整的图表标题。

② 更改柱形的颜色。

③ 更改折线图线条的样式为虚线。

④ 为折线图添加显示在图上的值数据标签。

⑤ 添加一个文本框，用来显示图表的脚注信息。

◆ 图表标题直接点明想要表达的重点，避免让读者从不同角度去理解。

◆ 副标题可以是数据来源说明或是对图表表达观点的补充，既能弥补主标题的不足，又具有专业感。

◆ 可以添加脚注来说明数据来源或补充备注信息，脚注也是专业图表的要求。

◆ 图表要简洁易懂，表达的信息要让人一目了然。

◆ 三维格式图表不利于数据比较，不推荐使用。

◆ 成功的图表设计者还要具备按图塑造数据源的技能。

专家提示

我们进行数据分析的时候，要知道何时应该使用图表，何时不应该使用图表。每个图表必须要有明确、必要的目的。关于图表的创建原则，总结了如下几个要点：

◆ 图表要有明确的作用，不要把图表建得没有重点。

4.3 创建一个新图表

在使用图表的过程中，首先要学会判断什么样的数据使用哪种图表类型最合适，以及建立图表的分析目的是什么（这项内容在 4.2 节中已经做出了讲解与分析），然后从当前表格中选择数据源来建立图表。

4.3.1 选择数据和创建图表

图表以数据源为基础，因此创建图表前要准确选择相应的数据源。

① 在本例的数据表中，选中 A1:B5 单元格区域，在"插入"选项卡的"图表"组中单击"插入柱形图和条形图"下拉按钮，弹出下拉菜单，如图 4-22 所示。

② 选择"簇状条形图"图表类型，即可新建图表，如图 4-23 所示。

选择不同的数据源时创建出的图表效果并不一样，在本例中还可以选择不同的数据源创建出不同目的的图表。

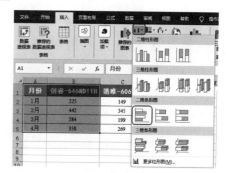

图 4-22

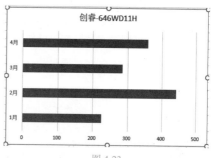

图 4-23

❶ 选中 A1: C5 单元格区域，在"插入"选项卡的"图表"组中单击"插入柱形图和条形图"下拉按钮，弹出下拉菜单，如图 4-24 所示。

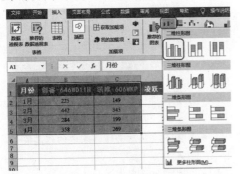

图 4-24

❷ 选择"簇状柱形图"子图表类型，即可新建图表，如图 4-25 所示。图表同时对两个产品在各个月份中的销售量进行了比较。

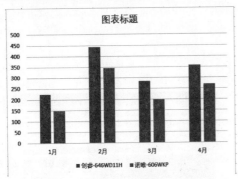

图 4-25

4.3.2 添加图表标题和副标题

默认创建的图表有时包含标题，但一般只会显示"图表标题"字样。如果有默认的标题框，只要在标题框中重新输入标题文字即可。如果没有标题框，则需要通过如下操作显示出标题框后再输入文字。

❶ 选中默认标题框，单击即可进入文字编辑状态，重新编辑标题，如图 4-26 所示。

❷ 在输入标题文字后，一般建议选中标题，然后在"开始"选项卡"字体"组中重新设置字体、字号等，从而美化标题，如图 4-27 所示。

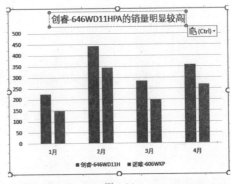

图 4-26

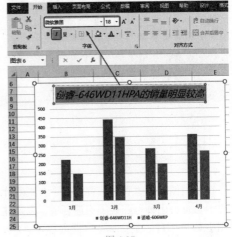

图 4-27

❸ 如果创建出图表后默认未包含标题框，则选中图表，单击右上角的"图表元素"按钮，在弹出的列表中选中"图表标题"复选框即可显示出标题框，如图 4-28 所示。

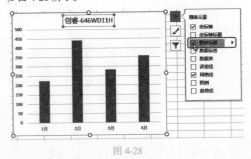

图 4-28

❹ 按相同方法在标题框中输入文字并设置格式即可。

专业的图表往往会添加副标题，以对数据来源进行说明，或是对图表主题进行补充，将这些细节信息表达得更加全面，有效提升图表的专业性及信息的可靠度。副标题或脚注信息，都需要使用手绘文本框的方式来添加。

① 将鼠标指针指向绘图区的右上角，按住鼠标左键向左下位置拖动，缩小绘图区（见图4-29），从而为绘制文本框预留出位置。

② 选中图表，在"插入"选项卡的"文本"组中单击"文本框"按钮，选择"绘制横排文本框"命令（见图4-30），然后在主标题下方拖动，绘制文本框，如图4-31所示。

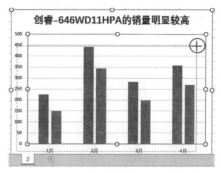

图 4-29

图 4-30

③ 释放鼠标光标即可定位在文本框中，输入副标题文字，如图4-32所示。

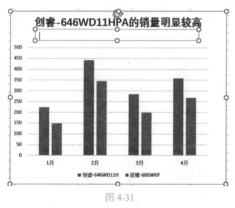

图 4-31

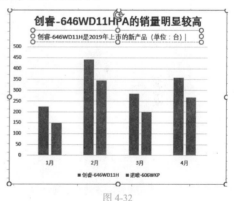

图 4-32

④ 在建立两个标题后，它们是靠左、靠右，还是居中放置，可根据设计思路而定。如果想移动其位置，可以将鼠标指针指向标题框的边线上，出现黑色四向对拉箭头时，按住鼠标左键拖动即可移动其位置。如图4-33所示为两标题左对齐的效果。

知识扩展

文本框不仅可以用来添加副标题，还可以用来添加内一些重要的信息。在图表中添加文本框有一点需要注意，即一定要先选中图表再执行插入操作，这时绘制的文本框是无边框、无填充色的，输入文字后就像一个无背景的PNG图一样，无论放在什么位置使用都是合适的。如果未选中图表就执行文本框的插入操作，那么绘制出的文本框是灰色框线和白色填充色，若此时图表底纹不是白色，或者将文本框绘制到图表的系列上，则显示得很不协调。

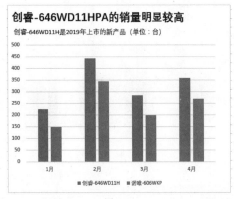

图 4-33

据源，不需要重新建立图表，可以在当前图表中更改。因为在原图表上更改图表的数据比新建图表要省力得多，它会沿用原格式，并且更改图表数据源可以立即查看到不同的分析结果。但有一点要注意的是，在更改图表的数据源之后，需要重新核实一下图表的标题是否合适，如果其不能表达当前图表的主题，则需要重新修改。

下面以如图 4-34 所示的图表为例，学习更改图表数据源及查看不同分析结果的方法。

❶ 选中图表，用于建立图表的数据源区域会显示几种颜色的框线、系列显示为红框、分类显示为紫框、数据区域显示为蓝框，如图 4-34 所示。

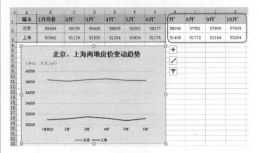

图 4-34

❷ 将鼠标指针指向蓝色边框的右下角（见图 4-35），按住鼠标左键进行拖动重新框选数据区域（见图 4-36），被包含的数据就会绘制图表，不包含的就不绘制。通过这个方式就改变了图表的数据源，如图 4-37 所示为更改数据源后对应的图表。

专家提示

图表的主标题可让人瞬间捕捉到图表的主要信息，因此要给出足够的空间位置，不能过于狭窄，可以使用较大的字号。除了标题区要突出外，还要注意一定要将想表达的关键信息写入标题文字，如 "5月份会员量开始逐渐提升" "某产品的销售额未达标" "企业上半年利润呈下降趋势" 等。将想表达的关键信息写入标题，可以限制读者的理解偏差，明确图表的目的和作用，让人很快找到重点。

4.3.3 更改图表的数据源

建立图表后，如果需要重新更改图表的数

城市	1月均价	2月'	3月'	4月'	5月'	6月'	7月'	8月'	9月'	10月'
北京	58439	58150	58435	58605	58352	58277	58096	57951	57809	57609
上海	50962	51129	51530	51234	50816	51176	51408	51772	52164	52294

图 4-35

城市	1月均价	2月'	3月'	4月'	5月'	6月'	7月'	8月'	9月'	10月'
北京	58439	58150	58435	58605	58352	58277	58096	57951	57809	57609
上海	50962	51129	51530	51234	50816	51176	51408	51772	52164	52294

图 4-36

另外，当需要建立相同类型的图表时，比如建立了 1 月份的图表，需要再建立 2 月份、3 月份的图表时，可以先复制一份图表，然后重新修改数据源，从而省去很多编辑图表的过程。这时更改数据源，需要打开 "选择数据源" 对话框来操作。

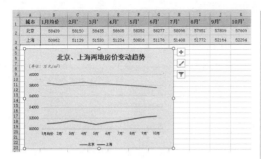

图 4-37

❶ 当前图表如图 4-38 所示，将图表复制到 2 月份统计表中，可以看到图表还保持与原图表一样，如图 4-39 所示。

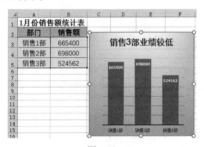

图 4-38

❷ 选中复制得到的图表，在"图表工具 - 设计"选项卡的"数据"选项组中选择"选择数据"命令按钮（见图 4-39），打开"选择数据源"对话框。

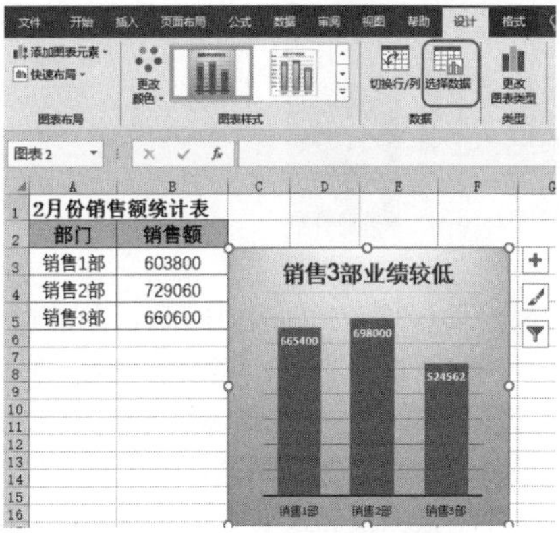

图 4-39

❸ 单击"图表数据区域"右侧的 ⬆ 按钮（见图 4-40）回到工作表中重新选择数据源（当前例子需要切换到"2 月销售统计"工作表中选取），如图 4-41 所示。

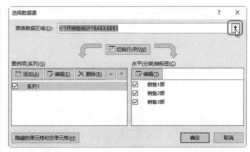

图 4-40

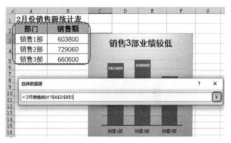

图 4-41

❹ 选择完成后，单击 ⬆ 按钮回到"选择数据源"对话框中，再单击"确定"按钮，可以看到图表的数据源被更改了，而图表样式不做任何更改，如图 4-42 所示。

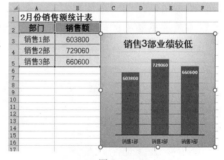

图 4-42

🔖 专家提示

在更改图表数据源后，要相应地将图表标题修改为与当前数据贴合的标题。

📌 知识扩展

图表的数据源也可以是不连续的，只要建立图表时按 Ctrl 键，依次选中不连续的区域（见图 4-43），然后执行图表的创建即可依据选中的数据源创建图表。

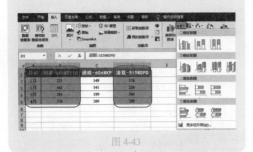

图 4-43

4.3.4 数据源决定图表显示

一些专业图表，其数据源都是经过事先处理过的，可以说数据源决定了图表的显示效果。在本小节中将给出几个例子。同时，读者需要明白要想通过灵活组织数据源来展现高级图表，需要长期的经验积累。

例如，在 Excel 2016 之后的版本中提供了一种能展示二级分类的旭日图，如图 4-44 所示，它的数据源为如图 4-45 所示的样式。

如图 4-46 所示的图表中显示了一根平均线，这不是手工画出的线条，而是使用函数求解出的平均值，其数据源如图 4-47 所示的样式。

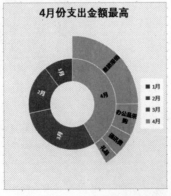

图 4-44

	A	B	C
1	月份	项目	金额（万）
2	1月		8.57
3	2月		14.35
4	3月		24.69
5	4月	差旅报销	20.32
6		办公品采购	6.20
7		通讯费	4.63
8		礼品	2.57

图 4-45

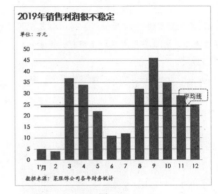

图 4-46

图 4-47

如图 4-48 所示的图表中标出了最高点与最低点，这两个点并非手工标注的，而是将图表的数据源重新组织，自动求解出最高值与最低值（见图 4-49），然后使用这样的数据源来创建图表。而当最大值和最小值发生变化时，图表中也会自动发生变化。比如要查看 B 产品的盈利趋势，则只要更改 A 列的数据即可，图表便会自动生成。

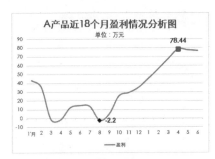

图 4-48

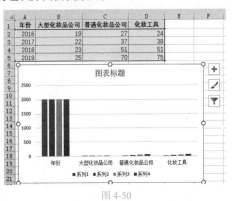

图 4-49

另外，如果选择数据源后无法生成正确的图表，首先要学会核实数据源，找出问题所在。如图4-50所示，看似数据源没有问题，但建立的图表显然是错误的。这是因为"年份"这一列数据默认是数值，程序将它等同后面的B、C、D列一样识别为一个分类，而不是作为水平轴。作为水平轴的数据必须是文本数据，所以当出现这种错误时，一定要学会从数据源的组织方面去找原因。

图 4-50

把"年份"列中数据后都添加"年"，如"2016年""2017年"等。或者先设置单元格的格式为"文本"格式，再重新输入"2016""2017"等。实现转换后，图表即可正确显示，如图4-51所示。

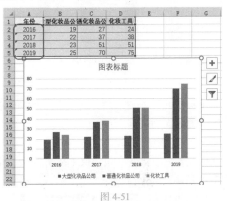

图 4-51

4.3.5 切换数据行列

当数据源是既有行标签又有列标签的二维表格时，创建图表时程序会默认自动判断哪些数据作为行标签，哪些数据作为系列。如图4-52所示的表格，产品名称可以作为系列，月份也可以作为系列，如何切换数据行列的关键在于建立图表的表达重点和比较目的是什么。

如果程序默认的结果不是自己需要的，则可以通过切换行列来重新更改图表的表达重点。

月份	创睿-646WD11H	诺唯-606WKP	凌跃-515WDPD
1月	225	149	158
2月	442	345	226
3月	284	199	206
4月	358	269	289

图 4-52

根据如图4-53所示的数据源，创建堆积柱形图时，默认将产品名称作为系列，将月份作为类别，侧重点在于比较哪个月份中的总销售额最高。

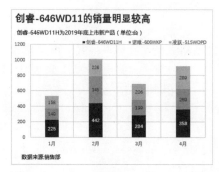

图 4-53

如果想比较在这几个月中哪个产品的总销售额最高，则需在"图表工具-设计"选项卡的"数据"组中单击"切换行列"按钮，即可看到图表中的数据系列切换了显示方式，如图 4-54 所示。

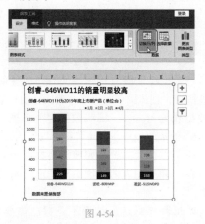

图 4-54

在建立图表后，如果发现建立的图表不能很好地体现分析结果，可以更改创建的图表类型。因为每一种图表类型都有其表达的侧重点，这个在 4.2 节中已经做过分析。例如在下面的图表中，要将簇状柱形图更改为堆积柱形图，稍后再来分析它们的表达重点不同之处在哪里。

① 如图 4-55 所示为原图表，选中图表，在"图表工具-设计"选项卡的"类型"组中选择"更改图表类型"命令，打开"更改图表类型"对话框。

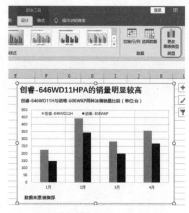

图 4-55

② 首先在列表中选择图表类型，接着再在右侧选择子图表类型，如图 4-56 所示。

图 4-56

③ 单击"确定"按钮，可以看到图表在保留原有格式的基础上更改了类型，如图 4-57 所示。对图表进行分析可以看到，当前的堆积柱形图可以更好地比较哪个月份的总销量是最高的。

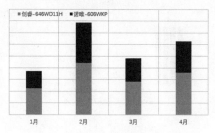

图 4-57

Excel 2019 在工作总结与汇报中的典型应用（视频教学版）

图表中通常包含多个对象，在编辑及美化过程中，为了获得满意的效果，往往会进行多次对象的显示或隐藏设置。隐藏图表中的对象可以直接利用删除的办法，而如果要重新显示出某个对象，我们则需要知道应该从哪里去开启。

如图 4-58 所示为默认图表所包含的对象，如图 4-59 所示则是删除了垂直轴和水平轴网格线，然后又添加了值标签的图表。

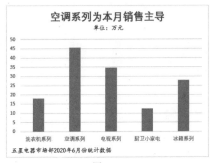

图 4-58

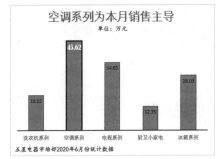

图 4-59

❶选中图表，然后单击选中垂直轴（见图4-60），按 Delete 键删除。接着单击选中水平轴网格线，按 Delete 键删除。如图 4-61 所示为删除两个对象后的图表效果。

❷下面为图表添加对象。选中图表，单击右上角的"图表元素"按钮（一张图表包含的所有对象都在这个菜单中），在弹出的下拉菜单中选中"数据标签"复选框，可以看到图表中添加了数据标签，如

图 4-62 所示。（所有的对象前都有一个复选框，想显示该对象时就选中它，不需要显示时就取消选中它）

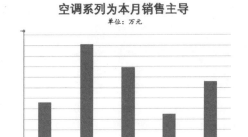

图 4-60

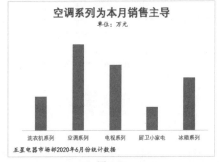

图 4-61

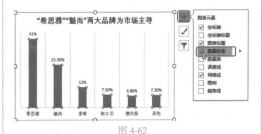

图 4-62

💡 专家提示

对象的显示或隐藏是一项非常简单的操作，但是对于图表的编辑和美化来说却非常重要。隐藏对象一般是在选中对象后直接按 Delete 键；但如果想重新显示某个对象，就必须在"图表元素"下拉菜单进行设置。

4.4 ▶ 掌握图表的编辑技术

默认的图表无论是在主题表达上还是在外观效果上都很难满足设计者的初衷，一般都需要经过一项、两项，甚至很多项的编辑操作，才能基本达到满意的效果。

这些设置操作虽然简单，但对图表的调整过程却是很重要的。只有把这些基本的操作技术用熟了，设计出的图表才有可能让人眼前一亮。

4.4.1 更改坐标轴的默认刻度

建立图表时，程序会根据当前数据自动计算刻度的最大值、最小值及刻度单位，一般情况下不需要去更改。但有时为了改善图表的表达效果，可以重新更改坐标轴的刻度。如图 4-63 所示是一个折线图，整体数据只在 50 000～60 000 范围变化，我们看到数据的变动趋势在这个默认图表中展现的非常不明显，这时调坐标轴的刻度就显得非常必要。

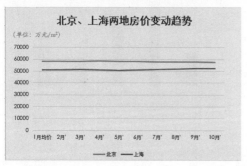

图 4-63

❶ 在垂直轴上双击鼠标，打开"设置坐标轴格式"右侧窗格。

❷ 单击"坐标轴选项"标签，在"坐标轴选项"栏中将"最小值"更改为"50 000"，接着再将"最大值"更改为"60 000"，刻度的单位也可以根据实际情况重新设置，如图 4-64 所示。由于刻度值的改变，我们可以比较清晰地看到两个系列呈现的变化趋势，如图 4-65所示。

图 4-64

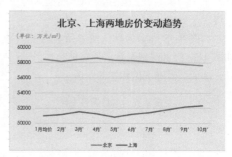

图 4-65

📝 专家提示

对坐标轴的刻度进行更改，相当于对刻度的值进行了固定（默认是自动）。如果后期要在这张图表上通过更改数据源创建新的图表，刻度值就不会自动根据数据源值变化了。此时应根据需要重新设置刻度的值，或者在刻度设置框右侧单击"重置"按钮，让刻度恢复到自动状态。

4.4.2 更改水平轴与垂直轴的交叉位置

分类轴一般是指水平轴，垂直轴称为数值轴（但条形图正好相反，它的水平轴为数值轴）。垂直轴与水平轴的交叉位置默认在左侧，有时为了达到图表分隔的效果，可以重新设置垂直轴与水平轴的交叉位置。如图 4-66 所示的图表，垂直轴显示在图表的中间，就是通过此项设置来实现的。

❶ 在水平轴上双击，打开"设置坐标轴格式"窗格。

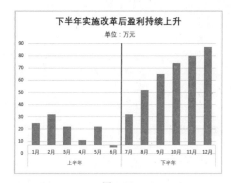

图 4-66

❷ 单击"坐标轴选项"标签按钮，展开"坐标轴选项"栏，在"纵坐标轴交叉"栏中选中"分类编号"单选按钮，并设置值为"7"，如图 4-67 所示。

图 4-67

设置完成后即可将坐标轴移至指定的交叉位置，如图 4-68 所示。由于垂直轴的线条默认是被隐藏的，因此还需要通过设置将线条显现出来，并将垂直轴的标签移至最左端，就能实现用 Y 轴左右分隔图表。

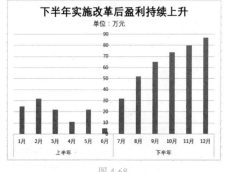

图 4-68

❶ 在垂直轴上双击，打开"设置坐标轴格式"右侧窗格，单击"填充与线条"标签按钮，展开"线条"栏选中"实线"单选按钮，单击"颜色"设置框下拉按钮，可选择线条颜色，设置宽度值（即改变粗细），如图 4-69 所示。显示出线条后，图表就有左右分隔感了，如图 4-70 所示。

图 4-69

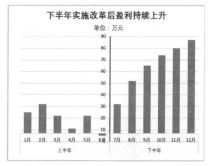

图 4-70

❷ 将坐标轴的刻度值移到图外（刻度值默认是显示在轴旁的）。单击"坐标轴选项"标签按钮，在"标签"栏下单击"标签位置"右边的下拉按钮，弹出下拉列表，选择"低"，如图 4-71 所示。完成设置后，将显示出坐标轴线条并将数据标签显示到图外，如图 4-66 所示。

图 4-71

4.4.3 反转条形图的分类次序

在建立条形图时，默认情况下分类轴的标签显示出来会与实际数据源顺序相反。如图 4-72 所示，数据源的显示时间是从 1 月到 8 月，但绘制出的图表是从 8 月到 1 月。要解决这样的问题，需要对分类轴的格式进行设置。

图 4-72

① 在垂直轴（分类轴）上单击鼠标右键（条形图与柱形图相反，水平轴为数值轴），打开"设置坐标轴格式"右侧窗格。

② 选择"坐标轴选项"标签，在"坐标轴选项"栏同时选中"逆序类别"复选框与"最大分类"单选按钮，如图 4-73 所示。设置完成后立即可让条形图按正确的顺序建立，如图 4-74 所示。

图 4-73

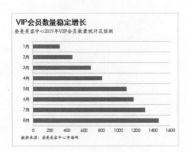

图 4-74

专家提示

如果分类轴的标签不是时间序列，是否反转次序无关紧要。但如果是时间序列，为了不违背了人们正常的阅读习惯，建议按此方法进行反转。

4.4.4 添加数据标签

数据标签实际就是系列的值，很多时候在创建图表后都会添加上数据标签，这样会让显示效果更加直观。如果只是添加"值"数据标签，在前面的 4.3.7 小节我们已经介绍了，只要在"图表元素"菜单中选中"数据标签"复选框即可。但是数据标签还具有其他的格式，也可以重新设置它的显示位置。比如饼图，往往只添加值数据标签是不够的。

① 选中饼图，单击右上角的"图表元素"按钮，在弹出的菜单中选中"数据标签"复选框，这时可以看到图表上显示了值的数据标签（见图 4-75）。由于我们想显示各个扇面的百分比值，并显示各个扇面代表的类别名称，还需要进一步设置。

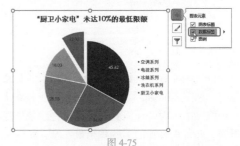

图 4-75

② 单击"图表元素"按钮，在弹出的菜单中选择"数据标签"，单击右侧的按钮，选择"更多选项"命令（见图 4-76），打开"设置数据标签格式"右侧窗格。

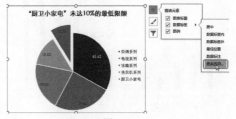

图 4-76

③ 选中"类别名称"和"百分比"复选框，如图 4-77 所示。

图 4-77

④ 添加了数据标签后，在数据标签上单击可以一次性选中所有数据标签，然后重新设置标签字号，如图 4-78 所示。

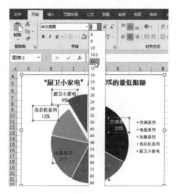

图 4-78

⑤ 当发现某些标签的默认位置不合适时，可以拖动调整。在数据标签上单击，可以一次性选中所有的数据标签；再在单个标签上单击，可选中单个标签，当鼠标指针出现四向箭头时，按住鼠标左键拖动可移动其位置，如图 4-79 所示。

图 4-79

这时我们发现数据标签显示的是无小数位的百分比值，如果想显示两位小数的百分比，那么可以接着操作。

⑥ 在数据标签上双击鼠标，再次打开"设置数据标签格式"对话框，展开下面的"数字"区域，单击"类别"设置框右侧下拉按钮，选择数字格式为"百分比"（见图 4-80），选择后则可以设置小数位数为"2"，如图 4-81 所示。

图 4-80　　　　　图 4-81

⑦ 完成上述设置后，可以看到数据标签的显示效果如图 4-82 所示。

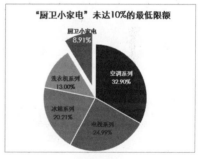

图 4-82

知识扩展

数字格式的设置方法都是类似的，图表中其他数字对象的设置，只要准确选中对象，其设置方法都是一样的。例如，数值轴的标签格式也可以改变。

如图 4-83 所示的图表的垂直轴默认为百分比值且包含两位小数，不够简洁。这时在垂直轴上双击鼠标，打开"设置坐标轴格式"右侧窗格,设置数字格式为"数字",并设置小数位数为"1",则可以让垂直轴的数字显示为如图 4-84 所示的小数形式。

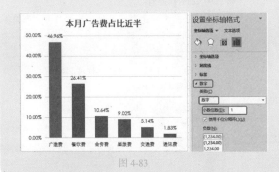

图 4-83

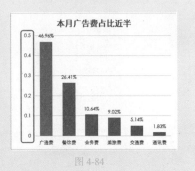

图 4-84

4.4.5 单个数据标签的特殊设计

有时为了达到突出显示的目的,会着重显示某一个数据标签,如最大值标签、最小值标签,甚至只显示最重要的数据标签。要实现这样的效果,需要先选中该数据标签,然后再进行特殊的格式化设置。

❶ 添加数据标签后,在标签上单击,这时看到选中的是所有数据标签(见图 4-85),然后再在目标数据标签上单击,就可以单独选中它,如图 4-86所示。

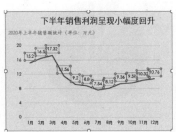

图 4-85

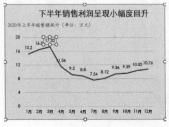

图 4-86

❷ 选中需要突出显示的数据标签后,可以更改字号、设置颜色等,如图 4-87 所示。

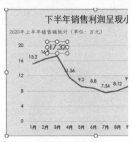

图 4-87

❸ 在本例中按相同的方法选中最小值数据标签并进行特殊设置,然后再依次将其他的标签都删除,效果如图 4-88 所示。

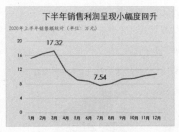

图 4-88

本例使用的是折线图,因为折线图是由多个数据点组成的,与数据标签一样,也可以对单个数据点进行设置,并且其选中方式与上面选择单个数据标签是一样的，因此在这里也介绍一下。

❶ 在折线上单击，选中的是折线图所有的数据点（见图 4-89），然后再在最高值的数据点上单击，单独选中这一个数据点，如图 4-90 所示。

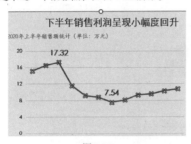

图 4-89

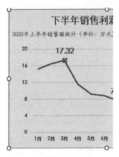

图 4-90

❷ 选中后则可以为这个数据点进行特殊的设置，以增强图表的可视化效果，如图 4-91 所示。（关于折线图线条及数据点美化的具体操作办法，在后面的小节中将会做出介绍）。

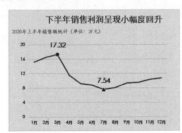

图 4-91

4.4.6 设置数据系列重叠（分离）及分类间距

数据系列可以设置为重叠或分离显示，也可以设置为分类间距来获取不同的图表效果。

❶ 在图表任意数据系列上双击鼠标，在右侧窗格中可以看到当前图表的"系列重叠"处的值，如图 4-92 所示（这是默认值）。

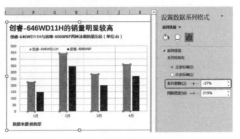

图 4-92

❷ 将"系列重叠"处的值调整为"50%"，图表的显示效果如图 4-93 所示。

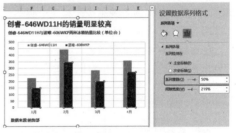

图 4-93

❸ 更改"间隙宽度"处的值可以让分类间的距离增大或减小，如图 4-94 所示减小了间隙宽度，从而让柱子变得很宽。

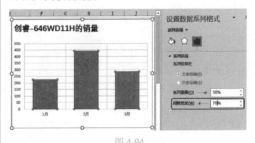

图 4-94

🔵 **知识扩展**

将间隙宽度调整为 0，可以获取另一种视觉效果的图表，即所有柱子连接在一起，如图 4-95 所示。

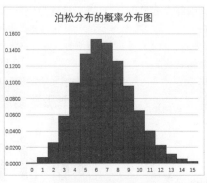

图 4-95

4.5 图表对象颜色、线条的自定义美化

图表的数据源安排、标题编辑、坐标轴编辑、数据标签添加等可以看作是对图表布局样式的调整，除此之外，图表的制作还有一个必不可少的步骤，那就是美化。二者相结合才可以让图表在设计上更加可视化、视觉上更具美感。

在图表中对象的填充颜色及线条颜色、样式的设置是图表美化的基础，但图表的美化要保持简洁、要配色合理、要突出对比，这些都要有清晰的设计思路。

4.5.1 图表美化的原则

由于图表对视觉化的要求越来越高，因此美化图表要从设计的原则出发，比如简洁、对比、整体协调性等。只有时刻以这些原则来审视并调整你的图表，才能使最终的图表具有专业特质。

1. 最大化数据墨水比

最大化数据墨水比设计理念指的是一幅图表的绝大部分笔墨应该用于展示数据信息，每一点笔墨都要有其存在的理由。

一张图表中，像柱形、条形、扇面等代表的是数据信息，像网格线、坐标轴、填充色等都称为非数据信息。当然我们也并不是说要大刀阔斧地把所有非数据元素砍光，这样的图表会过于简单，甚至简陋。非数据元素也有其存在的理由，它用于辅助显示、美化修饰，让图表富有个性色彩，具备较好的视觉效果。因此，我们要求的是最大化数据墨水比，它的公式为 "=1- 可被去除且不损失任何数据信息的墨水比例"，而不是绝对的只等于 1。总而言之，让该存在的东西存在，不该存在的东西消失。

具体来说，可以从两个方面来最大化数据墨水比。

（1）减少和弱化非数据元素

① 背景填充色因图而异，需要时使用淡色。

② 网格线有时不需要，需要时使用淡色。

③ 坐标轴有时不需要，需要时使用淡色。

④ 图例有时不需要。

⑤ 慎用渐变色。

⑥ 不需要应用 3D 效果。

（2）增强和突出数据元素

在弱化非数据元素的同时即增强和突出了数据元素。

如图 4-96 和图 4-97 所示的两张图表都是最大化数据墨水比的成功范例，做到该删除的删除，该保留的保留，该弱化的弱化。

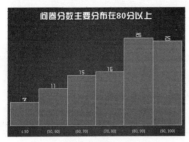

图 4-96

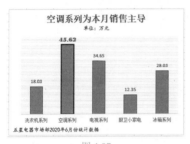

图 4-97

2. 突出对比

对于图中需要重点说明的重要元素，可以运用对比强调的原则。做过强调处理的图表可以帮助读者迅速抓住重要信息，同时调动兴趣。要强调重要元素，可以运用多种手段，如字体（大小、粗细）、颜色（明暗、深浅）以及添加额外图形图像修饰等。如图 4-98 所示的图表对重要的扇面进行了颜色强调、分离强调和数据标签放大强调。

图 4-98

3. 专业配色

色彩是一门艺术，若非专业设计人士，极少有人能把色彩运用得恰到好处。大多职场人士都非美术专业出身，而真正学会色彩产生、色彩属性、色彩象征等相关理论并且还能运用自如，这又非一朝一夕之功。所以读者朋友们只要对色彩有一个基本的了解，并懂得一些基本的配色技巧即可。先从模仿开始，做得多了，潜移默化中自然会对配色有一番自己的见解。

下面给出几个常用的配色方案以做参考。

单数据系列的配色

当图表中只有一个数据系列时，因为不会与其他颜色发生冲突，所以配色相对容易些，可以根据应用场合选择。

协调、自然的同色系配色

同色系配色组合的优点为：给人感觉是高雅、文静、协调，自然，并且操作简易，容易为初学者掌握。缺点为：可能画面平淡，对象间的区分度不够，对比力度不强，容易忽视对象间的差别。如图 4-99 和图 4-100 所示都为同色系搭配的效果。

图 4-99

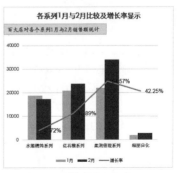

图 4-100

黑色/灰色与鲜亮彩色的搭配

就像人们穿衣服一样，黑色与灰色被称之为百搭色。就心理学角度而言，灰色带有严肃、含蓄、高雅的心理暗示，可让所搭配的鲜亮颜色，融入稳重的商务会议而不显得突兀。因此黑色/灰色与鲜亮彩色搭配也可以有不凡的表现，例如橙灰搭配、黑蓝搭配、黑黄搭配等，都有很好的效果。如图 4-101 和图 4-102 所示为黑灰色与其他颜色搭配的图表。

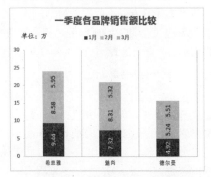

图 4-101

图 4-102

4.5.2 快速应用图表样式

创建图表后，可以直接套用系统默认的图表样式，一键美化图表。Excel 2013 之后的版本，在图表样式方面进行了很大的改善，在色彩及图表布局方面都给出了较多的方案，这给初学者提供了较大的便利。

❶ 如图 4-103 所示为创建的默认图表样式及布局。选中图表，单击右侧的"图表样式"按钮，在子菜单中显示出所有可以套用的样式。

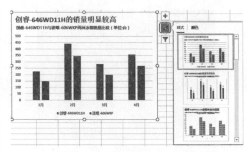

图 4-103

❷ 如图 4-104 和图 4-105 所示为一键套用的两种不同的样式。

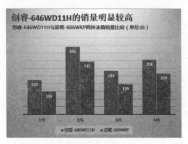

图 4-104

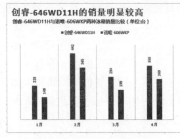

图 4-105

❸ 针对不同的图表类型，程序给出的样式会有所不同，如图 4-106 所示为折线图及其样式。

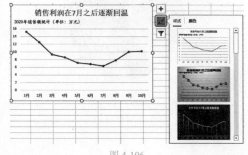

图 4-106

④ 如图4-107所示为套用其中一种样式后的效果。

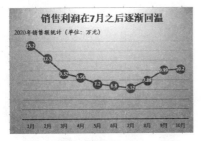

图 4-107

知识扩展

在"图表样式"按钮的子菜单中，选择"颜色"选项卡，还可以套用程序提供的配色方案，如图4-108所示。

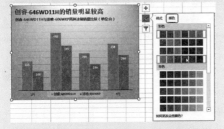

图 4-108

在"图表工具"→"设计"选项卡的"图表布局"组中单击"快速布局"按钮，可在弹出下拉列表中选择合适的布局样式并快速套用，如图4-109所示。

图 4-109

专家提示

套用样式后会覆盖之前设置的所有

格式。因此如果准备通过套用样式来美化图表，则可以在创建默认图表后就去套用，然后再进行补充调整。

套用图表样式是非常实用且可快速地美化图表的方式，一般来说我们在建立图表后可以先快速应用一种图表样式，再对不满意的地方进行补充设置。

4.5.3 设置图表中对象的填充效果

图表对象的填充效果可以进行设置，既可以统一改变一个系列的填充效果，也可以对单个特殊的对象设置填充效果，以达到增强表达效果的目的。

1. 重设数据系列的颜色

建立图表后，系列都有默认的颜色，如果对默认颜色不满意，则可以重新更改。

① 在系列上单击选中图表，在"图表工具-格式"选项卡的"形状样式"组中单击"形状填充"下拉按钮，在弹出的下拉列表中可以重新选择填充颜色，如图4-110所示。

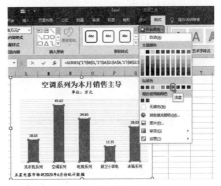

图 4-110

② 接着单击"形状轮廓"下拉按钮，在弹出的列表中选择某一种颜色，可以为对象应用边框，如图4-111所示。

2. 单个对象的特殊设计

对单个对象的填充效果进行特殊设计，可

以起到特殊显示的作用，也便于阅读者迅速找到图表的表达重点。在本例中将为最大的数据点设置加粗的框线显示，并使对应的数据标签特殊放大显示。

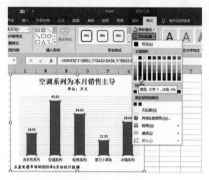

图 4-111

❶ 在图表系列上单击，接着再在最高的柱子上单击，即可实现单独选中，如图 4-112 所示。

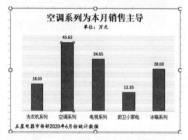

图 4-112

❷ 在"图表工具-格式"选项卡的"形状样式"组中单击"形状轮廓"下拉按钮，先选择需要的边框颜色，然后选择"粗细"，将粗细值增大至"2.25磅"，如图 4-113 所示。

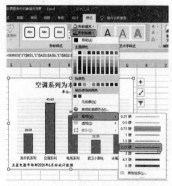

图 4-113

❸ 重新设置粗边框后，再次单独选中这个对象的数据标签，并进行放大和改变字体颜色的处理，其显示效果如图 4-114 所示。

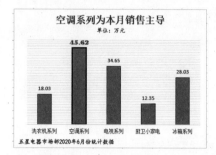

图 4-114

知识扩展

这种设置对象填充色与边框线条的方法可以应用于图表中所有的对象，只要在设置前准确地选中对象，如坐标轴、网格线、饼图的扇面等，执行相同的操作步骤就可以改变选中对象线条的样式。

另外，关于线条的样式还可以有更加详细的设置。在如图 4-113 所示的"粗细"子菜单中单击"其他线条"命令可以打开右侧窗格，在这里可以选择短画线类型（见图 4-115）、复合类型等。

图 4-115

3. 图表区纹理填充效果

对象的填充色并不是只有纯色填充，还可以设置纹理填充和渐变填充，这里只讲解方

Excel 2019 在工作总结与汇报中的典型应用（视频教学版）

法，至于哪种图表适合采用哪种美化方式，要根据设计思路来决定。本例中将设置图表区的纹理填充效果。

❶ 在目标图表中选中图表区，双击鼠标打开"设置图表区格式"右侧窗格，单击"填充与线条"标签按钮，选中"图案填充"单选按钮，然后在下面的"前景"与"背景"设置框中选择前景色与背景色（图案会以这两个颜色进行配色），接着在列表中选择图案样式，如图 4-116 所示。

图 4-116

❷ 完成上述设置后，关闭"设置数据点格式"右侧窗格，图表区填充效果如图 4-117 所示。

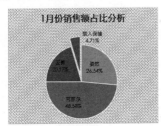

图 4-117

4.5.4 折线图线条及数据标记点格式的设置

折线图是由数据标记与线条组成的，因此除了与其他图表的公共元素（如坐标轴、图例、图表标题等）外，如果需要进行格式设置，则需要对线条的线式和数据进行设置，因

此在本小节中特殊介绍一下。

如图 4-118 所示为默认样式的折线图，它的大致特征是：线条颜色程序会默认给出，线条粗 2.25 磅，线条为锯齿线形状。而通过线条及数据标记点格式设置可以让图表达到如图 4-119 所示的效果。

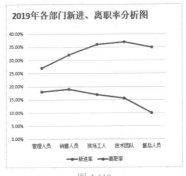

图 4-118

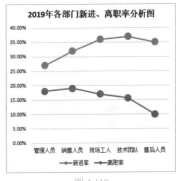

图 4-119

❶ 选中目标数据系列，在线条上（注意不要在标记点位置）双击鼠标，打开"设置数据系列格式"右侧窗格。

❷ 单击"填充与线条"标签按钮，在展开的"线条"栏下单击"实线"单选按钮，设置折线图线条的颜色和粗细值，如图 4-120 所示。

❸ 单击"标记"标签按钮，在展开的"数据标记选项"栏下单击"内置"单选按钮，接着在"类型"下拉列表中选择标记样式，并设置大小，如图 4-121 所示。

❹ 展开"填充"栏（注意是"标记"标签按钮下的"填充"栏），单击"纯色填充"单选按钮，设置填充颜色与线条的颜色一样，如图 4-122 所示。

图 4-120

图 4-121

图 4-122

⑤ 展开"边框"栏，单击"无线条"单选按钮，如图 4-123 所示。设置完成后，可以看到"新进率"这个数据系列的线条和标记效果如图 4-124 所示。

图 4-123

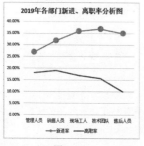
图 4-124

⑥ 选中"离职率"数据系列，打开"设置数据系列格式"窗格，可按相同的方法完成对线条及数据标签格式的设置。

另外，折线图的线条也可以设置为虚线样式，设置方法不难，但一定要考虑好应用场景，无论多么简易的操作，只有应用得合适了，才能达到最佳效果。

在本例中，将预测线条更改为虚线效果

能更加形象地区分实际值与预测值，可以让图表的展示效果更加形象。完成这项操作需要注意的是，先要准确选中目标数据点才能进行操作。

① 选中 11 月对应的数据点（选中单个数据点的方法在 4.4.5 小节和 4.5.3 小节都做过介绍），如图 4-125 所示。

图 4-125

② 准确选中后双击鼠标，打开"设置数据点格式"右侧窗格。单击"填充"标签按钮，再单击下面的"线条"标签，在"线条"栏中先重新设置线条的颜色（这里设置为大红色），然后单击"短画线类型"右侧下拉按钮，选择想使用的虚线样式，如图 4-126 所示。

③ 执行上述操作后应用效果如图 4-127 所示，按相同的方法设置 12 月对应的数据点也为相同的虚线条，图表对应的效果如图 4-128 所示。

图 4-126

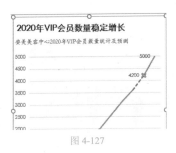

图 4-127

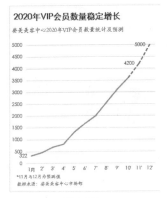

图 4-128

4.5.5 使用图形图像增强图表表现力

如果是用于商务场合的图表，其对外观要求则会更高。除了图表本身的元素外，还可以充分利用文本框、图形、图像等对图表进行辅助设计。

如图 4-129 所示是一张极其普通的默认图表，下面来讲解如何对这张图表进行变形设计。

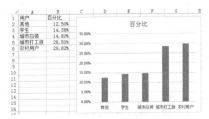

图 4-129

❶ 利用图表编辑技术将图表简化成如图 4-130 所示的样式。将绘图区向左拖动调整，预留出右侧位置。

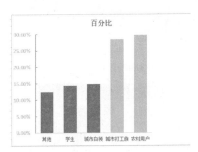

图 4-130

❷ 在"插入"选项卡的"插图"组中单击"形状"按钮，在弹出的下拉列表中单击"矩形"形状，如图 4-131 所示。

图 4-131

❸ 在图表中需要强调的对象上绘制出图形，如图 4-132 所示。选中图形，在"绘图工具 - 格式"选项卡的"形状样式"组中单击"形状填充"按钮，在弹出的下拉列表中选择"无填充"，如图 4-133 所示。

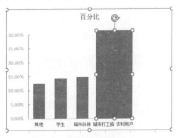

图 4-132

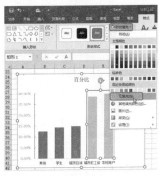

图 4-133

④ 保持图形的选中状态，在"绘图工具 - 格式"选项卡的"形状样式"组中单击"形状轮廓"按钮，在弹出的下拉列表中选择"虚线"，再在子列表中选择虚线样式，如图 4-134 所示。

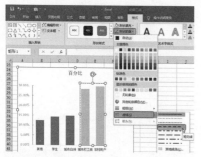

图 4-134

⑤ 在"插入"选项卡的"插图"组中单击"形状"按钮，在打开的列表中单击"等腰三角形"形状（见图 4-135），绘制图形，然后鼠标指针指向顶部的旋转按钮（见图 4-136）将其旋转为一个顶端朝右的三角形，如图 4-137 所示。

图 4-135

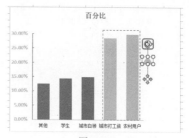

图 4-136

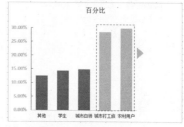

图 4-137

⑥ 在"插入"选项卡的"文本"组中单击"文本框"，在下拉列表中选择"绘制横排文本框"（见图 4-138），在图表右侧空白位置绘制文本框，如图 4-139 所示。

⑦ 向文本框中输入说明文字，并设置文字的格式，对于需要强调的文字还可以设置加大字号，如图 4-140 所示。

图 4-138

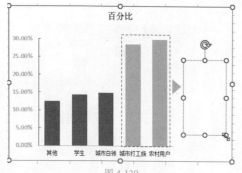

图 4-139

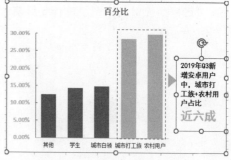

图 4-140

⑧ 还可以向图表中添加几张形象的剪贴画放置到合适的位置上，如图4-141所示。

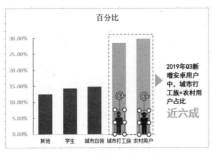

图 4-141

⑨ 为图表添加标题，并进行字体设置，最终效果如图4-142所示。

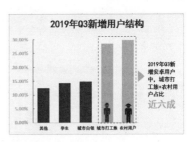

图 4-142

专家提示

　　由上面的操作过程可以得知，源图表的创建过程并不是很复杂，关键在于要有好的设计思路。首先根据设计思路去编辑图表，设置对象的格式，然后考虑哪里需要补充设计，再手动绘制、添加并完善格式。

第5章

图表的可视化呈现

本章安排了一些不同分析目的下的图表范例，从最原始的默认图表到图表的编辑、完善、美化，让读者可以边模仿，边学习，边应用，夯实图表的应用能力。

- ☑ 数据比较类图表的可视化
- ☑ 目标达成类图表的可视化
- ☑ 数字构成细分类图表的可视化
- ☑ 表示数据相关关系的图表的可视化

5.1 ▶ 数据比较类图表的可视化范

5.1.1 左右对比的条形图

在建立条形图时，无论是簇状条形图还是堆积条形图，图形都是朝一个方向的。但通过一些编辑技术可以建立左右对比的条形图效果，即将两个系列分别显示于左侧和右侧（如图 5-1 所示的图表）。这种做法在办公图表中是非常常见的。

这种图表在制作时有两个关键点：

◆ 要启用次坐标轴。

◆ 要重新设置坐标轴刻度。

图 5-1

❶ 以 A1:C7 单元格区域的数据建立默认条形图，如图 5-2 所示。在图表中双击"线上销售"系列，打开"设置数据系列格式"右侧窗格，选中"次坐标轴"（见图 5-3），效果如图 5-4 所示。

图 5-2

图 5-3

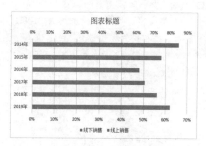

图 5-4

❷ 双击次水平坐标轴（上方的），打开"设置坐标轴格式"右侧窗格，单击"坐标轴选项"标签，设置最小刻度值为"-0.8"，设置最大刻度值为"0.8"，如图 5-5 所示。

❸ 双击主水平坐标轴（下方的），打开"设置坐标轴格式"右侧窗格，单击"坐标轴选项"标签，设置最小刻度值为"-0.8"，设置最大刻度值为"0.8"，然后选中"逆序刻度值"复选框，如图 5-6 所示。

图 5-5

图 5-6

④ 完成步骤 2 和步骤 3 的操作后，效果如图 5-7 所示。

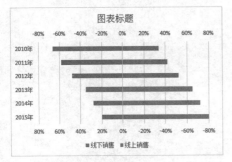

图 5-7

⑤ 双击"线下销售"系列，打开"设置数据系列格式"右侧窗格，设置间隙宽度为"100%"，如图 5-8 所示。按相同的方法设置"线上销售"系列，这个操作加宽了条形的宽度，如图 5-9 所示。

图 5-8

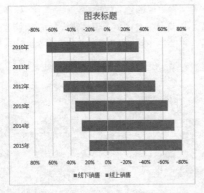

图 5-9

⑥ 双击次水平坐标轴（上方的），打开"设置坐标轴格式"右侧窗格，展开"标签"栏，单击"标签

位置"右侧的下拉按钮，在下拉列表中选择"无"（见图 5-10），隐藏水平轴的标签。

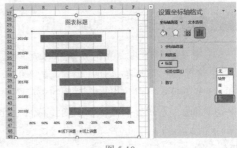

图 5-10

专家提示

要隐藏上方的水平轴，不能选中对象后按 Delete 键（这样操作只会删除坐标轴），而必须按步骤 ⑥ 中的操作，隐藏而并非删除坐标轴。

⑦ 选中图表，单击右上角的"图表元素"按钮，在弹出的列表中选中"数据标签"复选框，在子列表中选择"数据标签内"命令（见图 5-11），为图表添加数据标签。

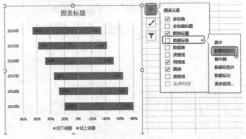

图 5-11

⑧ 图表的雏形已经完成，接着可进行其他美化与细节设置，如设置绘图区颜色、图表标题、文字格式，以及添加文本框并写入副标题和数据来源等。

5.1.2 表内小图

表内小图是商务图表的常用做法，表图合一，无论用于哪些场合，应用效果都很好。如图 5-12 所示，用条形图表示销售额，用饼图表示预算完成率。

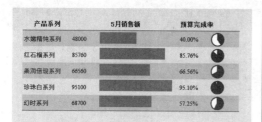

图 5-12

此图表建立起来无难度，重在排版效果的实现。其建立时有三个要点：

◆ 使图表最简化。
◆ 建立条形图时注意固定最大值。
◆ 建立饼图时需要依靠辅助数据。

❶ 先根据销售额与预算额计算预算完成率，如图 5-13 所示。接着用公式"=100%-H2"计算得到的值作为"辅助"列，如图 5-14 所示。（H 列与 I 列的数据用来创建饼图）

H2			× ✓ fx	=F2/G2
▲	E	F	G	H
1		5月销售额	预算	预算完成率
2		48000	120000	40.00%
3		85760	100000	85.76%
4		66560	100000	66.56%
5		95100	100000	95.10%
6		68700	120000	57.25%

图 5-13

I2			× ✓ fx	=100%-H2
▲	E	F	G	H	I
1		5月销售额	预算	预算完成率	辅助
2		48000	120000	40.00%	60%
3		85760	100000	85.76%	14%
4		66560	100000	66.56%	33%
5		95100	100000	95.10%	5%
6		68700	120000	57.25%	43%

图 5-14

❷ 为 F2 单元格的数据创建条形图，如图 5-15 所示。双击水平轴，打开"设置坐标轴格式"右侧窗格，将刻度的最大值固定为"100 000"，如图 5-16 所示。该值的大小由 F 列中数据的最大值来决定，即要保证大于等于这个值。如果不固定这个值，那么图表会根据当前数据源的值自动判断最大值，这就会造成图表没有统一的度量标准，数据不具备可比

性，所以固定这个值很关键。

F	G	H	辅助
5月销售额	预算	预算完成率	
48000	120000	40.00%	60%
85760	100000	85.76%	14%
66560	100000	66.56%	33%
95100	100000	95.10%	5%
68700	120000	57.25%	43%

图 5-15

图 5-16

❸ 删除图表的标题、坐标轴和网格线。然后在图表区上双击鼠标，打开"设置图表区格式"右侧窗格，单击"属性"标签按钮，选择"不随单元格改变位置和大小"属性，如图 5-17 所示。这项操作是为了将图表放置于单元格中时，图表不会随着单元格行高列宽调整而改变。将图表移至 B3 单元格中并调整好大小，如图 5-18 所示。

图 5-17

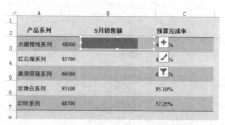

图 5-18

④ 复制图表到 B 列其他单元格，这时所有图表的数据源与第一个图表完全一样，因此需要逐一更改图表的数据源。选中第二个图表，单击鼠标右键，选择"选择数据"命令（见图 5-19），打开"选择数据"对话框，重新设置其数据区域为 F3 单元格（可直接手工修改，也可以单击右侧拾取器按钮，回到表格中选择），如图 5-20 所示。

图 5-19

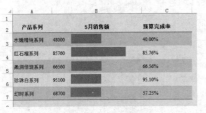

图 5-20

⑤ 单击"确定"按钮，即可看到第 2 个图表更改了，如图 5-21 所示。

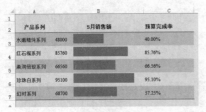

图 5-21

⑥ 按相同的方法，逐一设置其他单元格中图表的数据源，设置后图表如图 5-22 所示。

图 5-22

⑦ 选择 H2:I2 单元格区域，建立饼图，如图 5-23 所示。使饼图最简化，并设置"预算完成率"这个数据点为红色，其他为白色，如图 5-24 所示。图表移至 C3 单元格中，并调整好大小，如图 5-25 所示。

F	G	H	I	J	K	L
5月销售额	预算	预算完成率	辅助			
48000	120000	40.00%	60%		图表标题	
85760	100000	85.76%	14%			
66560	100000	66.56%	33%			
95100	100000	95.10%	5%			
68700	120000	57.25%	43%			

图 5-23

图 5-24

图 5-25

⑧ 复制 C3 单元格中的图表到 C4 单元格，并在图表上单击鼠标右键，选择"选择数据"命令（见图 5-26），打开"选择数据源"对话框，重新设置数据源为 H3:I3 单元格区域，如图 5-27 所示。

图 5-26

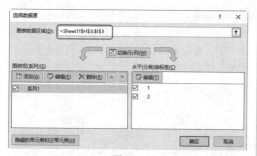

图 5-27

⑨ 单击"确定"按钮，即可更改图表，如图 5-28 所示。

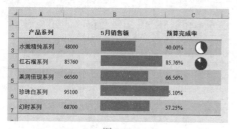

图 5-28

⑩ 按相同的方法依次复制图表，并依次更改数据源，即可得到效果图中的各个饼图。

专家提示

移动图表至单元格时，按 Alt 键移动图表，把图表对齐到单元格左上角，再按 Alt 键，通过图表右下角控制点调整图表的大小，把图表对齐到单元格右下角，这样图表就被锚定到这个单元格（或单元格区域）中。

5.1.3 不同时间单位的数据比较图

有时我们需要在同一个图表中呈现不同时间单位的销售情况，比如既想了解过去几个月的产品月销售额，又想知道节日期间的日销售情况。这种情况一般是分两张图表来呈现，但如果受到版面限制，也可以将数据反映到同一张图表中，如图 5-29 所示。

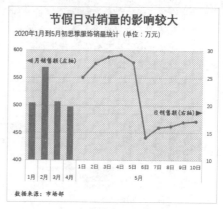

图 5-29

此图表建立时有两个要点：

◆ 图表的数据源要组织好。

◆ 启用次坐标轴。

① 以 A1:O4 单元格区域的数据建立默认簇状柱形图，如图 5-30 所示。

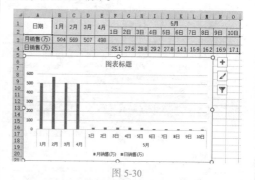

图 5-30

② 在图表中双击"日销售"系列，打开"设置数据系列格式"右侧窗格，选中"次坐标轴"，如图 5-31 所示。

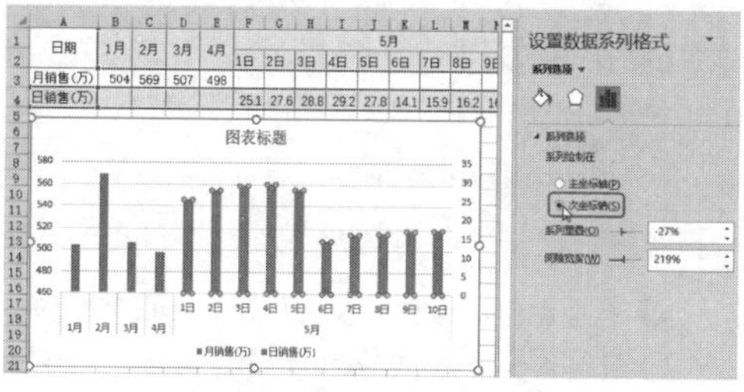

图 5-31

③ 选中"日销售"系列，单击鼠标右键，在弹

出的菜单中选择"更改系列的图表类型"（见图5-32），打开"更改图表类型"对话框，将这个系列更改为带数据标记的折线图，如图5-33所示。单击"确定"按钮，图表效果如图5-34所示。

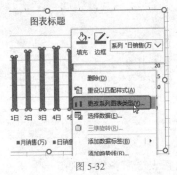

图 5-32

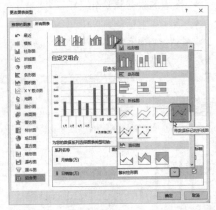

图 5-33

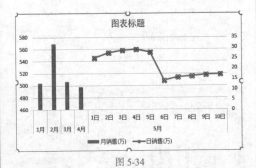

图 5-34

❹ 双击左侧的主坐标轴，打开"设置坐标轴格式"右侧窗格，单击"坐标轴选项"标签，设置最小刻度值为"400"，最大刻度值为"600"，单位为"50"，如图5-35所示。

❺ 双击右侧的次坐标轴，打开"设置坐标轴格式"右侧窗格，单击"坐标轴选项"标签，设置最小刻度值为"10"，设置最大刻度值为"30"，单位为"5"，如图5-36所示。完成步骤4和5的操作后，图表效果如图5-37所示。

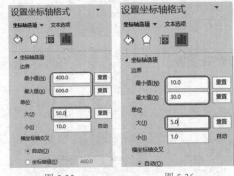

图 5-35　　　　图 5-36

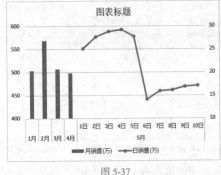

图 5-37

❻ 接着进行其他美化与细节设置，如设置绘图区颜色、图表标题、文字格式，以及添加文本框并写入副标题和数据来源。本例中图表区的填充效果使用图案填充，这里单独介绍一下。

双击图表的绘图区，打开"设置绘图区格式"右侧窗格，单击"填充与线条"标签按钮，选中"图案填充"，设置前景色、背景色，然后在"图案"列表中选择不同的图案（见图5-38），设置完成后图表效果如图5-39所示。

图 5-38

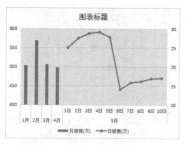

图 5-39

5.1.4 独立绘图区间的折线趋势比较图

折线图以线条的方式展现数据的变化趋势，如果有多条折线，则可以对趋势变化的幅度进行比较。但折线图不易有过多的数据系列，否则多个线条相互交织，视觉效果不好，如图 5-40 所示。在这种情况下，可以通过技巧实现让每一个线条都绘制在不同的区间中，即达到如图 5-41 所示的视觉效果。

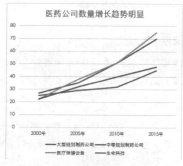

图 5-40

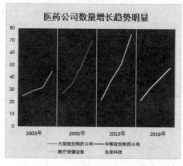

图 5-41

要达到这种显示效果，需要在数据源上下功夫。通常利用空格来对源数据进行组织，从而建立一种叫作平板图的样式，让各个系列独自成图。

此图表建立时有两个要点：

◆ 重新组织数据源。
◆ 用刻度线间隔来分隔图表。

❶ 将默认的数据（见图 5-42）整理为如图 5-43 所示的样式。

	A	B 大型规划制药公司	C 中等规划制药公司	D 医疗保健设备	E 生命科技
1					
2	2000年	25	27	22	22
3	2005年	29	35	38	32
4	2010年	32	51	51	40
5	2015年	45	70	75	48
6					

图 5-42

	A	B 大型规划制药公司	C 中等规划制药公司	D 医疗保健设备	E 生命科技
1					
2	2003年	25			
3	2008年	29			
4	2013年	32			
5	2018年	45			
6			27		
7			35		
8			51		
9			70		
10				22	
11				38	
12				51	
13				75	
14					22
15					32
16					40
17					48

图 5-43

❷ 以 A1:E17 单元格区域创建图表，如图 5-44 所示。

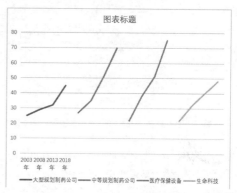

图 5-44

由于重新组织了数据源，实际上这个图表有很多个分类，每一行就是一个分类，因此这个图表在水平轴上有 16 个分类，而此时可以重新设置刻度线的间隔，让每条折线占用 4 个分类，后面再通过添加垂直网格线，实现四条折线分别占不同区域的效果。

❸ 在水平轴上双击鼠标，打开"设置坐标轴格式"右侧窗格，在"坐标轴选项"标签下，展开"刻度线标记"栏，设置刻度线的间隔为"4"，如图 5-45 所示。

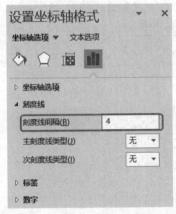

图 5-45

❹ 单击图表右上角的"图表元素"按钮，在弹出的列表中鼠标选择"网格线"，取消选中"主轴主要水平网格线"复选框，选中"主轴主要垂直网格线"复选框，如图 5-46 所示。

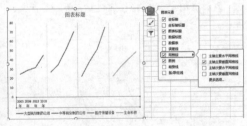

图 5-46

❺ 在水平轴上双击，打开"设置坐标轴格式"右侧窗格，展开"标签"栏，单击"标签位置"右侧的下拉按钮，在下拉列表中选择"无"，如图 5-47 所示。此步骤操作将默认的水平轴标签隐藏，如图 5-48 所示。

图 5-47

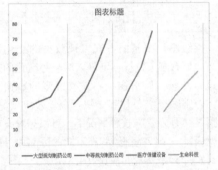

图 5-48

专家提示

注意，这里是隐藏水平轴的标签，不能直接按 Delete 键删除。如果直接删除，则会连同水平轴的线条一起删除了。

❻ 选中图表的绘图区，鼠标指针指向底部中间的控点，按鼠标左键向上拖动（见图 5-49），空出位置用来手工添加水平轴的标签。

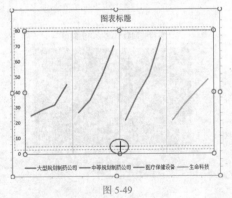

图 5-49

⑦选中图表，在"插入"选项卡的"文本"组中单击"文本框"按钮，选择"横排文本框"命令，然后在水平轴上方绘制文本框输入水平轴标签，如图 5-50 所示。

⑧至此，图表的雏形已经完成了，接着可进行其他美化与细节设置，如设置绘图区颜色、图表标题、文字格式等。

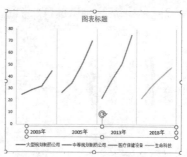

图 5-50

5.2 ▶ 目标达成及进度类图表的可视化

5.2.1 两项指标比较的温度计图表

温度计图表是一种常见的图表类型，它可以用来对两项指标进行很直观的比较，例如比较实际与预算、今年与往年、毛利与收入、子项与总体等。如图 5-51 所示的图表可以直观地看到各个月实际销售额是超出预算还是未达标。

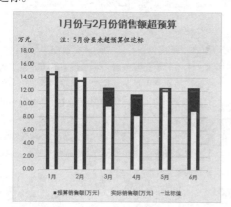

图 5-51

此图表建立时有两个要点：

◆ 其中一个系列沿次坐标轴绘制，并且刻度的最大值、最小值保持一致。
◆ 一般把当前的指标放在前面，采用亮色；把过去的指标放在后面，采用深色。

❶ 使用如图 5-52 所示的数据建立柱形图，默认图表如图 5-53 所示。

	A	B	C	D
1	月份	预算销售额(万元)	实际销售额(万元)	达标值
2	1月	15.00	15.97	14.50
3	2月	14.00	14.96	13.50
4	3月	12.50	9.60	12.00
5	4月	11.50	8.20	11.00
6	5月	12.50	12.30	12.00
7	6月	12.50	8.90	12.00

图 5-52

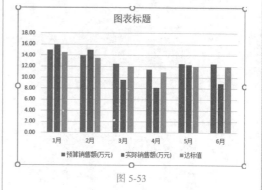

图 5-53

❷ 双击"实际销售额"系列，打开"设置数据系列格式"右侧窗格，选中"次坐标轴"单选按钮，让这个系列沿次坐标轴绘制，如图 5-54 所示。

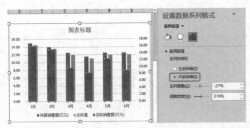

图 5-54

启用次坐标轴之后，会自动生成刻度，这时一定要保证次坐标轴的刻度与主坐标轴一致，这样数据才有统一的量纲，比较才有意义。如果出现了不一致，则需要手动修改。

③ 选中"达标值"系列，单击鼠标右键，选择"更改系列的图表类型"，打开"更改图表类型"对话框，将这个系列更改为带数据标记的折线图，如图 5-55 所示。单击"确定"按钮，图表显示效果如图 5-56 所示。

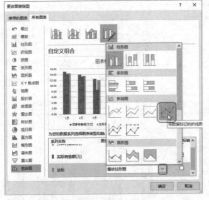

图 5-55

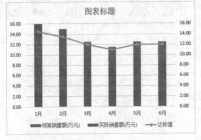

图 5-56

④ 双击"预测销售额"系列，打开"设置数据系列格式"右侧窗格，将间隙宽度减小为"120%"，如图 5-57 所示；双击"实际销售额"系列，打开"设置数据系列格式"右侧窗格，将间隙宽度增大为"400%"，如图 5-58 所示。调整后的图表如图 5-59 所示。

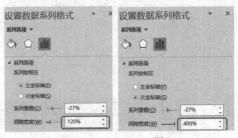

图 5-57　　　　　　　　　图 5-58

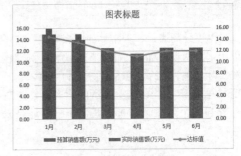

图 5-59

⑤ 双击折线图，打开"设置数据系列格式"右侧窗格，单击"填充与线条"标签按钮，再单击"标记"标签，选中"内置"单选按钮，选择"类型"为横线样式的标记，并设置"大小"为"16"，如图 5-60 所示。接着在"图表工具 - 格式"选项卡的"形状样式"组中单击"形状轮廓"按钮，在下拉列表中选择"无轮廓"命令（见图 5-61），隐藏折线图的线条，但保留它的标记。

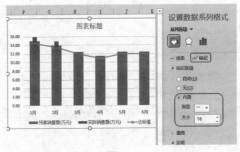

图 5-60

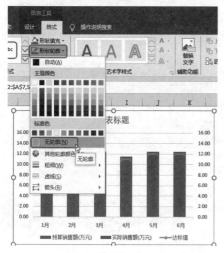

图 5-61

⑥ 双击次水平坐标轴（上方的），打开"设置坐标轴格式"右侧窗格，展开"标签"栏，单击"标签位置"右侧的下拉按钮，在下拉列表中选择"无"（见图 5-62），隐藏水平轴的标签。

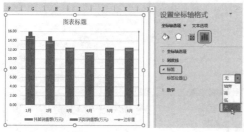

图 5-62

⑦ 接着可进行其他美化与细节设置，如为各数据系列设置不同的填充色、图表标题、文字格式，以及添加文本框并写入说明文字等。

5.2.2 反映企业招聘计划完成率的条形图

当企业需要招聘员工时，需要拟订计划招聘人数，为了分析招聘计划完成率，可以将计划人数与实招人数放在同一张表格中进行分析。本例根据公司本次招聘的计划人数与实招人数，制作分析招聘计划完成率的条形图，如图 5-63 所示。

这种图表在制作时有两个关键点：

◆ 通过设置"系列重叠"让两个系列完全重叠。

◆ "实招人数"系列要使用图像进行填充。

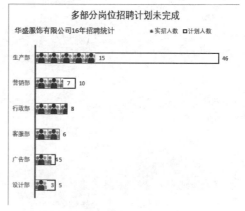

图 5-63

① 使用如图 5-64 所示的数据建立簇状条形图，默认的图表如图 5-64 所示。

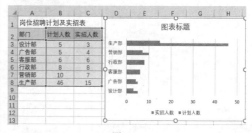

图 5-64

② 双击任意数据系列，打开"设置数据系列格式"窗格，设置"系列重叠"的值为"100%"，"间隙宽度"为"120%"，如图 5-65 所示。

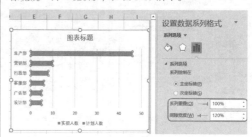

图 5-65

③ 选中图表，单击右上角的"图表元素"按钮，

在弹出的列表中选择"数据标签"，在子列表中选择"数据标签外"（见图5-66），为图表添加上数据标签。

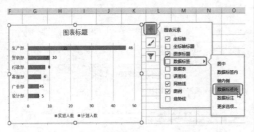

图 5-66

④ 双击垂直轴坐标，弹出"设置坐标轴格式"右侧窗格，单击"填充与线条"按钮，展开"线条"栏，将"颜色"设置为"深灰色"，将"宽度"设置为"2磅"（见图5-82），即可调整图表纵坐标轴的格式，效果如图5-67所示。

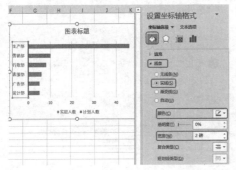

图 5-67

⑤ 单击"实招人数"数据系列，弹出"设置数据系列格式"窗格，展开"填充"，选中"图片或纹理填充"和"层叠"单选按钮，再单击"文件"按钮（见图5-68），弹出"插入图片"对话框。

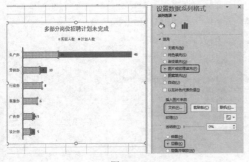

图 5-68

⑥ 找到并选中图片，单击"插入"按钮（见图5-69），即可将"实招人数"数据系列设置为图片填充。

图 5-69

⑦ 单击"计划人数"数据系列，在"设置数据系列格式"右侧窗格中展开"填充"栏，选中"无填充"单选按钮；展开"边框"栏，选中"实线"单选按钮，将"颜色"设置为"深灰"，"宽度"设置为"1.75磅"（见图5-70），即可将"计划人数"数据系列设置为无填充颜色，只有深灰边框格式，效果如图5-63所示。

图 5-70

5.2.3 进度条式生产计划完成图

本例中介绍的生产计划完成图表用于对数据实时进行更新并显示完成进度。如图5-71所示，当随着日期每日填入生产量时，图表能自动更新完成率。

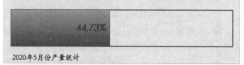

至 5 月 17 日 本月生产计划完成率

44.73%

2020年5月份产量统计

图 5-71

此图表建立时有两个要点：

◆ 需要使用公式根据当前合计值与计划值，计算出生产计划完成百分比。

◆ 动态标题的设计。

❶ 在 B34 单元格中使用公式 "=B32/B33" 计算出当前的完成百分比，如图 5-72 所示。随着每日产量的填入，此值会不断改变。

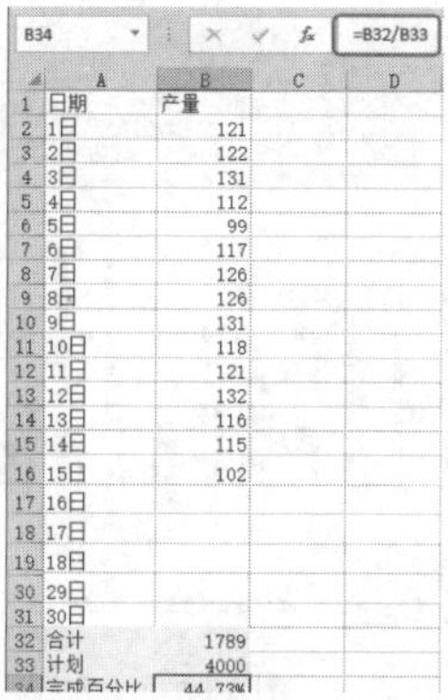

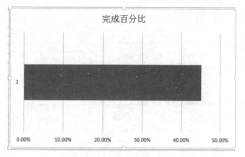

图 5-72

❷ 由于图表会随着各日产量的填入而不断改变，因此图表的标题也应该具备动态的效果，即"至 × 月 × 日"要与当前日期保持一致。可以在单元格中返回值，然后将图表与这个单元格相链接。选中 C3 单元格，输入公式：=" 至 "&TEXT(TODAY(),"m 月 d 日 ")&CHAR(2)&" 本月生产计划完成率 "，按 Enter 键返回标题，如图 5-73 所示。

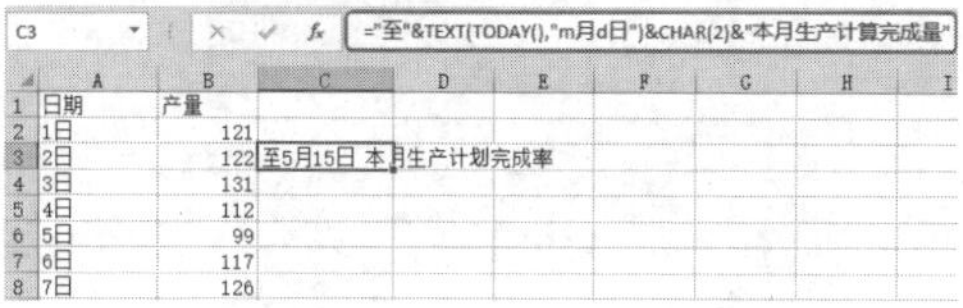

图 5-73

❸ 选中 A34:B34 单元格区域，建立图表如图 5-74 所示。

❹ 将图表刻度的最大值修改为 1.0（见图 5-75），使图表能表达总体是百分之百的比例效果，如图 5-76 所示。

图 5-74

图 5-75

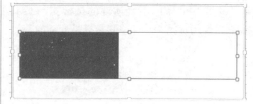

图 5-76

❺ 在图表中绘制文本框，选中文本框，在编辑栏中输入公式 "=Sheet2!$C$3"（见图 5-77），按 Enter 键即可让图表标题与 C3 单元格相链接，如图 5-78 所示。

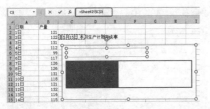

图 5-77

图 5-78

⑥ 当表格数据继续更新时,图表的标题及完成率进度条都能自动改变,如图 5-79 所示。

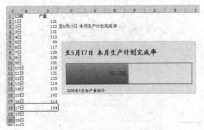

图 5-79

5.2.4 变动评测标准的达标评核图

本例中介绍的图表体现的是数据与某一评测指标的对比,并且评测指标是变动的,如图 5-80 所示。

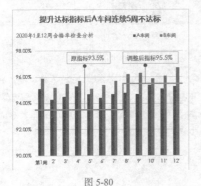

图 5-80

此图表建立时有两个要点:

◆ 对辅助数据源的组织。

◆ 对散点图最大、最小刻度值的设定。

❶ 根据达标指标的制定建立好辅助数据,如图 5-81 所示。(注意表格中黄色底纹部分。)

❷ 选中 A1:C13 单元格区域建立图表,如图 5-82 所示。

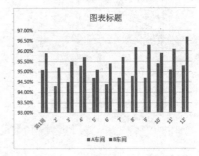

图 5-81

图 5-82

❸ 选中 E1:F13 单元格区域并按 Ctrl+C 组合键复制,在"开始"选项卡的"剪贴板"组中单击"粘贴"按钮,在打开的列表中选择"选择性粘贴"命令(见图 5-83),打开"选择性粘贴"对话框,选中"首行为系列名称"和"首列中的类别(X 标签)"两个复选框(见图 5-84),单击"确定"按钮。

图 5-83

图 5-84

❹在"达标指标"系列上单击鼠标右键，在弹出的快捷菜单中选择"更改系列的图表类型"（见图 5-85），打开"更改图表类型"对话框，将这个系列更改为带直线和数据标签的散点图，如图 5-86 所示。单击"确定"按钮，图表显示效果为如图 5-87 所示。

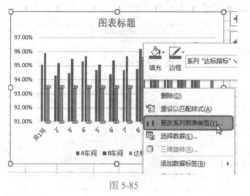

图 5-85

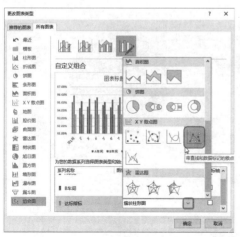

图 5-86

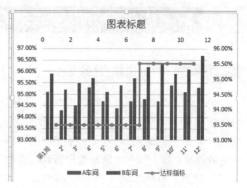

图 5-87

❺将主纵坐标轴与次纵坐标轴刻度的最大值、最小值设置为一致（若默认不一致则手工去设置），然后将散点图横坐标轴的刻度最小值修改为"1"，最大值修改为"11"，从而让散点的起点与终点完全横跨整个系列，如图 5-88 所示。

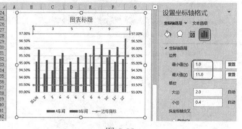

图 5-88

❻为了让图表更加简洁，删除图表的顶端水平轴和右侧垂直轴。接着双击左侧主坐标轴，重新设置它的最大值、最小值与单位，如图 5-89 所示。

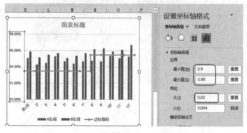

图 5-89

❼接着可进行其他美化与细节设置，如设置图表标题、文字格式，以及添加文本框并写入副标题、图表标注文字等。

5.3 ▶ 数字构成细分类图表的可视化

5.3.1 半圆式饼图效果

在一些商务场合也时常可以看到半圆式的饼图效果。半圆式的饼图也是使用饼图来做的，需要用到辅助数据，在制作完成后再将辅助数据隐藏，即利用辅助数据起到占位的作用。如图 5-90 所示为半圆式饼图效果，如图 5-91 所示为半圆式饼图转化为半圆式圆环图后的效果。

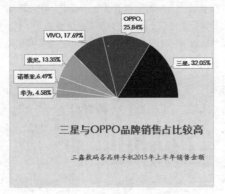

图 5-90

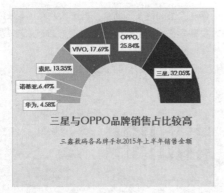

图 5-91

此图表建立时有两个要点：

◆ 以数据合计作为辅助数据。

◆ 重设第一扇面的起始值。

❶ 数据对源求合计，再使用包含合计数在内的数据建立默认饼图，如图 5-92 所示。

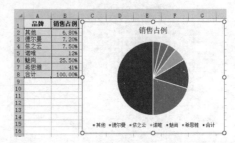

图 5-92

❷ 在扇面上双击鼠标，打开"设置数据系列格式"右侧窗格，在"系列选项"栏中设置"第一扇区起始角度"为"270"，如图 5-93 所示。设置后的图表效果如图 5-94 所示。

图 5-93

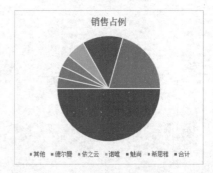

图 5-94

❸ 选中最下面半圆形的数据点（注意只选中这个数据点），在"图表工具 - 格式"选项卡的"形状样式"组中单击"形状轮廓"按钮，在下拉列表中选择"无轮廓"，如图 5-95 所示；接着在"图表工具 - 格式"选项卡的"形状样式"组中单击"形状填充"

Excel 2019 在工作总结与汇报中的典型应用（视频教学版）

按钮，在下拉列表中选择"无填充"，如图 5-96 所示。设置后图表显示效果如图 5-97 所示。

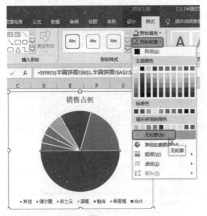

图 5-95

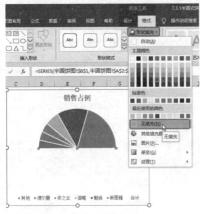

图 5-96

图 5-97

❹ 选中图表，单击右上角的"图表元素"按钮，在弹出的列表中选择"数据标签"，再在子列表中选

择"数据标注"命令（见图 5-98），为图表添加上数据标签。接着双击数据标签，打开"设置数据标签格式"右侧窗格，选中"类别名称"与"值"复选框，如图 5-99 所示，图表显示效果如图 5-100 所示。

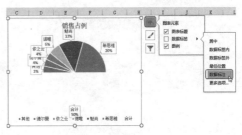

图 5-98

图 5-99

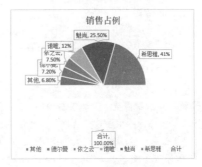

图 5-100

❺ "合计"数据点的标签需要单独选中，按 Delete 键删除，其他标签的位置也需要稍稍调整一下。然后再对图表进行其他美化设置，如设置图表的标题、副标题、扇面的填充色、图表区的填充色等。

5.3.2 结构细分的瀑布图

结构细分的瀑布图可详细呈现数据的构成情况。如图 5-101 所示的图表，既体现了各项数据，又体现了它们在合计数据中所占的大概比率。

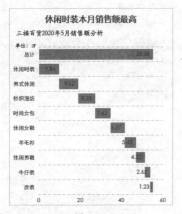

图 5-101

此图表建立时有两个要点：

◆ 占位数据的安排。
◆ 调整条形图分类标签的次序。

❶ 本图表的数据源如图 5-102 所示。

	A	B
1	项目	月销售额(万)
2	休闲时装	9.86
3	男式休闲	9.12
4	针织混纺	8.23
5	时尚女包	7.65
6	休闲女鞋	6.87
7	羊毛衫	5.43
8	休闲男鞋	4.32
9	牛仔装	2.65
10	皮装	1.23
11		

图 5-102

❷ 重新组织作图数据，如图 5-103 所示。在列标识下方插入一行，在原 B 列前插入一列作为辅助列，选中 C2 单元格，输入公式 "=SUM(C3:C11)"，计算出总计值。接着选中 B4 单元格，输入公式 "=SUM($C$3:C3)"，然后向下填充公式，依次计算出累计值，如图 5-104 所示。

C2	▼	:	×	✓	fx	=SUM(C3:C11)

	A	B	C	D
1	项目	辅助数据	月销售额(万)	
2	总计		55.36	
3	休闲时装		9.86	
4	男式休闲		9.12	
5	针织混纺		8.23	
6	时尚女包		7.65	
7	休闲女鞋		6.87	
8	羊毛衫		5.43	
9	休闲男鞋		4.32	
10	牛仔装		2.65	
11	皮装		1.23	

图 5-103

B4	▼	:	×	✓	fx	=SUM($C$3:C3)

	A	B	C	D
1	项目	辅助数据	月销售额(万)	
2	总计		55.36	
3	休闲时装		9.86	
4	男式休闲	9.86	9.12	
5	针织混纺	18.98	8.23	
6	时尚女包	27.21	7.65	
7	休闲女鞋	34.86	6.87	
8	羊毛衫	41.73	5.43	
9	休闲男鞋	47.16	4.32	
10	牛仔装	51.48	2.65	
11	皮装	54.13	1.23	

图 5-104

❸ 使用 A1:C11 单元格区域建立堆积条形图，如图 5-105 所示。

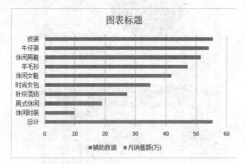

图 5-105

❹ 在垂直轴上双击鼠标，打开"设置坐标轴格式"右侧窗格，单击"坐标轴选项"标签按钮，设置"坐标轴选项"的属性为"逆序类别"，设置与横坐标轴交叉位置为"最大分类"，以实现对条形图分类次序的反转，如图 5-106 所示。

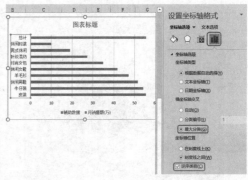

图 5-106

❺ 单击图表右上角的"图表元素"按钮，在弹出的列表中选择"网格线"，在弹出的子列表中取消选中"主轴主要垂直网格线"复选框，选中"主轴主要水平网格线"复选框，如图 5-107 所示。

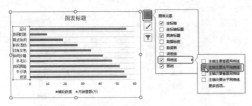

图 5-107

⑥ 选中"辅助数据"系列，在"图表工具 - 格式"选项卡的"形状样式"组中单击"形状填充"按钮，在下拉列表中选择"无填充"命令（见图 5-108），将这个系列隐藏。

⑦ 在"月销售额"系列上双击鼠标，打开"设置数据系列格式"右侧窗格，将间隙宽度调整为"40%"（见图 5-109），增大条形的宽度。

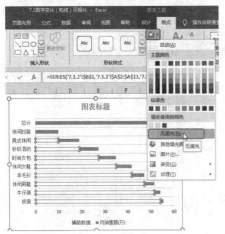

图 5-108

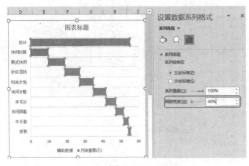

图 5-109

⑧ 接着可进行其他美化与细节设置，如设置图表标题、文字格式，以及添加文本框并写入副标题和数据单位等。

5.3.3 变动因素细分的瀑布图

瀑布式的增减变化分析图表常用于直观显示受某些变动因素的影响，最终导致了某个结果。如图 5-110 所示是一张生产领域的图表，图中不仅直观显示了 4 月成本和 5 月成本，同时显示了哪些要素有增，哪些要素有减才导致了最终成本的增长。

此图表建立时有三个要点：

◆ 占位数据的安排。
◆ 误差线的使用。
◆ 使用图片填充数据系列。

① 本图表的数据源如图 5-111 的 A ~ D 列所示，使用源数据安排作图数据，如 F ~ I 列所示。

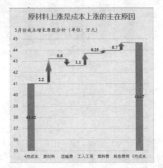

图 5-110

◆ "项目"列：用于为图表提供水平轴标签，第一行和最后一行分别为上一期成本名称与本期成本名称。

◆ "成本"列：用于生成图表的主体，第一行和最后一行为上一期成本值与本期成本值，中间值为源数据"成本差异"的绝对值。

◆ "累计"列：用于生成连接横线，首行为上一期成本值，第二行的公式为"=I2+D2"，然后向下填充。

◆ "占位辅助"列：也用于生成图表的主体，对成本值悬浮显示起辅助作用。在第一行和最后一行输入 0 值，第二行公式为"=IF(D2>0,I3-D2,I3)"，然后向下填充。

117

项目	4月成本	5月成本	成本差异		项目	占位辅助	成本	累计
原材料	22.5	24.7	2.2		4月成本	0	41.02	41.02
运输费	8.7	8.1	-0.6		原材料	41.02	2.2	43.22
工人工资	6.2	7.3	1.1		运输费	42.62	0.6	42.62
燃料费	2.1	2.35	0.25		工人工资	42.62	1.1	43.72
其他费用	1.52	2.22	0.7		燃料费	43.72	0.25	43.97
合计	41.02	44.67	3.65		其他费用	43.97	0.7	44.67
					5月成本	0	44.67	

图 5-111

❷ 使用 F1:H8 单元格区域建立堆积柱形图，如图 5-112 所示。

❸ 重新设置垂直轴的刻度，最小值为 35，最大值为 45，如图 5-113 所示。

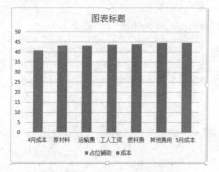

图 5-112

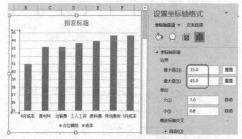

图 5-113

❹ 选中"占位辅助"系列，将其设置为"无填充"格式，以实现隐藏。在数据源中选中"累计"列的数据，通过复制粘贴的方法添加到图表中，如图 5-114 所示。

❺ 选中"累计"系列，在"图表工具-设计"选项卡中单击"更改图表类型"按钮（见图 5-115），打开"更改图表类型"对话框，将"累计"系列更改为"带直线的散点图"，如图 5-116 所示。更改后注意一定要取消后面的次坐标轴复选框（如果不取消，更改后的系列会沿次坐标轴绘制），如图 5-117 所示。更改后的图表如图 5-118 所示。

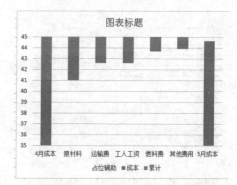

图 5-114

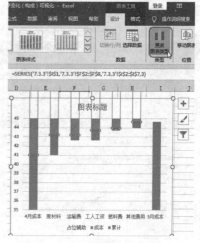

图 5-115

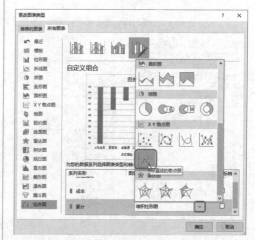

图 5-116

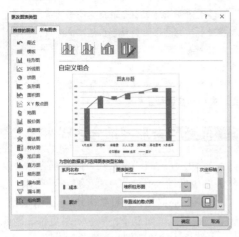

图 5-117

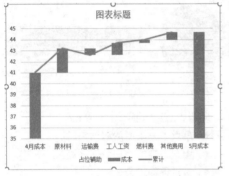

图 5-118

⑥ 选中图表，单击右上角的"图表元素"按钮，在弹出的列表中单击"误差线"，在子列表中选择"更多选项"（见图 5-119），打开"设置误差线格式"右侧窗格。

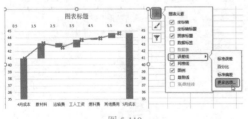

图 5-119

⑦ 为垂直误差线的设置为：选中"正偏差"、"无线端"、"误差量"为 0，如图 5-120 所示。接着按如图 5-121 所示操作，进入水平误差线的设置，其具体设置为："正偏差"、"无线端"、"误差量"为 1，如图 5-122 所示。完成误差线的添加后，将散点图的线

条设置为"无轮廓"以实现隐藏，图表显示效果如图 5-123 所示。

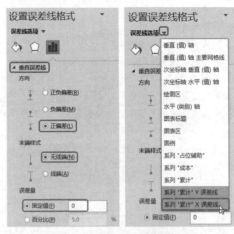

图 5-120　　　　　　　　图 5-121

图 5-122

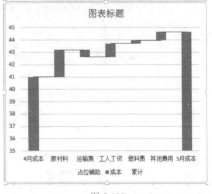

图 5-123

⑧ 准备好上箭头与下箭头图片，将增长的数据点填充为上箭头图片，将减少的数据点填充为下箭头图片。具体填充的办法为：

选中单个目标数据点并双击，打开"设置数据点格式"右侧窗格，单击"填充与线条"标签按钮，选择"图片或纹理填充"，接着单击下面的"插入"按钮（见图 5-124），打开"插入图片"对话框，选择准备好的向上箭头图片（见图 5-125），单击"插入"按钮，即可用此图片来填充选中的数据点，如图 5-126 所示。

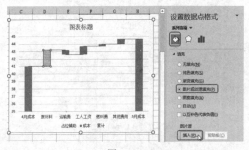

图 5-124

图 5-125

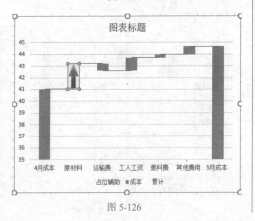

图 5-126

⑨ 按相同的方法，依次对几个影响成本增减的数据进行填充。图表的雏形已经建立完成，接着可进行其他美化与细节设置，如设置图表区的填充色、图表标题、文字格式，以及添加文本框写入说明文字等。注意，在添加值数据标签后，为了显示效果更好，有些标签的位置可适当移动一下。

5.3.4 条形图细分注释饼图

本例中介绍的图表实际可以理解为一个复合饼图（见图 5-127）。一般的复合饼图，第二绘图区是纵向的，而此处采用条形图的办法让第二绘图区横向显示，表达效果更好。因此，此作图方式值得借鉴与学习。

图 5-127

此图表建立时有三个要点：

◆ 重设第一扇区的起始角度。
◆ 用图表辅助添加数据标签。
◆ 多对象的组合。

① 使用如图 5-128 所示的数据源建立饼图并添加数据标签。

② 在扇面上双击鼠标，打开"设置数据系列格式"任务窗格，重新设置第一扇区起始角度为 150°（见图 5-129），然后再将图表区的填充颜色设置为"无填充颜色"，图表显示效果如图 5-130 所示。

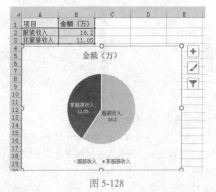

图 5-128

图 5-129

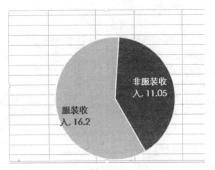

图 5-130

❸ 对"非服装收入"进行细分并计算百分比值，再以 D2:D6、F2:F6 单元格区域的数据建立堆积条形图，如图 5-131 所示。

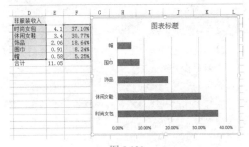

图 5-131

❹ 选中图表，在"图表工具 - 设计"选项卡的"数据"组中单击"切换行 / 列"按钮，得到的图表如图 5-132 所示。

❺ 双击水平轴，打开"设置坐标轴格式"右侧窗格，把最大值设置为 1.0，如图 5-133 所示。

❻ 简化图表，设置图表区为无填充颜色，再添加数据标签，如图 5-134 所示。

❼ 通过添加文本框的方式为条形图的每个系列添加上对应的名称，如图 5-135 所示。

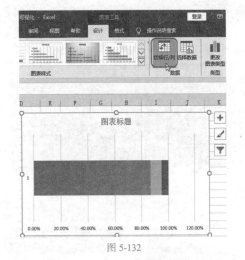

图 5-132

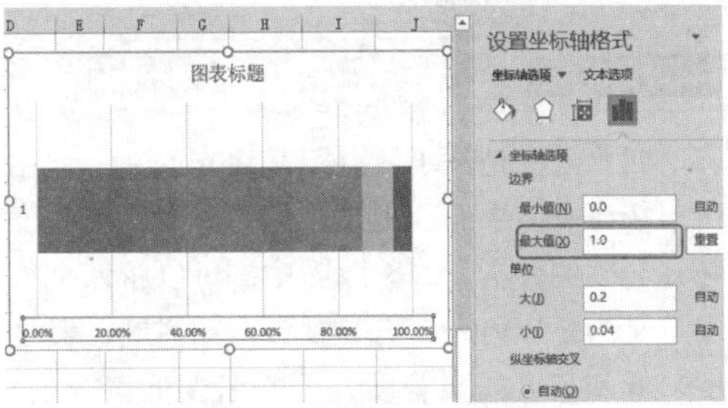

图 5-133

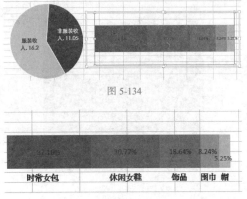

图 5-134

图 5-135

完成上述操作后，图表已经基本完成。接着可以用绘制图形的方法在图表中添加指引线条等形状。由于整体图表包含多个对象，因此在所有对象添加完成后可以组合成一个对象，从而方便整体移动和使用。

❶在"开始"选项卡的"编辑"组中单击"查找和选择"按钮，选择"选择对象"命令，然后按住鼠标左键拖动，将所有对象一次性框选在内，即可一次性选中对象，如图 5-136 所示。

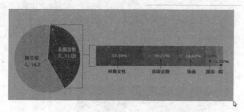

图 5-136

❷选中后单击鼠标右键，在快捷菜单中选择"组合"→"组合"命令（见图 5-137）即可。

图 5-137

5.4 ▶ 表示相关关系与分布的图表的可视化

5.4.1 产品调查的四象限图

四象限图是基于散点图来建立的，一般用于市场调查结果的分析中，例如对产品美誉度与知名度的分析。四象限图中，可以将四个象限定义为高知名度高美誉度、高知名度低美誉度、低知名度高美誉度、低知名度低美誉度，如图 5-138 所示，产品位于哪个象限，结果一目了然。

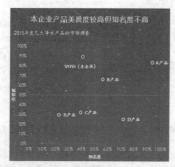

图 5-138

此图表建立时有两个要点：

◆ 设置与纵坐标轴的交叉位置。
◆ 自定义设置数据标签。

❶在如图 5-139 所示的数据表中选择数据源，建立散点图。注意不要选择第一列的行标识与第一行的列标识。

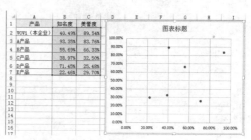

图 5-139

❷在垂直轴上双击鼠标，打开"设置坐标轴格式"右侧窗格。设置与纵坐标轴交叉位置为"0.5"，如图 5-140 所示；切换到"标签"栏，设置标签位置为"低"，如图 5-141 所示；切换到"数字"栏，设置坐标轴数字小数位数为"0"（默认有两位小数，不够简洁），如图 5-142 所示。

图 5-140

图 5-141

图 5-142

❸ 双击水平轴，按与第 2 步中相同的方法进行三项设置，设置后，图表效果如图 5-143 所示。

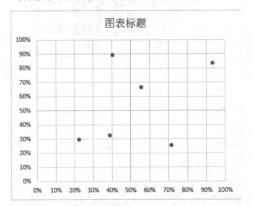

图 5-143

❹ 选中图表，单击右上角的"图表元素"按钮，在弹出的列表中单击"数据标签"，在子列表中选择"更多选项"（见图 5-144），打开"设置数据标签格式"右侧窗格，取消所有选项，再选中"单元格中的值"复选框，然后设置单元格的引用区域为源数据表中的 A 列的产品名称，如图 5-145 所示。设置后添加的数据标签如图 5-146 所示。

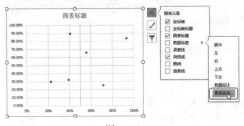

图 5-144

图 5-145

❺ 将图表水平轴的网格线和垂直轴的网格线都删除，得到四象图的雏形，如图 5-147 所示。

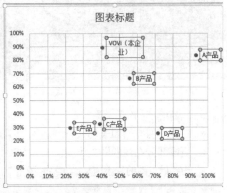

图 5-146

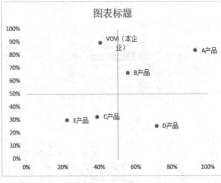

图 5-147

❻ 接着可对图表进行其他美化与细节设置，如设置图表标题、文字格式、图表区的填充色、本企业数据点的特殊格式，以及添加文本框并写入说明文字等。

5.4.2 产品价格分布图

本例中，图表可呈现类似于滑球图的效果，通过散点的分布情况来直观得到一些信息。如图 5-148 所示的图表，通过散点分布的集中程度，可以了解产品定价是否合理。

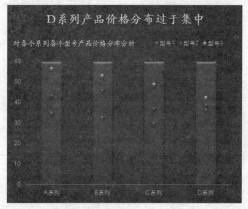

图 5-148

此图表建立时有三个要点：
- 对建立的原始图表切换行列。
- 更改部分系列的图表类型。
- 设置散点图的最小值从而与柱表图重叠。

① 在如图 5-149 所示的数据表中选择数据源，建立柱形图。注意，"辅助"列的数据取值应该为超过数据表中的所有数据的值，如本例最大值为 56.2，"辅助"列取值为 60 即可。

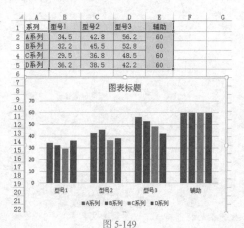

图 5-149

② 默认的图表将行作了系列，需要通过"切换行/列"转换为将列作为系列。因此选中图表后，在"图表工具-设计"选项卡的"数据"组中单击"切换行列"按钮，转换后的图表如图 5-150 所示。

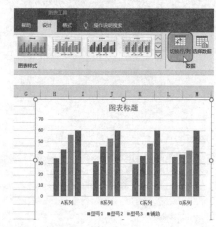

图 5-150

③ 选中图表中任意系列，单击鼠标右键，选择"更改系列的图表类型"，打开"更改图表类型"对话框。在此对话框中，将除了"辅助"之外的系列都转换为散点图，如图 5-151 所示。转换后的图表如图 5-152 所示。

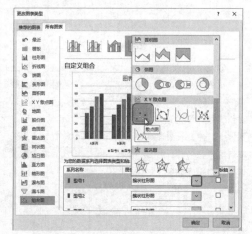

图 5-151

④ 在垂直轴上双击鼠标，打开"设置坐标轴格式"右侧窗格，设置最大值为"60"，如图 5-153 所示；在次水平轴上双击鼠标，打开"设置坐标轴格式"右侧窗格，设置最小值为"0.5"，如图 5-154 所

示。通过此设置可以让散点图与柱状重叠。修改后的图表效果如图 5-155 所示。

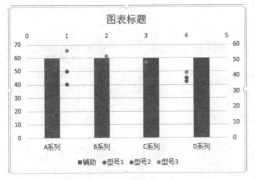

图 5-152

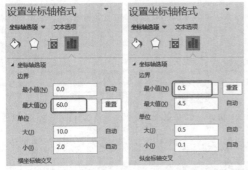

图 5-153　　　　　图 5-154

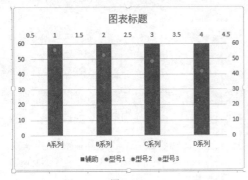

图 5-155

❺ 接着可以对图表进行其他美化与细节设置，如设置图表标题、文字格式、图表区的填充色、柱子的形状效果、数据点的效果，以及添加文本框并写入说明文字等。

本例中柱子的形状效果、数据点的效果使用了三维格式，这里单独介绍一下。

❶ 双击图表中的柱子，打开"设置数据系列格式"右侧窗格，单击"效果"标签按钮，展开"三维格式"栏，单击"顶部棱台"右侧的下拉按钮，从列表中可以选择预设的样式，如图 5-156 所示。选择预设样式后还可以对默认的参数重新调整，如图 5-157 所示。

图 5-156

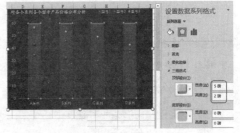

图 5-157

❷ 图表中用于表示型号的散点也使用了立体样式，设置方法相同，但其默认大小建议增大一点双击散点，打开"设置数据系列格式"右侧窗格，单击"填充与线条"标签按钮，单击"标记"标签，在"标记选项"下对大小进行调整，如图 5-158 所示。

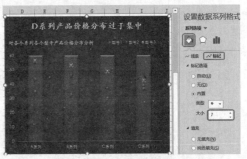

图 5-158

第6章

多维透视分析报表呈现

数据透视表是Excel软件中能够快速归类分析数据最有效的一项功能，它可以根据分析思路从多个维度对数据进行统计，形成统计报表。所以无论是哪个领域、哪种分析要求，都离不开对数据透视表的应用。

☑ 数据透视表的用途

☑ 创建数据透视表

☑ 更改报表的计算方式

☑ 报表数据的分组统计

☑ 创建数据透视图

6.1 什么是透视分析报表

透视分析报表又称为数据透视表，它是一种交互式报表，可以快速对大型数据进行分类汇总分析，通过字段的拖动瞬间得到分类统计的结果。通过灵活设置不同字段，可以全面地分析数据，得到各种不同目的的统计结果。数据透视表的作用有如下几个方面。

◆ 提高 Excel 报告的生成效率。

Excel 数据透视表能够快速汇总、分析数据，对原始数据进行多维度展现并生成汇总报表，提升工作效率。

◆ 综合了 Excel 中的多项分析功能。

数据透视表综合了数据排序、筛选、分类汇总等优点，并具有动态性，是数据分析过程中必不可少的一个重要工具。

◆ 字段灵活多变，操作便捷。

字段的设置灵活多变，便于快速修改调试，且操作无须使用任何公式，方便快捷。

◆ 数据分组处理。

创建一个数据透视表后，可以根据情况将数据分组，得到分组统计结果。

◆ 添加计算字段。

对于数据透视表未提供的计算，可以添加自定义公式作为计算字段，让统计结果更加灵活与全面。

下面展示几个数据透视表的应用范例，通过查看源数据与统计结果，读者可对数据透视表能实现的统计效果有一个感 性认识。

如图 6-1 所示为销售员业绩提成表格，在右侧创建数据透视表，轻拖几个字段则可以快速统计出每个销售部门的提成总额。

销售工号	姓名	部门	总销售额	提成金额
PL_001	金靖	销售1部	75000	7500
PL_002	夏慧	销售2部	62800	6280
PL_003	柏家国	销售1部	60000	6000
PL_004	姚金年	销售2部	57540	5754
PL_005	何丽年	销售3部	78906	7890.6
PL_006	陈建	销售2部	45670	3653.6
PL_007	唐敏	销售1部	54500	5450
PL_008	苏红红	销售3部	22900	1832
PL_009	韩燕	销售1部	22000	1760
PL_010	王磊	销售2部	46000	3680
PL_011	李家强	销售3部	50000	5000
PL_012	谢娟	销售2部	77200	7720
PL_013	崔国丽	销售3部	45020	3601.6

行标签	求和项:提成金额
销售1部	20710
销售2部	27087.6
销售3部	18324.2
总计	66121.8

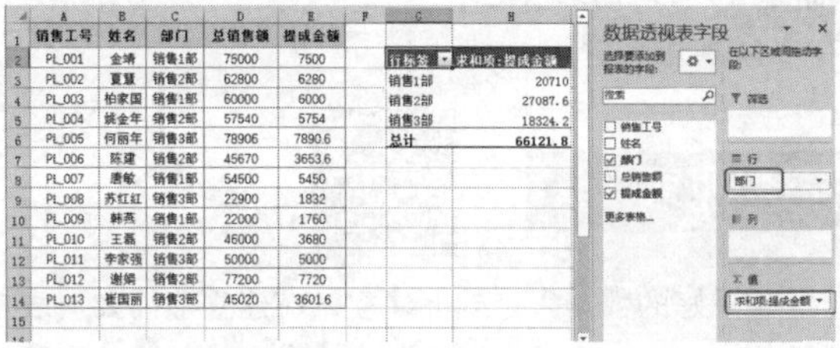

图 6-1

如图 6-2 所示，通过字段的分组设置，还可以统计出各个提成金额区间对应的人数。

销售工号	姓名	部门	总销售额	提成金额
PL_001	金靖	销售1部	75000	7500
PL_002	夏慧	销售2部	62800	6280
PL_003	柏家国	销售1部	60000	6000
PL_004	姚金年	销售2部	57540	5754
PL_005	何丽年	销售3部	78906	7890.6
PL_006	陈建	销售2部	45670	3653.6
PL_007	唐敏	销售1部	54500	5450
PL_008	苏红红	销售3部	22900	1832
PL_009	韩燕	销售1部	22000	1760
PL_010	王磊	销售2部	46000	3680
PL_011	李家强	销售3部	50000	5000
PL_012	谢娟	销售2部	77200	7720
PL_013	崔国丽	销售3部	45020	3601.6

行标签	求和项:提成金额
销售1部	20710
销售2部	27087.6
销售3部	18324.2
总计	66121.8

行标签	人数
5000以下	5
5000-6000	5
6000以上	3
总计	13

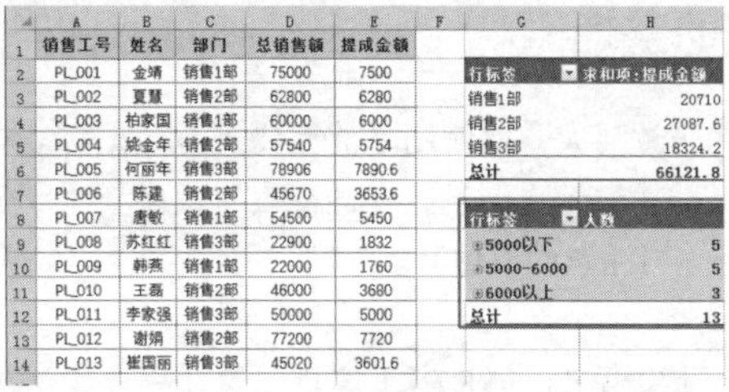

图 6-2

如图 6-3 所示为某次竞赛考试的成绩表，表格数据涉及三个班级，现在想对各个班级的最高分、最低分、平均分进行统计。通过建立如图 6-4 所示的数据透视表即可快速达到统计目的。

	A	B	C	D	E	F
1	班级	姓名	语文	数学	英语	总分
2	高三(3)班	王一帆	82	79	93	254
3	高三(2)班	王腾会	81	80	70	231
4	高三(2)班	邵敏	77	76	65	218
5	高三(1)班	吕梁	91	77	79	247
6	高三(4)班	庄美尔	90	88	90	268
7	高三(3)班	刘小龙	90	67	62	219
8	高三(1)班	刘瑞	56	91	91	238
9	高三(3)班	李凯	76	82	77	235
10	高三(4)班	李德印	88	90	87	265
11	高三(3)班	张泽宇	96	68	86	250
12	高三(2)班	张重	89	65	81	235
13	高三(2)班	陆路	66	82	77	225
14	高三(2)班	陈小芳	90	88	70	248
15	高三(3)班	陈明	85	75	79	237
16	高三(1)班	陈晴	88	92	72	252
17	高三(1)班	罗成佳	87	75	73	235
18	高三(1)班	姜姐姐	91	88	84	263
19	高三(3)班	崔衡	78	86	70	234
20	高三(2)班	宾云	90	91	88	269
21	高三(4)班	郭晶	82	88	69	239
22	高三(2)班	廖凤	69	80	56	205
23	高三(4)班	雷晶	70	88	91	249

图 6-3

	A	B	C	D
4	班级	最大值项:总分	最小值项:总分2	平均值项:总分3
5	高三(1)班	269	225	251.6666667
6	高三(2)班	248	218	234
7	高三(3)班	250	205	231
8	高三(4)班	268	235	254.25
9	总计	269	205	241.6818182
10				

图 6-4

如图 6-5 所示为某企业 10 月份的加班记录表（一个员工可能存在多条加班记录），现要求对每位员工的总加班时长和总加班费进行统计。通过建立如图 6-6 所示的数据透视表即可快速达到统计目的。

	A	B	C	D	E	F	G	H
1	\multicolumn{8}{c}{10 月 份 加 班 记 录 表}							
2	编号	姓名	加班时间	加班类型	开始时间	结束时间	加班小时数	加班费统计
3	001	胡莉	2015/10/2	平常日	17:30	21:30	4	75
4	002	王青	2015/10/2	平常日	18:00	22:00	4	75
5	003	何以玫	2015/10/3	公休日	17:30	22:30	5	187.5
6	004	王飞扬	2015/10/3	平常日	17:30	22:00	4.5	168.75
7	005	童瑶瑶	2015/10/4	公休日	17:30	21:00	3.5	131.25
8	006	王飞扬	2015/10/4	平常日	9:00	17:30	8.5	159.375
9	007	胡莉	2015/10/7	平常日	17:30	20:00	2.5	46.875
10	008	胡莉	2015/10/8	平常日	18:30	22:00	3.5	65.625
11	009	钱毅力	2015/10/9	平常日	17:30	22:00	4.5	84.375
12	010	王飞扬	2015/10/9	平常日	17:30	22:00	4.5	84.375
13	011	管一非	2015/10/9	平常日	17:30	22:00	4.5	168.75
14	012	童瑶瑶	2015/10/10	公休日	17:30	21:00	3.5	131.25
15	013	胡莉	2015/10/11	平常日	17:30	21:30	4	150
16	014	胡莉	2015/10/12	平常日	9:00	17:30	8.5	159.375
17	015	胡莉	2015/10/13	平常日	9:00	17:30	8.5	159.375
18	016	胡莉	2015/10/14	平常日	17:30	20:00	2.5	46.875
19	017	王飞扬	2015/10/15	平常日	18:00	22:00	4	75
20	018	胡莉	2015/10/15	平常日	17:30	22:00	4.5	84.375
21	019	钱毅力	2015/10/16	公休日	17:30	22:00	4.5	84.375
22	020	王飞扬	2015/10/17	公休日	18:00	21:00	3	112.5
23	021	胡莉	2015/10/18	平常日	17:30	21:00	3.5	131.25
24	022	管一非	2015/10/19	平常日	9:00	17:30	8.5	159.375
25	023	胡莉	2015/10/20	平常日	9:00	17:30	8.5	159.375
26	024	何以玫	2015/10/20	平常日	9:00	17:30	8.5	159.375
27	025	童瑶瑶	2015/10/21	平常日	18:00	20:00	2	37.5
28	026	王青	2015/10/22	平常日	19:00	22:00	3	56.25
29	027	胡梦婷	2015/10/23	平常日	17:30	22:00	4.5	84.375
30	028	吴晨	2015/10/24	平常日	17:30	22:00	4.5	168.75
31	029	管一非	2015/10/2	公休日	17:30	21:00	3.5	131.25
32	030	何以玫	2015/10/25	公休日	17:30	21:30	3.5	131.25

图 6-5

行标签	加班总时数	加班费金额
管一非	19.5	515.625
何以玫	17	478.125
胡莉	35.5	806.25
胡梦婷	4.5	84.375
钱毅力	8	150
童瑶瑶	9	300
王飞扬	16	440.625
王青	15	281.25
吴晨	21.5	487.5
总计	146	3543.75

图 6-6

6.2 ▶ 创建数据透视表

数据透视表需在已经建立好的数据表基础上建立，在建立前需要对表格进行整理，保证没有数据缺漏，没有双行标题等。这样建立的数据透视表才会生成正确的字段，通过字段的合理设置形成各类统计分析报表。

6.2.1 源表数据的整理

数据透视表的功能虽然非常强大，但使用之前需要规范数据源表格，否则会给后期创建和使用数据透视表带来层层阻碍，甚至无法创建数据透视表。很多新手不懂得如何规范数据源，下面介绍一些创建数据透视表时应当注意的事项。

◆ 不能包含多层表头。

图 6-7 所示表格的第一行和第二行都是表头信息，这让程序无法为数据透视表生成字段（可以看到字段列表中无任何字段）。

图 6-7

◆ 列标识不能缺失。

图 6-8 所示的表格因为漏输了一个列标识，导致无法创建数据透视表。

图 6-8

◆ 数据至少要有一个分类。

图 6-9 所示的表格中没有任何分类，这种表无论怎么统计，还是这个结果。图 6-10 中则可以按班级进行分类统计。

	姓名	语文	数学	英语	总分
1	姓名	语文	数学	英语	总分
2	王辉会	81	80	70	231
3	吕梁	91	77	79	247
4	刘小龙	90	67	62	219
5	刘萌	56	91	91	238
6	张泽宇	96	68	86	250
7	张奎	89	65	81	235
8	陆路	66	82	77	225
9	陈小芳	90	88	70	248
10	陈晓	68	90	79	237
11	陈曦	88	92	72	252
12	姜旭旭	91	88	84	263
13	崔衡	78	86	70	234
14	窦云	90	91	88	269
15	蔡晶	82	88	69	239
16	廖凯	69	80	56	205

图 6-9

	班级	姓名	语文	数学	英语	总分
1	班级	姓名	语文	数学	英语	总分
2	高三（2）班	王辉会	81	80	70	231
3	高三（1）班	吕梁	91	77	79	247
4	高三（3）班	刘小龙	90	67	62	219
5	高三（3）班	刘萌	56	91	91	238
6	高三（3）班	张泽宇	96	68	86	250
7	高三（2）班	张奎	89	65	81	235
8	高三（1）班	陆路	66	82	77	225
9	高三（2）班	陈小芳	90	88	70	248
10	高三（2）班	陈晓	68	90	79	237
11	高三（1）班	陈曦	88	92	72	252
12	高三（1）班	姜旭旭	91	88	84	263
13	高三（3）班	崔衡	78	86	70	234
14	高三（1）班	窦云	90	91	88	269
15	高三（3）班	蔡晶	82	88	69	239
16	高三（3）班	廖凯	69	80	56	205

图 6-10

◆ 数据格式要规范。

数据格式规范对数据透视表的创建也很重要，不规范的数据会导致统计结果出错，甚至无法进行统计。

如果有文本数字（即使只有一个数据是文本），将这个字段作为数值字段时就无法进行"求和"计算，只能进行"计数"运算，如图 6-11 所示。

图 6-11

另外，不规范的日期数据会造成程序无法识别，自然也不能按年、月、日进行分组统计，如 20200510、2020.05.10 等格式都是不规范的。输入日期时，可以使用"-"间隔或"/"间隔，如 2020-5-10、2020/5/10（如果是本年的日期，可以在输入时省略年份，或者直接输入"2020 年 5 月 10 日"，这些都是程序能识别的标准日期格式。

◆ 数据源中文本数据不能包含空格。

有空格的数据与无空格的数据将被作为两个不同的项进行统计。如图 6-12 所示，出现了"哑铃"和"哑 铃"两个统计项，原因就是空格使得了程序认为这是两个数据项。

图 6-12

◆ 数据源中不应包含合并单元格。

如果有合并单元格，则创建数据透视表后"行标签"里会出现"（空白）"的字段，如图 6-13 所示。

◆ 数据应具有连续性

数据表应具有连续性，不要使用小计、空白行等进行中断。如图 6-14 所示的表格中添加了"小计"行，很显然，建立的数据透视表统计结果是错误的（注意看图中画框部分）。

图 6-13

图 6-14

所以，如果不是要打印这样的明细表，在表格中添加这样的"小计"是没有必要的。如图 6-15 所示，待建立了数据透视表之后，要想分月统计支出金额，只要拖动添加两个字段即可，是极其简单的事情。

图 6-15

另外，数据表中也不要使用空行让数据中断，否则程序无法获取完整的数据源。即使手动添加数据源，也会在统计结果中产生空白数据。

6.2.2 新建一个数据透视表

当选中表格中任意单元格时，系统默认以整个表格数据作为数据源创建数据透视表。本例中，当前数据源表格如图 6-16 所示。

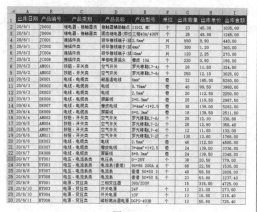

	A	B	C	D	E	F	G	H	I
1	出库日期	产品编号	产品类别	产品名称	产品型号	单位	出库数量	出库单价	出库金额
2	20/6/1	JD002	继电器、接触器类	接触器辅助触点	11D1L MC	个	23	45.00	1035.00
3	20/6/1	JD004	继电器、接触器类	固态继电器(带三相)	40A/400V	个	25	49.80	1245.00
4	20/6/1	JC001	接插件类	研华接线端子(插2.5mm	片	550	0.80	440.00
5	20/6/1	JC002	接插件类	研华接线端子(插4mm	片	300	1.20	360.00
6	20/6/2	JC004	接插件类	研华接线端子(插10mm	片	120	2.25	270.00
7	20/6/2	JC006	接插件类	单电源插座	橡皮 10A	个	220	0.90	198.00
8	20/6/2	AN001	按钮、开关类	空气开关	罗光穆勒L7-4/	个	28	11.60	324.80
9	20/6/2	AN002	按钮、开关类	空气开关	罗光穆勒L7-6/	个	28	12.80	358.40
10	20/6/2	DX001	电线、电缆类	耐高温电线	6mm²	卷	250	12.10	3025.00
11	20/6/3	DX002	电线、电缆类	电线	0.75mm²	卷	32	165.00	5280.00
12	20/6/3	DX003	电线、电缆类	电线	2.5mm²	卷	20	112.50	3900.00
13	20/6/3	DX006	电线、电缆类	屏蔽线	2×0.3mm²	卷	25	119.50	2987.50
14	20/6/3	DX007	电线、电缆类	橡皮电缆	3×4mm²+1×2.5	卷	38	139.50	5282.00
15	20/6/4	DX009	电线、电缆类	屏蔽线	6×0.3mm²	卷	18	139.50	2511.00
16	20/6/4	AN003	按钮、开关类	空气开关	罗光穆勒L7-4/	个	28	12.10	338.80
17	20/6/5	AN004	按钮、开关类	空气开关	罗光穆勒L7-2/	个	28	12.80	358.40
18	20/6/6	AN010	按钮、开关类	空气开关	罗光穆勒L7-1/	个	12	11.00	132.00
19	20/6/6	AN011	按钮、开关类	空气开关	罗光穆勒L7-2/	个	24	13.60	326.40
20	20/6/6	DX003	电线、电缆类	电线	2.5mm²	卷	40	112.50	4500.00
21	20/6/7	DX007	电线、电缆类	橡皮电缆	3×4mm²+1×2.5	卷	24	139.50	3336.00
22	20/6/7	DX009	电线、电缆类	屏蔽线	6×0.3mm²	卷	24	139.50	3348.00
23	20/6/7	DY001	电压、电流类	电压表	0~25V	个	38	20.50	779.00
24	20/6/7	DY005	电压、电流类	电流表(香港)	96*96 200A A	个	68	22.50	1530.00
25	20/6/8	DY007	电压、电流类	电流表(香港)	香港 50+50 11	个	48	58.50	2808.00
26	20/6/8	DT008	电压、电流类	电流表	香港 50+50 5.	个	23	53.80	1237.40
27	20/6/9	BY001	电源、变压类	三相变压器	380/200V	个	15	315.00	4725.00
28	20/6/10	DY003	电源、变压类	开关电源	24V	个	13	21.00	273.00
29	20/6/10	BY004	电源、变压类	开关电源	10V	个	13	16.80	218.40
30	20/6/11	BT006	电源、变压类	磁极黑高音喇叭	DGF5-403B	个	13	55.80	725.40

图 6-16

❶打开工作表，切换到"插入"选项卡，在"表格"组中单击"数据透视表"按钮（见图6-17），打开"创建数据透视表"对话框。

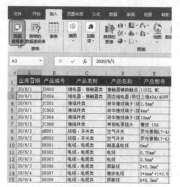

图 6-17

❷默认选中"选择一个表或区域"单选按钮，在"表/区域"文本框中显示了当前要建立为数据透视表的数据源，如图6-18所示。

图 6-18

❸其他保持默认设置，单击"确定"按钮，即可在当前工作表前面创建一个空白数据透视表，如图6-19所示。这时需要在添加字段后才能形成统计报表。

图 6-19

❹当使用数据源建立数据透视表后，默认只是一个框架，并没有统计结果。要想得到统计结果，则需要根据统计目的来设定字段。在字段列表中选择需要使用的字段，本例选择"产品类别"字段，单击鼠标右键，选择"添加到行标签"命令（见图6-20），"产品类别"字段被添加到行标签区域，如图6-21所示。

图 6-20

图 6-21

⑤ 按相同的方法可以添加其他的字段，例如将"出库数量"字段添加到"值"区域，得到的统计结果如图 6-22 所示。

图 6-22

📝 专家提示

在对字段进行选择时，也可以直接使用拖动的方式来快速添加字段，即在字段列表中选中字段，拖动到目标区域中再释放鼠标。

6.2.3 调整字段位置获取不同的统计结果

数据透视表具有灵活多变、可随时修改调试的特性，这便于我们生成多个维度的统计报表。在数据透视表中添加字段后，并非只能获取一种统计结果，只要重新调整字段的位置，就可以获取其他的统计结果。

❶ 沿用上面的例子，在"数据透视表字段"窗格中，如果字段不需要了，可以选中字段将其拖到外部。例如将"出库数量"字段拖出，如图 6-23 所示。

图 6-23

❷ 在字段列表中选中"出库金额"字段，并将其拖入"值"区域，此时得到了新的统计结果，如图 6-24 所示。

图 6-24

例如，下面的表格中想对各学历层次的人数进行统计。选中这一列数据，执行创建数据透视表的操作（见图 6-25），这时可以看到数据透视表只有一个字段，添加字段后可以实现统计各学历层次人数的目的，如图 6-26 所示。

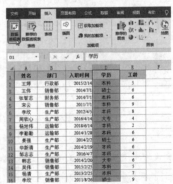

图 6-25

图 6-26

Excel 2019 在工作总结与汇报中的典型应用（视频教学版）

6.3 ▶ 编辑数据透视表

创建数据透视表后，无论是想改变它的统计目的，还是想改变它的外观样式，都离不开各项补充编辑。

6.3.1 更改报表的默认布局

在数据透视表中，用户可以根据需要更改数据透视表的布局。默认创建的数据透视表是以压缩的形式显示的，即添加的行标签与列标签的字段名称不显示出来，只显示"行标签"这样的字样（见图6-27），不便于统计结果的查看。将报表布局更改为表格样式或是大纲样式，即可将字段名称显示出来。

图 6-27

图 6-29

❶打开数据透视表，在"数据透视表工具-设计"选项卡的"布局"组中单击"报表布局"下拉按钮，在下拉菜单中选择"以表格形式显示"命令，如图6-28所示。

❷以表格形式显示数据透视表后，可以看到各字段名称都能直观显示出来，报表结构很清晰，如图6-29所示。

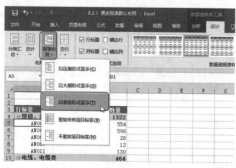

图 6-28

> **知识扩展**
>
> 在"数据透视表工具-设计"选项卡的"布局"组中还有其他一些设置项，如可以设置"分类汇总"的显示位置和是否显示分类汇总（见图6-30），可以设置是否在每个项目后插入空行（见图6-31）。这些操作都是比较简单的，读者可以尝试操作，找到符合自己要求的布局模式。

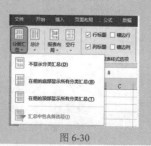

图 6-30

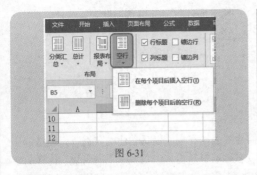

图 6-31

6.3.2 随时更改数据源

创建了数据透视表之后,如果有新数据添加,可以根据需要更改透视表的数据源,无须重建数据表。

❶ 打开工作表,切换到"数据透视表工具 - 分析"选项卡的"数据"组中,单击"更改数据源"按钮,如图 6-32 所示。

图 6-32

❷ 打开"更改数据透视表数据源"对话框并自动跳入数据源表格中(见图 6-33),这时则可以重新选择数据源区域。

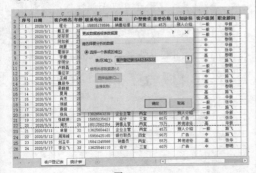

图 6-33

❸ 重新选择后,单击"确定"按钮返回,可以看到数据透视表重新统计后的结果,如图 6-34 所示。

	A	B	C
1			
2			
3	行标签 ▼	计数项:户型需求	
4	两室	11	
5	三室	8	
6	四室	5	
7	总计	24	
8			

图 6-34

知识扩展

当数据源表格中的数据发生更改时(注意不是添加减少数据),如果希望数据透视表的统计结果也能同步更新,需要刷新数据透视表。

选中数据透视表中任意单元格,在"数据透视表工具 - 分析"选项卡的"数据"组中单击"刷新"下拉按钮,在下拉菜单中选择"刷新"命令(见图 6-35),即可刷新数据透视表。

图 6-35

6.3.3 查看明细数据

数据透视表的统计结果是对多项数据汇总的结果,因此建立数据透视表后,双击汇总项中的任意单元格,可以新建一张工作表并显示相应的明细数据。

❶ 针对本例的数据透视表,选中 B9 单元格,如图 6-36 所示。

❷ 双击鼠标即可新建一张工作表,显示同时满足两个条件的所有记录,即"产品类别"为"接插件类"的所有记录,如图 6-37 所示。

Excel 2019 在工作总结与汇报中的典型应用(视频教学版)

图 6-36

图 6-37

如果设置了双标签,可以建立同时满足双条件的明细表。下面来查看"柔润倍现系列"的明细数据和"水嫩精纯系列"中"黄玉梅"销售员的明细数据。

在下面的透视表中要查看同时满足"水嫩精纯系列"与"黄玉梅"两个条件的明细数据,可双击 C14 单元格(见图 6-38),得到的明细表如图 6-39 所示。

图 6-38

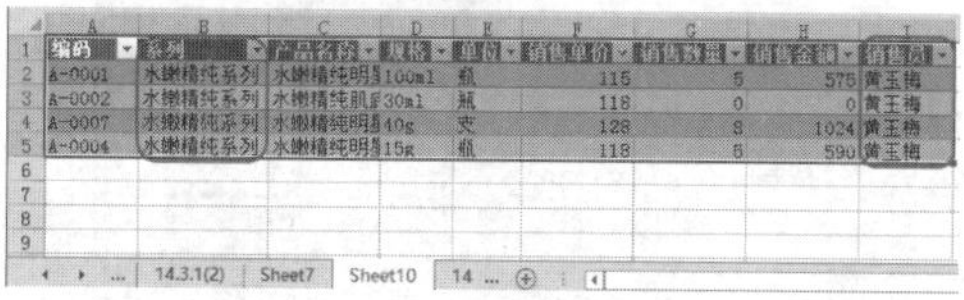

图 6-39

6.3.4 快速美化报表外观

在 Excel 2019 中,数据透视表和工作表一样,都提供了多种样式,用户可以通过套用样式来美化数据透视表。

❶ 打开数据透视表,在"数据透视表工具-设计"选项卡的"数据透视表样式"组中单击"▽"(其他)按钮(见图 6-40),即可弹出样式列表,如图 6-41 所示。

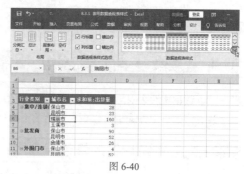

图 6-40

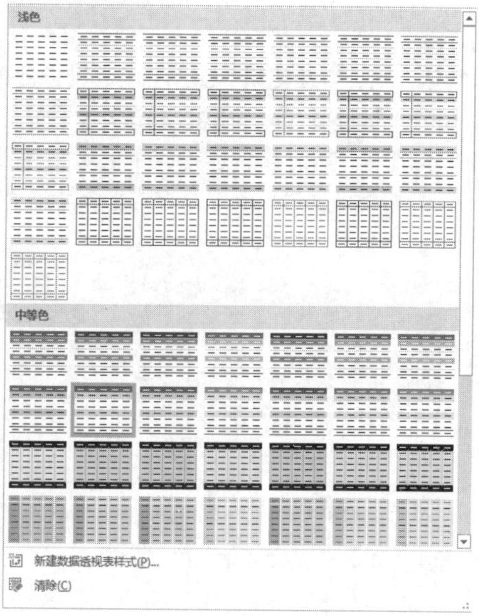

图 6-41

❷ 选中要套用的样式,如图 6-42 和图 6-43 所示为选用不同数据透视表样式的应用示例。

行业类别 ▼	城市名 ▼	求和项:出货量
集中/连锁门	保山市	28
	昆明市	23
	瑞丽市	160
	玉溪市	3
批发商	保山市	90
	昆明市	52
	曲靖市	26
外围门市	保山市	4
	昆明市	52
	曲靖市	20
	瑞丽市	20
	玉溪市	32
系统集成商	景洪市	6
	昆明市	22
	瑞丽市	3
	玉溪市	35
总计		576

图 6-42

行业类别 ▼	城市名 ▼	求和项:出货量
集中/连锁门	保山市	28
	昆明市	23
	瑞丽市	160
	玉溪市	3
批发商	保山市	90
	昆明市	52
	曲靖市	26
外围门市	保山市	4
	昆明市	52
	曲靖市	20
	瑞丽市	20
	玉溪市	32
系统集成商	景洪市	6
	昆明市	22
	瑞丽市	3
	玉溪市	35
总计		576

图 6-43

6.4 更改报表的计算方式

建立数据透视表对数据进行分析时，"∑值"区域中显示的就是计算项，其默认的计算方式可以更改，值的显示方式也可以更改，值的不同计算方式与显示方式，可以获取不同的统计信息。

6.4.1 按统计目的修改报表默认的汇总方式

当将某个字段添加在"值"区域后，数据透视表会自动对字段中的值进行合并计算。其默认的计算方式为：如果字段下是数值数据，会自动使用 SUM 函数进行求和运算；如果字段下是文本数据，则会自动使用 COUNT 函数进行计数统计。如果想得到其他的计算结果，如求最大值和最小值、求平均值等，则需要修改对数值字段中值的合并计算类型。

本例中，当前数据透视表中的数值字段为三个科目的成绩，默认将对成绩求和运算（见图 6-44），下面通过更改汇总方式来统计各个班级的平均成绩。

图 6-44

❶ 在"值"列表框中选中要更改其汇总方式的字段，单击即可弹出下拉菜单，选择"值字段设置"命令（见图6-45），打开"值字段设置"对话框。

图 6-45

❷ 选择"值汇总方式"选项卡，在"计算类型"列表中选择"平均值"，如图6-46所示。

图 6-46

❸ 单击"确定"按钮，即可更改默认的求和汇总方式为求平均值，如图6-47所示。按相同的方法将其他两个字段的值汇总方式也更改为求平均值，如图6-48所示。

行标签 ▼	平均值项:语文	求和项:数学	求和项:英语
高三（1）班	84.66666667	509	493
高三（2）班	78.5	486	447
高三（3）班	79.33333333	470	440
高三（4）班	81	348	345
总计	80.86363636	1813	1725

图 6-47

行标签 ▼	平均值项:语文	平均值项:数学	平均值项:英语
高三（1）班	84.66666667	84.83333333	82.16666667
高三（2）班	78.5	81	74.5
高三（3）班	79.33333333	78.33333333	73.33333333
高三（4）班	81	87	86.25
总计	80.86363636	82.40909091	78.40909091

图 6-48

❹ 值字段的前面总会带有"求和项：""平均值项："这样的字样，为了让最终的分析报表更加易于查看，可以在统计完毕后自定义字段的名称。其方法是选中字段所在的单元格，在编辑框中重新输入名称，如图6-49所示。

	语文平均分
行标签 ▼	语文平均分	平均值项:数学	平均值项:英语
高三（1）班	84.66666667	84.83333333	82.16666667
高三（2）班	78.5	81	74.5
高三（3）班	79.33333333	78.33333333	73.33333333
高三（4）班	81	87	86.25
总计	80.86363636	82.40909091	78.40909091

图 6-49

❺ 按相同的方法更改其他字段的名称，最终的统计报表如图6-50所示。

行标签 ▼	语文平均分	数学平均分	英语平均分
高三（1）班	84.66666667	84.83333333	82.16666667
高三（2）班	78.5	81	74.5
高三（3）班	79.33333333	78.33333333	73.33333333
高三（4）班	81	87	86.25
总计	80.86363636	82.40909091	78.40909091

图 6-50

针对上例中的数据透视表，如果设置值汇总方式为最大值和最小值，还可以直观查看各班级各科目的最高分与最低分。

❶ 将"语文""数学""英语"这三个字段各添加两次到"值"区域中，然后按上例中相同的方法将汇总方式更改为最大值和最小值，更改后在"值"区域中的显示如图6-51所示。

❷ 在数据透视表中的显示如图6-52所示。

❸ 依次将汇总字段的名称更改为"语文最高分""语文最低分"等，最终的统计报表如图6-53所示。

图 6-51

行标签	最大值项:语文	最小值项:语文	最大值项:数学	最小值项:数学	最大值项:英语	最小值项:英语
高三（1）班	91	66	92	77	93	72
高三（2）班	90	56	91	65	91	65
高三（3）班	96	68	90	67	88	56
高三（4）班	90	70	90	82	91	77
总计	96	56	92	65	93	56

图 6-52

行标签	语文最高分	语文最低分	数学最高分	数学最低分	英语最高分	英语最低分
高三（1）班	91	66	92	77	93	72
高三（2）班	90	56	91	65	91	65
高三（3）班	96	68	90	67	88	56
高三（4）班	90	70	90	82	91	77
总计	96	56	92	65	93	56

图 6-53

6.4.2 建立计数统计报表

在 6.4.1 小节中我们介绍了可以按统计目的去修改默认的汇总方式，因此当默认的汇总方式不是想要的统计结果时，可以手动去修改。在本例中，如图 6-54 所示的数据透视表中添加了"金额"字段作为值字段，默认是求和计算方式，当前的统计结果统计了各费用类别的合计金额。如果要统计各费用类别在本期各有多少次支出，通过更改值的计算方式也可以实现。

行标签	求和项:金额
餐饮费	1513
差旅费	1319
福利	5400
会务费	2800
交通费	665
设备修理费	258
通讯费	2897
外加工费	13450
业务拓展费	4180
招聘培训费	650
总计	33132

图 6-54

❶ 在数据透视表中选中"求和项：金额"字段下任意单元格，在"数据透视表 - 分析"选项卡的"活动字段"组中单击"字段设置"按钮（见图 6-55），打开"值字段设置"对话框。

图 6-55

❷ 在"值汇总方式"选项卡下的"计算类型"列表中选择"计数"，然后在"自定义名称"框中重新输入名称，如图 6-56 所示。

❸ 单击"确定"按钮，返回数据透视表中，即可看到数据汇总方式更改为计数，如图 6-57 所示。

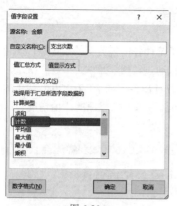

图 6-56

图 6-57

6.4.3 建立占总计百分比值的报表

设置了数据透视表的数值字段之后，还可以设置值显示方式。如图 6-58 所示的数据透视表中统计了各个部门的销售总额。现在要求显示各部门销售额占总销售额的百分比。

G	H
行标签 ▼	求和项:总销售额
销售1部	211500
销售2部	289210
销售3部	196826
总计	697536

图 6-58

❶ 选中数据透视表，在"值"列表框中单击要更改其显示方式的字段，在弹出的下拉菜单中选择"值字段设置"命令（见图 6-59），打开"值字段设置"对话框。

图 6-59

❷ 选择"值显示方式"选项卡，在"值显示方式"下拉列表中选择"总计百分比"选项，如图 6-60所示。

图 6-60

❸ 单击"确定"按钮，在数据透视表中可以看到统计出了部门的销售额占总销售额的百分比，如图 6-61 所示。

G	H
行标签 ▼	求和项:总销售额
销售1部	30.32%
销售2部	41.46%
销售3部	28.22%
总计	100.00%

图 6-61

6.4.4 各分部营销额占全年百分比的报表

在上例中我们使用了"占总和的百分比"选项实现了统计各销售分部的销售额占总销售额的百分比。如果设置了列标签且列标签有多个分项时,可以通过"列汇总的百分比"选项,让各列统计数据分别显示出占该列汇总值的百分比。本例中已统计出各分部 2019~2020 两年的销售金额,如图 6-62 所示,要求显示出不同年份各分部的销售额占全年销售额的比值情况,即达到如图 6-63 所示的显示效果。

| 求和项:营销额(万) | 列标签 | | |
行标签	2019	2020	总计
百盛分部	244.96	944.45	1189.41
大成分部	128.21	349.55	477.76
红星分部	554.83	569.64	1124.47
平秋分部	202	365.79	567.79
总计	1130	2229.43	3359.43

图 6-62

| 求和项:营销额(万) | 列标签 | | |
行标签	2019	2020	总计
百盛分部	21.68%	42.36%	35.41%
大成分部	11.35%	15.68%	14.22%
红星分部	49.10%	25.55%	33.47%
平秋分部	17.88%	16.41%	16.90%
总计	100.00%	100.00%	100.00%

图 6-63

❶ 选中"2019"或"2020"字段下的任意汇总值,右击鼠标,在弹出的快捷菜单中选择"值显示方式"→"列汇总的百分比"命令,如图 6-64 所示。

❷ 执行上述操作后即可得到如图 6-63 所示的统计结果。

图 6-64

专家提示

当数据透视表只设置了一个数据字段时,使用"总计的百分比"与"列汇总的百分比"命令的结果一样,因为数值只有单列。例如,图 6-58 所示的数据透视表无论是执行"总计的百分比"还是"列汇总的百分比"命令,都将获得如图 6-61 所示的结果。

6.4.5 各部门男女比例统计报表

"总计的百分比"与"列汇总的百分比"命令都是以列统计值来显示百分比的,除此之外,还可以设置值的显示方式为"行汇总的百分比",即以行统计值来显示百分比。在本例中给出了各部门中男性与女性的人数,如图 6-65 所示,要求统计男女人数所占比例。

	A	B	C	D
3	计数项:姓名	性别		
4	所在部门	男	女	总计
5	销售部	8	12	20
6	财务部		6	6
7	行政部	2	4	6
8	企划部	4	3	7
9	市场部	3	1	4
10	技术研发部	8	3	11
11	销后部	2	4	6
12	总计	27	33	60

图 6-65

❶ 选中"男"或"女"字段下的任意汇总值,右击鼠标,在弹出的快捷菜单中选择"值显示方式"→"行汇总的百分比"命令(见图 6-66),统计结果如图 6-67 所示。

图 6-66

晰看到各个部门的男女人数所占比例情况，同时也能通过列汇总的值看到整个公司中的男女人数所占比例情况，如图 6-69 所示。

图 6-68

	A	B	C	D
3	计数项:姓名	性别		
4	所在部门	男	女	总计
5	销售部	40.00%	60.00%	100.00%
6	财务部	0.00%	100.00%	100.00%
7	行政部	33.33%	66.67%	100.00%
8	企划部	57.14%	42.86%	100.00%
9	市场部	75.00%	25.00%	100.00%
10	技术研发部	72.73%	27.27%	100.00%
11	销后部	33.33%	66.67%	100.00%
12	总计	45.00%	55.00%	100.00%
13				

图 6-67

❷在"数据透视表工具-设计"选项卡的"布局"组单击"总计"按钮，在下拉列表中选择"仅对列启用"命令，如图 6-68 所示。更改布局后可以清

	A	B	C
3	计数项:姓名	性别	
4	所在部门	男	女
5	销售部	40.00%	60.00%
6	财务部	0.00%	100.00%
7	行政部	33.33%	66.67%
8	企划部	57.14%	42.86%
9	市场部	75.00%	25.00%
10	技术研发部	72.73%	27.27%
11	销后部	33.33%	66.67%
12	总计	45.00%	55.00%
13			

图 6-69

6.5 建立分组统计的报表

建立数据透视表进行分析时，有时统计结果过于分散，即使进行了分类统计效果也不佳，这里则可以利用组合功能对分析结果再次组合，以得到想要的统计结果。

6.5.1 按设定的步长分组

如图 6-70 所示的统计表统计的是某企业中不同年龄对应的人数，因为年龄的跨度比较大，所以我们看到统计结果非常分散，建立这样的统计报表不具备太大的意义。可以对统计结果进行分组，从而查看到各个年龄段的人数。

❶选中"年龄"字段下任意单元格，在"数据透视表工具-分析"选项卡的"组合"组中单击"分组字段"按钮（见图 6-71），打开"组合"对话框。

年龄	计数项:姓名
22	1
23	2
25	2
26	1
27	2
30	3
31	3
35	2
38	2
39	1
40	1
44	1
46	2
51	1
52	1
总计	26

图 6-70

图 6-71

专家提示

在单击"分组选择"按钮前一定要选中数据透视表中待分组字段下的任意一个单元格，否则这个命令是灰色不可用状态。

❷"起始于"和"终止于"文本框中为默认值，不需要设置，在下面"步长"框中设置步长为"5"，如图 6-72 所示，单击"确定"按钮，年龄将以 5 年为间隔给出统计结果，如图 6-73 所示。

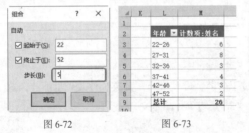

图 6-72   图 6-73

❸ 如果设置步长为"10"（见图 6-74），则年龄将以 10 年为间隔给出统计结果，如图 6-75 所示。

图 6-74   图 6-75

6.5.2 手动自定义分组间距

在进行数据分组时，除了使用程序默认的步长外，还可以根据实际情况自定义分组间距。操作起来只是步骤稍多，并没有太大难度。

如图 6-76 所示的透视表想统计各个提成区间的人数有多少，但设置"提成金额"为行标签，"姓名"字段为值标签后，默认统计结果很分散。下面对此数据透视表进行自定义分组统计。

图 6-76

❶ 选中要分组的项，在"数据透视表工具-分析"选项卡的"组合"选项组中单击"分组选择"按钮（见图 6-77），建立"数据组 1"，如图 6-78 所示。

图 6-77

❷ 选中"数据组 1"单元格，重新输入名称为"5000 以下"，如图 6-79 所示。

图 6-78　　　　图 6-79

❸接着在数据透视表中选中要分为第二个组的项，在"数据透视表工具-分析"选项卡的"组合"选项组中单击"分组选择"按钮（见图6-80），建立"数据组2"，如图6-81所示。

图 6-80　　　　图 6-81

❹选中"数据组2"单元格，重新输入名称为

"5000-7000"，如图 6-82 所示。

❺按相同的方法设置第三个分组为"7000以上"，如图6-83所示。单击组前面的 ⊟ 按钮，将下面的明细项折叠起来（见图6-84）。最终的分组效果如图6-85所示。

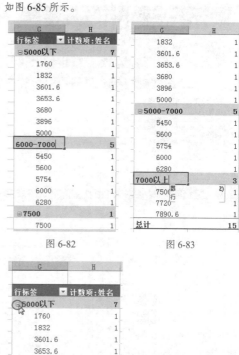

图 6-82　　　　图 6-83

图 6-84　　　　图 6-85

6.6 ▶数据透视图

在创建数据透视表之后，还可以快速地创建与之配套的数据透视图，从而让分析的结果更加直观。如果数据分析的结果用于撰写报告，那么这一操作是非常必要的。

6.6.1 创建数据透视图

数据透视图可以直观地显示出数据透视表的内容，创建数据透视图的方法与创作图表的方法类似。

❶ 打开数据透视表，在"数据透视表工具-分析"选项卡的"工具"组中单击"数据透视图"按钮（见图 6-86），打开"插入图表"对话框。

图 6-86

❷ 在左侧单击"饼图"，在右侧选中子图表类型，如图 6-87 所示。

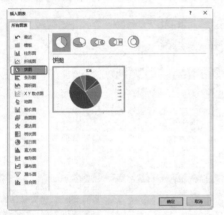

图 6-87

❸ 创建的默认图表如图 6-88 所示。接着为图表添加能够表达主题的标题，如图 6-89 所示。

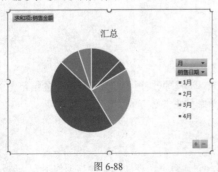

图 6-88

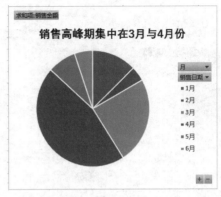

图 6-89

有些数据透视表设置了双标签（见图 6-90），这样的统计结果也可以用数据透视图来展现。如图 6-91 所示为建立完成的数据透视图，既可以比较同一分部的营销额，也可以对总体营销额求和比较，效果都很直观。

图 6-90

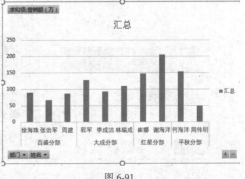

图 6-91

6.6.2 为数据透视图添加数据标签

在图表上添加数据标签也是很必要的，尤其是饼形图表，通常会添加类别名称、值、百分比等数据标签。为数据透视图添加数据标签与普通图表的操作是一样的，这里简单介绍一下。

❶选中图表，单击右上角的"图表元素"按钮，再在下拉菜单中依次选择"数据标签"→"更改选项"（见图 6-92），打开"设置数据标签格式"右侧窗格。

❷选中"类别名称"和"百分比"复选框，如图 6-93 所示。

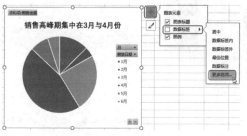

图 6-92

专家提示

如果只是显示"值"数据标签，可以从这里直接选择；如果想显示其他数据标签，则必须单击"设置数据标签格式"右侧窗格。

❸执行上述操作后，即可看到添加的数据标签，如图 6-94 所示。

图 6-93

图 6-94

6.6.3 在数据透视图中筛选查看

数据透视表不同于普通图表的地方在于，其添加的行标签、列标签、值等字段也会显示在图表中，可以通过筛选的方法只比较部分数据，从而更加有针对性地查看各种分析结果。

❶如图 6-95 所示的数据透视图，单击"店面"字段右侧的下拉按钮，在弹出的列表中只，选中想查看的那个店面（也可以一次选中多个选项），如图 6-95 所示。

❷单击"确定"按钮，即可查看只针对"时尚街区店"的图表，如图 6-96 所示。

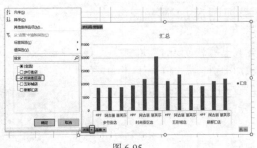

图 6-95

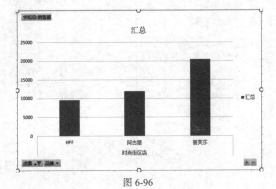

图 6-96

❸ 单击"品牌"字段右侧的下拉按钮，在弹出的列表中取消全选，只选中想查看的品牌，如图 6-97 所示。
单击"确定"按钮可以看到相应的图表，如图 6-98 所示。

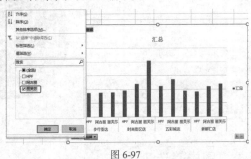

图 6-97

图 6-98

第7章

多表源统计报表呈现

数据透视表不仅能对当前工作表中的数据进行汇总统计，而且能对分表格统计的同类数据（如分月统计的销售数据、分班级统计的考试成绩、分车间统计的生产数据等），即对多个表格的数据进行合并统计。另外，还可以跨工作簿进行统计，这在一些工作场景中是非常实用的。

- ☑ 多表合并统计的报表
- ☑ 不同工作簿数据的合并统计报表
- ☑ 动态多重合并计算的报表

7.1 多表合并计算的分析报表

多重合并计算数据区域的数据透视表可以汇总显示所有数据源表合并计算后的结果，也可以将每个数据源表显示为页字段中的一项，通过页字段中的下拉列表分别显示各个数据表中的汇总数据。图 7-1~ 图 7-3 所示为一张工作簿中的多张工作表，下面介绍创建多表合并数据的数据透视表的步骤。

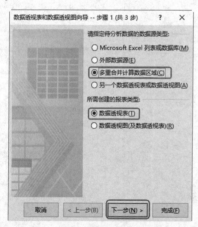

	A	B	C	D
1	序号	日期	类别	金额
2	001	1/8	办公用品采购费	342
3	002	1/11	差旅费	453
4	003	1/1	福利用品采购费	6743
5	004	1/15	设计稿费	4564
6	005	1/17	差旅费	573
7	006	1/21	包装费	544
8	007	1/26	办公用品采购费	343

1月费用 | 2月费用 | 3月费用 | 4月费用

图 7-1

	A	B	C	D
1	序号	日期	类别	金额
2	001	2/3	差旅费	645
3	002	2/6	差旅费	5464
4	003	2/9	办公用品采购费	463
5	004	2/12	包装费	64
6	005	2/16	差旅费	365
7	006	2/20	包装费	576
8	007	2/23	福利用品采购费	7532
9	008	2/26	福利用品采购费	4756
10	009	2/28	设计稿费	974

1月费用 | 2月费用 | 3月费用 | 4月费用

图 7-2

	A	B	C	D
1	序号	日期	类别	金额
2	001	3/2	差旅费	534
3	002	3/6	办公用品采购费	463
4	003	3/8	差旅费	756
5	004	3/11	福利用品采购费	567
6	005	3/15	福利用品采购费	4535
7	006	3/18	包装费	675
8	007	3/21	包装费	767
9	008	3/24	福利用品采购费	7896
10	009	3/26	设计稿费	974
11	010	3/28	设计稿费	674
12	011	3/30	快递费用	974

3月费用 | 4月费用 | 5月费用 | 6月费用

图 7-3

❶单击工作簿中任意一个工作表中的任意单元格，按 Alt+D+P 组合键，弹出“数据透视表和数据透视图向导 - 步骤 1（共 3 步）”对话框，选中“多重合并计算数据区域”单选按钮，在“所需创建的报表类型”栏下选中“数据透视表”单选按钮，如图 7-4 所示。

图 7-4

❷单击“下一步”按钮，弹出“数据透视表和数据透视图向导 - 步骤 2a（共 3 步）”对话框，选中“自定义页字段”单选按钮，单击“下一步”按钮，如图 7-5 所示。弹出“数据透视表和数据透视图向导 - 第 2b 步，共 3 步”对话框，如图 7-6 所示。

❸此时光标位于“选定区域”设置框中，单击右侧的拾取器按钮进入“1 月费用”表中，选中 C1:D8 单元格区域，如图 7-7 所示。

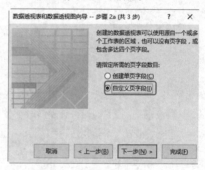

图 7-5

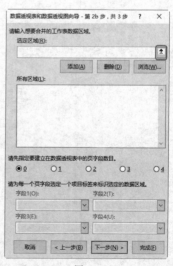

图 7-6

图 7-7

④ 单击拾取器回到"数据透视表和数据透视图向导 - 第 2b 步，共 3 步"对话框中，单击"添加"按钮，将选定的区域添加到"所有区域"列表框中，如图 7-8 所示。重复操作，将各个表中用于创建数据透视表的数据区域都添加至"所有区域"列表中，如图 7-9 所示。

图 7-8

图 7-9

专家提示

因为创建的多重合并计算的数据透视表会默认将首列作为合并行字段，因此要将用于分类汇总统计的标识作为首列，这里要以费用类别分类汇总，所以选择数据区域时要从 C 列开始选择。

⑤ 在"请先指定要建立在数据透视表中的页字段数目"中选中"1"，此时"请为每一个页字段选定一个项目标签来标识选定的数据区域"被激活，在"所有区域"中选中第一个单元格区域，并在"字段1"文本框中输入"1月汇总"，如图 7-10 所示。

图 7-10

⑥ 在"所有区域"中选中第二个单元格区域，并在"字段1"文本框中输入"2月汇总"（见图 7-11），依次重复操作，为各个区域分别指定项目标签，如图 7-12 所示。

图 7-11

149

图 7-12

❼单击"下一步"按钮，进入"数据透视表和数据透视图向导 - 步骤 3（共 3 步）"对话框，选中"新工作表"单选按钮，如图 7-13 所示。

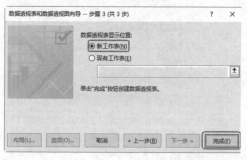

图 7-13

❽单击"完成"按钮，创建的动态数据透视表如图 7-14 所示。

图 7-14

❾默认创建的是全部表的统计结果，如果想查看单表的统计结果，则可以筛选统计。单击页字段右

侧的下拉按钮，弹出下拉菜单，选择需要查看的标签，如图 7-15 所示，单击"确定"，即可实现只查看某个表的汇总结果，如图 7-16 所示。

图 7-15

	A	B	C
1	页1	4月汇总	
2			
3	求和项:值	列标签	
4	行标签	金额	总计
5	办公用品采购费	4567	4567
6	包装费	1530	1530
7	差旅费	8221	8221
8	福利用品采购费	6897	6897
9	设计稿费	675	675
10	总计	21890	21890

图 7-16

专家提示

创建"多重合并计算数据区域"数据透视表时，默认将选择目标区域第一列除列标题外的数据，合并作为"行"字段的项目。本例中要以费用类别分类汇总，所以选择数据区域时要从 C 列开始选择，如果从 A 列开始选择，则建立数据透视表后将找不到分类汇总的依据，建立的数据透视表也达不到分类汇总统计的目的。其余列的第一行数据将合并作为"列"字段项目，除了第一列和第一行以外的数据将合并作为"值"字段的项目。

单击页字段右侧的下拉按钮，弹出下拉菜单，选中"选择多项"复选框，选中任意想查看的多个标签，如图 7-17 所示，单击"确定"按钮，可以查看任意多个表的汇总结果，如图 7-18 所示。

图 7-17

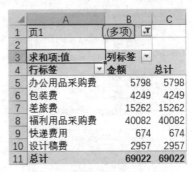

图 7-18

7.2 ▶ 为多表合并计算报表添加筛选页

在上一小节中我们学习到，通过在"页1"字段中筛选可以查看不同表格（各月份的）的统计数据。如果创建的是多页字段、多表合并数据透视表，则还可以筛选查看季度、半年度的汇总数据。

❶ 参照7.1节实例进行到第4步操作。

❷ 在"请先指定要建立在数据透视表中的页字段数目"中选中"2"，此时"请为每一个页字段选定一个项目标签来标识选定的数据区域"被激活两个字段，在"所有区域"中选中第一个单元格区域，并在"字段1"文本框中输入"1月"，在"字段2"文本框中输入"一季度"（因为这个单元格区域既是1月又属于第一季度），如图7-19所示。

❸ 在"所有区域"中选中第二个单元格区域，并在"字段1"文本框中输入"2月"，在"字段2"文本框中输入"一季度"（因为这个单元格区域既是2月又属于第一季度），如图7-20所示。

图 7-19

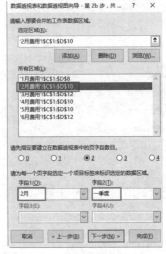

图 7-20

❹ 依次重复操作，为各个区域分别指定项目标签，如图7-21和图7-22所示。

图 7-21

图 7-22

❺ 单击"下一步"按钮，进入"数据透视表和数据透视图向导 - 步骤 3（共 3 步）"对话框，选中"新工作表"单选按钮，如图 7-23 所示。

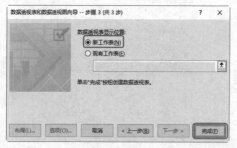

图 7-23

❻ 单击"完成"按钮，创建的动态数据透视表如图 7-24 所示。

图 7-24

❼ 通过"页 1"和"页 2"可以筛选查看统计数据。例如，单击"页 1"右侧的下拉按钮，弹出下拉菜单，选择月份可以实现按月份查看统计结果（也可以一次性选择多月），如图 7-25 所示。

图 7-25

❽ 单击"页 2"右侧的下拉按钮，弹出下拉菜单，选中"一季度"，如图 7-26 所示，单击"确定"按钮，得出的统计结果是前三张数据表（即一季度）的合计结果，如图 7-27 所示。

图 7-26   图 7-27

7.3 ▶ 为两张表格建立数据差异性比较报表

图 7-28 和图 7-29 所示为两个月的费用统计表，要求建立的数据透视表能按费用类别进行汇总，并且能比较相同项目的差异。

图 7-28

图 7-29

❶ 参照 7.1 节实例进行到第 2 步操作，如图 7-30 所示。

❷ 单击"选定区域"右侧拾取器按钮，回到"1 月费用"表中选中 A1:B11 单元格区域，单击"添加"按钮，将单元格区域添加到列表，如图 7-31 所示；按相同方法将"2 月费用"表中 A1:B10 单元格区域也添加到"所有区域"列表框中，如图 7-32 所示。

图 7-30　　　　　　　　　　　图 7-31　　　　　　　　　　　图 7-32

❸ 在"请先指定要建立在数据透视表中的页字段数目"中选中"1"，此时"请为每一个页字段选定一个项目标签来标识选定的数据区域"被激活，在"所有区域"中选中第一个单元格区域，在"字段 1"文本框中输入"1 月费用"；然后在"所有区域"中选中第二个单元格区域，并在"字段 1"文本框中输入"2 月费用"，如图 7-33 所示，完成两个项目标签的创建。

❹ 依次单击"下一步"→"完成"按钮，创建的数据透视表如图 7-34 所示。

❺ 将"列"从列标签区域拖出，再将"页 1"拖入列标签区域，数据透视表的统计结果如图 7-35 所示。

图 7-33

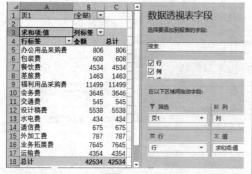

图 7-34

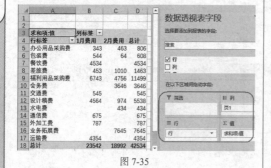

图 7-35

❻ 在"数据透视表工具→设计"选项卡的"布局"组中单击"总计"按钮，在下拉菜单中选择"仅对列启用"命令，如图 7-36 所示，取消行汇总的数据透视表，如图 7-37 所示。

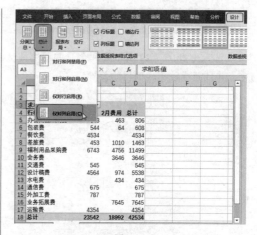

图 7-36

图 7-37

❼ 选中"1月费用"或"2月费用"标签所在的单元格，在"数据透视表工具→分析"选项卡的"计算"组中单击"字段、项目和集"按钮，在下拉列表中选择"计算项"命令，如图 7-38 所示。

图 7-38

❽ 打开"在'页1'中插入计算字段"对话框，输入名称为"差额"，设置公式为"='1月费用'-'2月费用'"，如图 7-39 所示。

❾单击"确定"按钮，可以看到数据透视表中添加了"差额"字段，显示出两个月份各项费用的支出差额，如图7-40所示。

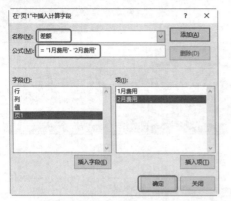

图 7-39

	A	B	C	D
3	求和项:值	列标签		
4	行标签	1月费用	2月费用	差额
5	办公用品采购费	343	463	-120
6	包装费	544	64	480
7	餐饮费	4534		4534
8	差旅费	453	1010	-557
9	福利用品采购费	6743	4756	1987
10	会务费		3646	-3646
11	交通费	545		545
12	设计稿费	4564	974	3590
13	水电费		434	-434
14	通讯费	675		675
15	外加工费	787		787
16	业务拓展费		7645	-7645
17	运输费	4354		4354
18	总计	23542	18992	4550

图 7-40

7.4 ▶ 合并计算不同工作簿中的销售数据

如果源数据位于不同的工作簿中，也可以合并不同工作簿的数据，创建数据透视表。在本例中，一季度与二季度的销售数据分别保存于不同的工作簿中，现在要将这两张工作簿中的数据合并，创建数据透视表。

❶新建一个空白工作簿，并将"一季度销售"与"二季度销售"两个工作簿都打开。

❷选中新工作簿中的任意单元格，参照7.1节实例进行到第2步操作，如图7-41所示。

❸单击"选定区域"右侧的拾取器按钮，切换至"一季度销售"中，在目标工作表中选中销售数据，如图7-42所示。

图 7-41

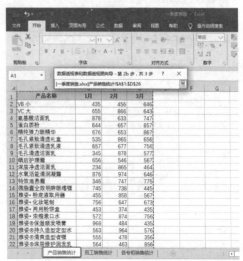

图 7-42

④ 单击拾取器按钮回到"数据透视表和数据透视图向导 - 第 2b 步，共 3 步"对话框中，单击"添加"按钮，将选定的区域添加到"所有区域"列表框中，如图 7-43 所示。

⑤ 重复步骤 3 和步骤 4 的操作，将"二季度销售"工作簿中显示销售数据的区域添加至"所有区域"列表框中，如图 7-44 所示。

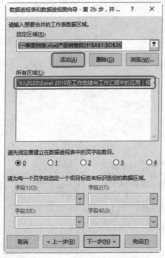

图 7-43

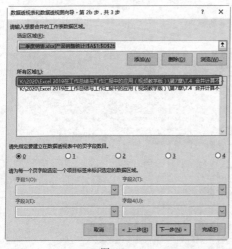

图 7-44

⑥ 在"请先指定要建立在数据透视表中的页字段数目"中选中"1"，此时"请为每一个页字段选定

一个项目标签来标识选定的数据区域"被激活，在"所有区域"中选中第一季度单元格区域，在"字段 1"文本框中输入"1 季度"，如图 7-45 所示。在"所有区域"中选中第二季度单元格区域，并在"字段 1"文本框中输入"2 季度"，如图 7-46 所示。

图 7-45

图 7-46

⑦ 单击"下一步"按钮，进入"数据透视表和数据透视图向导 - 步骤 3（共 3 步）"对话框中，选中"现有工作表"单选按钮，并设置起始单元格为 A1，如图 7-47 所示。

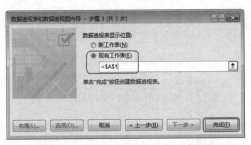

图 7-47

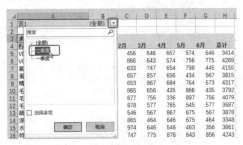

专家提示

在输入字段名称时，一定要看清楚与上面的单元格区域是否对应。在本例中分两个季度，在上面的列表区域中确定选中的是第一个季度的单元格区域，下面的字段名称再输入“一季度”；在上面的列表区域中确定选中的是第二个季度的单元格区域，下面的字段名称再输入“二季度”。

❽单击“完成”按钮，将根据两个工作簿中的销售数据创建合并计算的数据透视表，如图 7-48 所示。

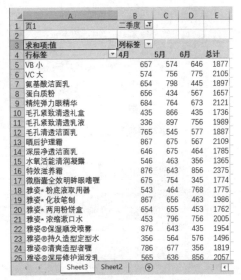

	A	B	C	D	E	F	G	H
1	页1	(全部)						
2								
3	求和项:值	列标签						
4	行标签	1月	2月	3月	4月	5月	6月	总计
5	VB 小	435	456	646	657	574	646	3414
6	VC 大	655	866	643	574	756	775	4269
7	氨基酸洁面乳	878	633	747	654	798	445	4155
8	蛋白质粉	644	657	857	656	434	567	3815
9	精纯弹力眼精华	676	653	867	684	764	673	4317
10	毛孔紧致清透礼盒	535	865	656	435	866	435	3792
11	毛孔紧致清透乳液	657	677	756	336	897	756	4079
12	毛孔清透洁面乳	345	878	577	765	545	577	3687
13	晒后护理霜	656	546	567	867	675	567	3878
14	深层净透洁面乳	234	865	464	646	675	464	3348
15	水氧活能清润凝露	876	974	646	546	463	356	3861
16	特效滋养霜	346	747	775	876	643	856	4243
17	微脂囊全效明眸眼啫喱	745	738	445	675	754	345	3702
18	雅姿* 粉底液取用器	455	858	567	543	464	768	3655
19	雅姿* 化妆笔刨	756	647	673	867	656	463	4062
20	雅姿* 两用粉饼盒	453	374	435	654	655	453	3024
21	雅姿* 浓缩漱口水	572	874	756	453	796	756	4207
22	雅姿®保湿顺发喷雾	968	484	435	876	643	435	3841

Sheet1

图 7-48

❾单击“页 1”右侧的下拉按钮，弹出下拉菜单，可以选择分季度统计的结果。例如选中“二季度”，如图 7-49 所示，单击“确定”按钮，得出的统计结果是二季度的合计结果，如图 7-50 所示。

图 7-49

	A	B	C	D	E
1	页1	二季度			
2					
3	求和项:值	列标签			
4	行标签	4月	5月	6月	总计
5	VB 小	657	574	646	1877
6	VC 大	574	756	775	2105
7	氨基酸洁面乳	654	798	445	1897
8	蛋白质粉	656	434	567	1657
9	精纯弹力眼精华	684	764	673	2121
10	毛孔紧致清透礼盒	435	866	435	1736
11	毛孔紧致清透乳液	336	897	756	1989
12	毛孔清透洁面乳	765	545	577	1887
13	晒后护理霜	867	675	567	2109
14	深层净透洁面乳	646	675	464	1785
15	水氧活能清润凝露	546	463	356	1365
16	特效滋养霜	876	643	856	2375
17	微脂囊全效明眸眼啫喱	675	754	345	1774
18	雅姿* 粉底液取用器	543	464	768	1775
19	雅姿* 化妆笔刨	867	656	463	1986
20	雅姿* 两用粉饼盒	654	655	453	1762
21	雅姿* 浓缩漱口水	453	796	756	2005
22	雅姿®保湿顺发喷雾	876	643	435	1954
23	雅姿®持久造型定型水	356	564	576	1496
24	雅姿®清爽造型者喱	786	677	356	1819
25	雅姿®深层修护润发乳	565	636	856	2057

Sheet3 Sheet2

图 7-50

7.5 按学校名称建立合并招生人数的报表

图 7-51 和图 7-52 所示的两个表格中，“学校名称”有重复名称也有不重复名称，要求将两个表格按学校名称合并各系招生人数，形成一张汇总表。

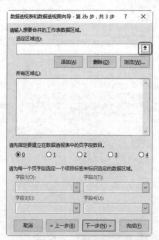

	A	B	C
1	学校名称	中文系（人）	数学系（人）
2	中国人民大学	3	4
3	武汉大学	5	6
4	南京大学	6	4
5	中山大学	3	6
6	国防科技大学	7	4
7	吉林大学	7	7
8	华中科技大学	4	8
9	四川大学	7	4
10	天津大学	3	6
11	西安交通大学	3	3
12	南开大学	4	6
13	中国科技大学	8	7
14	中南大学	5	9

sheet1 | sheet2 | sheet3

图 7-51

	A	B	C
1	学校名称	计算机系（人）	商务系（人）
2	北京师范大学	6	4
3	武汉大学	7	6
4	四川大学	3	8
5	中山大学	9	9
6	国防科技大学	8	4
7	华南理工大学	6	6
8	东南大学	4	7
9	南京大学	7	4
10	同济大学	4	5
11	吉林大学	7	8
12	华中科技大学	9	7
13	厦门大学	3	6
14	天津大学	7	4
15	中南大学		

sheet1 | sheet2 | sheet3

图 7-52

❶ 参照 7.1 节实例进行到第 2 步操作，如图 7-53 所示。

图 7-53

❷ 单击“选定区域”右侧的拾取器按钮，回到 sheet1 表中选中 A1:C14 单元格区域，如图 7-54 所示。

❸ 单击拾取器按钮，回到“数据透视表和数据透视图向导 - 第 2b 步，共 3 步”对话框中，单击“添加”按钮，如图 7-55 所示。按相同的步骤将 sheet2 表中的数据区域也添加到“所有区域”列表框中，如图 7-56 所示。

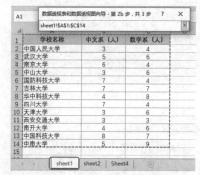

图 7-54

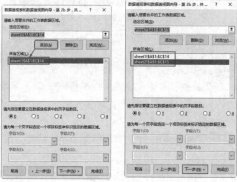

图 7-55

图 7-56

❹ 依次单击“下一步”→“完成”按钮，创建的数据透视表如图 7-57 所示，达到所需要的统计目的。

	A	B	C	D	E	F
2						
3	求和项:值	列标签				
4	行标签	计算机系（人）	商务系（人）	数学系（人）	中文系（人）	总计
5	北京师范大学	6	4			10
6	东南大学	4	7			11
7	国防科技大学	8	4	4	7	23
8	华南理工大学	6	6			12
9	华中科技大学	9	7	8	4	28
10	吉林大学	7	8	7	7	29
11	南京大学	7	4	4	6	21
12	南开大学			6	4	10
13	厦门大学	3	6			9
14	四川大学	3	8	4	7	22
15	天津大学	7	4	6	3	20
16	同济大学	4	5			9
17	武汉大学	7	6	6	5	24
18	西安交通大学			3	3	6
19	中国科技大学			7	8	15
20	中国人民大学			4	3	7
21	中南大学	5	4	9	5	23
22	中山大学	9	9	6	3	27
23	总计	85	82	74	65	306

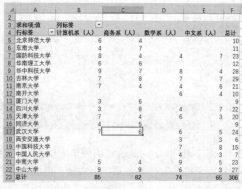

图 7-57

7.6 创建动态多重合并计算的报表

如果各工作表中的源数据会不断发生变化，那么在创建多重合并计算的数据透视表时，应创建动态的数据透视表，从而实现当各表格中数据变化时，数据透视表能实时更新。图 7-58~图 7-60 所示为三张表格中的不同产品的销售数据，产品名称有重复的，也有不重复的。以此为例介绍创建动态多重合并计算数据透视表的步骤。

产品名称	数量	金额
氨基酸洁面乳	43	4565
蛋白质粉	63	8674
精纯弹力眼精华	56	3453
毛孔紧致清透礼盒	76	5674
晒后护理霜	34	6784
深层净透洁面乳	64	6745
水氧活能清润凝露	78	7896
特效滋养霜	37	3536
微脂囊全效明眸眼嘻喱	45	7866
雅姿·粉底液取用器	76	5633
雅姿·化妆笔刨	53	6754
雅姿·两用粉饼盒	65	7805
雅姿·浓缩漱口水	85	3630
雅姿®保湿顺发喷雾	84	5450
雅姿®持久造型定型水	65	5604
营养餐盒	53	4370
珍珠白晶彩焕颜修容霜	43	7532
珍珠白亮采紧致眼部菁华	54	8907
珍珠亮白洁面乳	98	5645

图 7-58

产品	数量	金额
毛孔紧致清透乳液	87	8543
毛孔清透洁面乳	64	7667
晒后护理霜	78	5754
深层净透洁面乳	64	8546
水氧活能清润凝露	94	7553
特效滋养霜	56	5408
微脂囊全效明眸眼嘻喱	67	9080
雅姿·粉底液取用器	75	8570
雅姿·化妆笔刨	75	6430
雅姿·两用粉饼盒	53	7438
雅姿·浓缩漱口水	97	6456
雅姿®保湿顺发喷雾	56	4456
雅姿®持久造型定型水	34	6369
雅姿®清爽造型者喱	67	5363
雅姿®深层修护润发乳	65	8687
营养餐盒	43	5563
珍珠白晶彩焕颜修容霜	76	8790
珍珠白亮采紧致眼部菁华	53	7456
珍珠亮白洁面乳	65	6742

图 7-59

产品	数量	金额
毛孔紧致清透礼盒	66	4533
毛孔紧致清透乳液	89	6753
毛孔清透洁面乳	67	8794
晒后护理霜	76	6567
深层净透洁面乳	35	5366
水氧活能清润凝露	89	7563
特效滋养霜	64	6756
微脂囊全效明眸眼嘻喱	82	7545
VB 小	56	5384
VC 大	85	6575
氨基酸洁面乳	53	6563
蛋白质粉	95	7673
精纯弹力眼精华	42	6759
珍珠白晶彩焕颜修容霜	76	4564
珍珠白亮采紧致眼部菁华	54	8633
珍珠亮白洁面乳	54	7678
雅姿®保湿顺发喷雾	98	5345
雅姿®清爽造型者喱	67	8632
雅姿®深层修护润发乳	85	7586

图 7-60

❶ 选中"销售 1 部"数据表中的任意单元格，在"插入"选项卡的"表格"组中单击"表格"按钮，如图 7-61 所示。

产品名称	数量	金额
氨基酸洁面乳	43	4565
蛋白质粉	63	8674
精纯弹力眼精华	56	3453
毛孔紧致清透礼盒	76	5674
晒后护理霜	34	6784
深层净透洁面乳	64	6745
水氧活能清润凝露	78	7896
特效滋养霜	37	3536
微脂囊全效明眸眼嘻喱	45	7866
雅姿·粉底液取用器	76	5633

图 7-61

❷ 弹出"创建表"对话框，其中"表数据的来源"默认自动显示为当前数据区域，取消选中"表包含标题"复选框（此设置是关键），如图 7-62 所示。

创建表

表数据的来源(W)：
$A$1:$C$20

☐ 表包含标题(M)

确定　　取消

图 7-62

❸ 单击"确定"按钮，即可将表格创建为一个名称为"表 1"的动态区域，如图 7-63 所示。

❹ 按相同的方法，将"销售 2 部"工作表与"销售 3 部"工作表的数据区域全部创建为动态区域，默认名称是"表 2""表 3"。

❺ 参照 7.1 节实例进行到第 2 步操作，在"选定区域"框中输入"表 1"，单击"添加"按钮将其添加至"所有区域"列表框中，如图 7-64 所示。

列1		
产品名称	数量	金额
氨基酸洁面乳	43	4565
蛋白质粉	63	8674
精纯弹力眼精华	56	3453
毛孔紧致清透礼盒	76	5674
晒后护理霜	34	6784
深层净透洁面乳	64	6745
水氧活能清润凝露	78	7896
特效滋养霜	37	3536
微脂囊全效明眸眼嘻喱	45	7866
雅姿·粉底液取用器	76	5633
雅姿·化妆笔刨	53	6754
雅姿·两用粉饼盒	65	7805
雅姿·浓缩漱口水	85	3630
雅姿®保湿顺发喷雾	84	5450
雅姿®持久造型定型水	65	5604
营养餐盒	53	4370
珍珠白晶彩焕颜修容霜	43	7532
珍珠白亮采紧致眼部菁华	54	8907

图 7-63

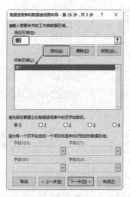

图 7-64

❻重复相同的操作，依次将“表 2”“表 3”添加至“所有区域”列表框中，如图 7-65 所示。

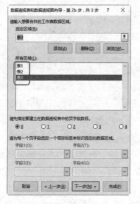

图 7-65

❼单击“下一步”→“完成”按钮，创建的数据透视表即可对三张表格的数据进行合并统计，如图 7-66 所示。

	A	B	C	D
3	求和项:值	列标签		
4	行标签	金额	数量	总计
5	VB 小	5384	56	5440
6	VC 大	6575	85	6660
7	氨基酸洁面乳	11128	96	11224
8	蛋白质粉	16347	158	16505
9	精纯弹力眼精华	10212	98	10310
10	毛孔紧致清透礼盒	10207	142	10349
11	毛孔紧致清透乳液	15296	176	15472
12	毛孔清透洁面乳	16461	131	16592
13	晒后护理霜	19105	188	19293
14	深层净透洁面乳	20657	163	20820
15	水氧活能清润凝露	23012	261	23273
16	特效滋养霜	15700	157	15857
17	微脂囊全效明眸眼啫喱	24491	194	24685
18	雅姿* 粉底液取用器	14203	151	14354
19	雅姿* 化妆笔刨	13184	128	13312
20	雅姿* 两用粉饼盒	15243	118	15361
21	雅姿* 浓缩漱口水	10086	182	10268
22	雅姿®保湿顺发喷雾	15451	238	15689
23	雅姿®持久造型定型水	11973	99	12072
24	雅姿®清爽造型者喱	13995	134	14129
25	雅姿®深层修护润发乳	16273	150	16423
26	营养餐盒	9933	96	10029
27	珍珠白晶彩焕颜修容霜	20886	195	21081
28	珍珠白亮采紧致眼部菁华	24996	161	25157
29	珍珠亮白洁面乳	20065	217	20282
30	总计	380863	3774	384637

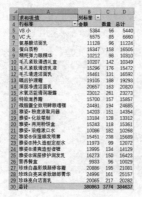

图 7-66

❽在三张表格中添加数据时，表格区域会自动扩展，只要刷新数据透视表，即可得到更新后的统计结果。例如“雅姿 * 两用粉饼盒”这项数据的当前统计数量为“118”，如图 7-67 所示。如果在“销售 3 部”表格中新增加了数据条目，如图 7-68 所示，刷新数据透视表后会重新获取更新后的统计结果，如图 7-69 所示。

	A	B	C	D
4	行标签	金额	数量	总计
5	VB 小	5384	56	5440
6	VC 大	6575	85	6660
7	氨基酸洁面乳	11128	96	11224
8	蛋白质粉	16347	158	16505
9	精纯弹力眼精华	10212	98	10310
10	毛孔紧致清透礼盒	10207	142	10349
11	毛孔紧致清透乳液	15296	176	15472
12	毛孔清透洁面乳	16461	131	16592
13	晒后护理霜	19105	188	19293
14	深层净透洁面乳	20657	163	20820
15	水氧活能清润凝露	23012	261	23273
16	特效滋养霜	15700	157	15857
17	微脂囊全效明眸眼啫喱	24491	194	24685
18	雅姿* 粉底液取用器	14203	151	14354
19	雅姿* 化妆笔刨	13184	128	13312
20	雅姿* 两用粉饼盒	15243	118	15361
21	雅姿* 浓缩漱口水	10086	182	10268
22	雅姿®保湿顺发喷雾	15451	238	15689
23	雅姿®持久造型定型水	11973	99	12072
24	雅姿®清爽造型者喱	13995	134	14129
25	雅姿®深层修护润发乳	16273	150	16423
26	营养餐盒	9933	96	10029

销售1部 | Sheet2 | 销售2部 | 销售3部

图 7-67

	A	B	C
1	列1	列2	列3
2	产品	数量	金额
3	毛孔紧致清透礼盒	66	4533
4	毛孔紧致清透乳液	89	6753
5	毛孔清透洁面乳	67	8794
6	晒后护理霜	76	6567
7	深层净透洁面乳	35	5366
8	水氧活能清润凝露	89	7563
9	特效滋养霜	64	6756
10	微脂囊全效明眸眼啫喱	82	7545
11	VB 小	56	5384
12	VC 大	85	6575
13	氨基酸洁面乳	53	6563
14	蛋白质粉	95	7673
15	精纯弹力眼精华	42	6759
16	珍珠白晶彩焕颜修容霜	76	4564
17	珍珠白亮采紧致眼部菁华	54	8633
18	珍珠亮白洁面乳	54	7678
19	雅姿®保湿顺发喷雾	98	5345
20	雅姿®清爽造型者喱	67	8632
21	雅姿®深层修护润发乳	85	7586
22	雅姿* 两用粉饼盒	10	1260
23			

销售1部 | Sheet2 | 销售2部 | 销售3部

图 7-68

	A	B	C	D
4	行标签	金额	数量	总计
5	VB 小	5384	56	5440
6	VC 大	6575	85	6660
7	氨基酸洁面乳	11128	96	11224
8	蛋白质粉	16347	158	16505
9	精纯弹力眼精华	10212	98	10310
10	毛孔紧致清透礼盒	10207	142	10349
11	毛孔紧致清透乳液	15296	176	15472
12	毛孔清透洁面乳	16461	131	16592
13	晒后护理霜	19105	188	19293
14	深层净透洁面乳	20657	163	20820
15	水氧活能清润凝露	23012	261	23273
16	特效滋养霜	15700	157	15857
17	微脂囊全效明眸眼啫喱	24491	194	24685
18	雅姿* 粉底液取用器	14203	151	14354
19	雅姿* 化妆笔刨	13184	128	13312
20	雅姿* 两用粉饼盒	16503	128	16631
21	雅姿* 浓缩漱口水	10086	182	10268
22	雅姿®保湿顺发喷雾	15451	238	15689
23	雅姿®持久造型定型水	11973	99	12072

图 7-69

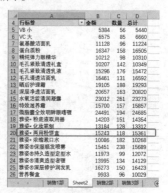

第8章

销售数据汇总

销售数据是日常工作数据中最常见的一种，无论是何种领域产生的销售数据都可以在 Excel 中运用相应的工具进行统计分析，最终形成总结报表，同时还可以运用图表直观地展示数据。

- ☑ 筛选查看销售数据
- ☑ 分类汇总销售数据
- ☑ 销售数据的透视分析报表
- ☑ 销售员业绩报表
- ☑ 常用于销售数据分析的图表

8.1 筛选查看销售数据

在销售数据分析过程中，通过筛选条件的设置可快速查看到目的数据。

8.1.1 按客户筛选

无论按什么条件进行筛选，首先要添加自动筛选，然后选择对应的字段，进行查看。

❶选中数据区域中的任意一个单元格，在"数据"选项卡的"排序和筛选"组中单击"筛选"按钮，如图 8-1 所示。

图 8-1

❷单击"收货方"右侧的下拉按钮，在弹出的菜单中取消选中所有复选框，选择收货方为"贵州品威贸易有限公司"（见图 8-2），单击"确定"按钮，即可查看目标客户的所有记录，如图 8-3 所示。

图 8-2

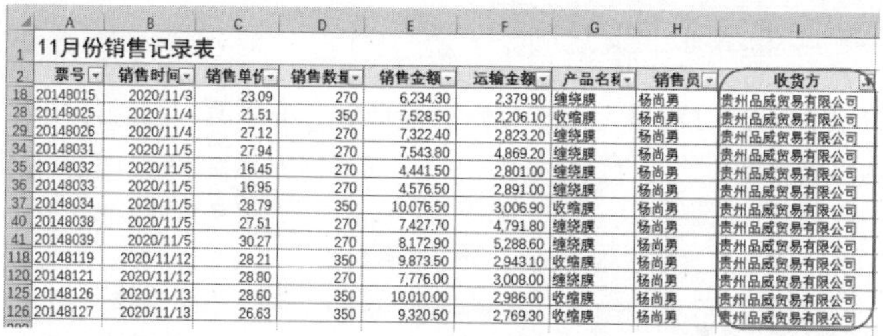

	A	B	C	D	E	F	G	H	I
1	11月份销售记录表								
2	票号	销售时间	销售单价	销售数量	销售金额	运输金额	产品名称	销售员	收货方
18	20148015	2020/11/3	23.09	270	6,234.30	2,379.90	缠绕膜	杨尚勇	贵州品威贸易有限公司
28	20148025	2020/11/4	21.51	350	7,528.50	2,206.10	收缩膜	杨尚勇	贵州品威贸易有限公司
29	20148026	2020/11/4	27.12	270	7,322.40	2,823.20	缠绕膜	杨尚勇	贵州品威贸易有限公司
34	20148031	2020/11/5	27.94	270	7,543.80	4,869.20	缠绕膜	杨尚勇	贵州品威贸易有限公司
35	20148032	2020/11/5	16.45	270	4,441.50	2,801.00	缠绕膜	杨尚勇	贵州品威贸易有限公司
36	20148033	2020/11/5	16.95	270	4,576.50	2,891.00	缠绕膜	杨尚勇	贵州品威贸易有限公司
37	20148034	2020/11/5	28.79	350	10,076.50	3,006.90	收缩膜	杨尚勇	贵州品威贸易有限公司
40	20148038	2020/11/5	27.51	270	7,427.70	4,791.80	缠绕膜	杨尚勇	贵州品威贸易有限公司
41	20148039	2020/11/5	30.27	270	8,172.90	5,288.60	缠绕膜	杨尚勇	贵州品威贸易有限公司
118	20148119	2020/11/12	28.21	350	9,873.50	2,943.10	收缩膜	杨尚勇	贵州品威贸易有限公司
120	20148121	2020/11/12	28.80	270	7,776.00	3,008.00	缠绕膜	杨尚勇	贵州品威贸易有限公司
125	20148126	2020/11/13	28.60	350	10,010.00	2,986.00	收缩膜	杨尚勇	贵州品威贸易有限公司
126	20148127	2020/11/13	26.63	350	9,320.50	2,769.30	收缩膜	杨尚勇	贵州品威贸易有限公司

图 8-3

8.1.2 按货品名称筛选

按货品名称筛选就是使用“产品名称”字段进行筛选和查看。因为在 8.1.1 小节中已经进行了一次筛选，所以再次进行筛选时需要取消原来的筛选。

❶选中数据区域中的任意一个单元格，在“数据”选项卡的“排序和筛选”组中单击“清除”按钮，删除前一次的筛选，如图 8-4 所示。

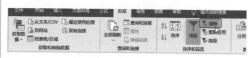

图 8-4

❷单击“产品名称”右侧的下拉按钮，在展开的菜单中取消选中所有复选框，选择产品名称为“亚膜”（见图 8-5），单击“确定”按钮即可查看指定产品的所有记录，如图 8-6 所示。

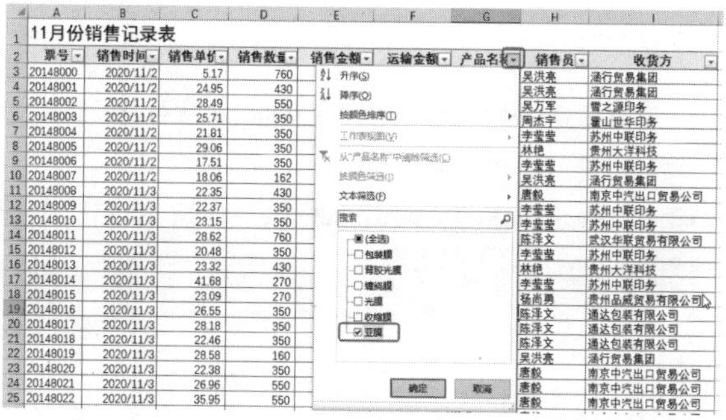

图 8-5

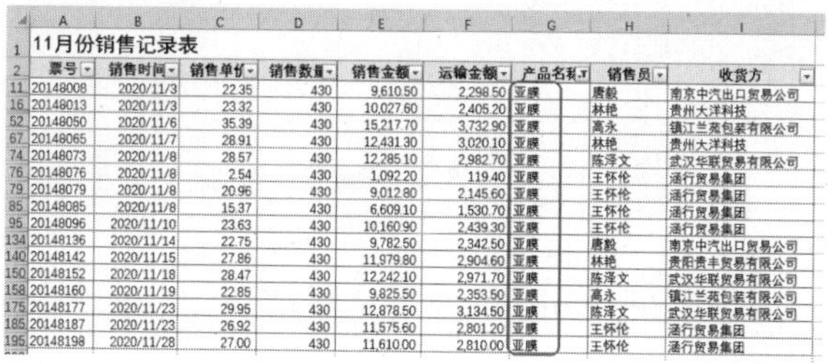

	A	B	C	D	E	F	G	H	I
1	11月份销售记录表								
2	票号	销售时间	销售单价	销售数量	销售金额	运输金额	产品名称	销售员	收货方
11	20148008	2020/11/3	22.35	430	9,610.50	2,298.50	亚膜	唐毅	南京中汽出口贸易公司
16	20148013	2020/11/3	23.32	430	10,027.60	2,405.20	亚膜	林艳	贵州大洋科技
52	20148050	2020/11/6	35.39	430	15,217.70	3,732.90	亚膜	高永	镇江兰苑包装有限公司
67	20148065	2020/11/7	28.91	430	12,431.30	3,020.10	亚膜	林艳	贵州大洋科技
74	20148073	2020/11/8	28.57	430	12,285.10	2,982.70	亚膜	陈泽文	武汉华联贸易有限公司
76	20148076	2020/11/8	2.54	430	1,092.20	119.40	亚膜	王怀伦	涵行贸易集团
79	20148079	2020/11/8	20.96	430	9,012.80	2,145.60	亚膜	王怀伦	涵行贸易集团
85	20148085	2020/11/8	15.37	430	6,609.10	1,530.70	亚膜	王怀伦	涵行贸易集团
95	20148096	2020/11/10	23.63	430	10,160.90	2,439.30	亚膜	王怀伦	涵行贸易集团
134	20148136	2020/11/14	22.75	430	9,782.50	2,342.50	亚膜	唐毅	南京中汽出口贸易公司
140	20148142	2020/11/15	27.86	430	11,979.80	2,904.60	亚膜	林艳	贵阳贵丰贸易有限公司
150	20148152	2020/11/18	28.47	430	12,242.10	2,971.70	亚膜	陈泽文	武汉华联贸易有限公司
158	20148160	2020/11/19	22.85	430	9,825.50	2,353.50	亚膜	高永	镇江兰苑包装有限公司
175	20148177	2020/11/23	29.95	430	12,878.50	3,134.50	亚膜	陈泽文	武汉华联贸易有限公司
185	20148187	2020/11/23	26.92	430	11,575.60	2,801.20	亚膜	王怀伦	涵行贸易集团
195	20148198	2020/11/28	27.00	430	11,610.00	2,810.00	亚膜	王怀伦	涵行贸易集团

图 8-6

专家提示

进行筛选查看后，如果后续可能继续使用筛选的结果，可以将筛选结果复制到其他空白工作表中。根据实际工作需要，还可以修饰筛选结果，生成新的报表。

8.1.3 同时满足双条件的筛选

同时满足双条件的筛选方法是：先进行一次筛选后，不取消，然后再按第二个字段筛选一次。本例中将筛选出收货方为"涵行贸易集团"且产品名称为"收缩膜"的所有销售记录。

❶ 单击"收货方"右侧的下拉按钮，在展开的菜单中取消选中所有复选框，选择第一个筛选条件"涵行贸易集团"（见图8-7），单击"确定"按钮完成第一个条件的筛选。

图 8-7

❷ 在第1步的筛选结果下，单击"产品名称"右侧的下拉按钮，选择第二个筛选条件"收缩膜"（见图8-8），单击"确定"按钮，得到的筛选结果即为同时满足双条件的结果，如图8-9所示。

图 8-8

图 8-9

8.2 分类汇总销售数据

根据日常销售情况记录下来的销售数据,在期末时通常要进行汇总统计,这也是工作报告中的必要内容。

8.2.1 汇总单日销售额

在单日对应多条销售记录的表格中,通常需要汇总单日销售额。

❶ 如果日期是混乱的,可选中"销售时间"列中任意单元格,在"数据"选项卡的"排序和筛选"组中单击"升序"按钮,先执行一次排序,如图 8-10 所示。

图 8-10

❷ 在"数据"选项卡的"分级显示"组中单击"分类汇总"按钮(见图 8-11),打开"分类汇总"对话框。

图 8-11

❸ 设置"分类字段"为"销售时间","汇总方式"采用默认的"求和",在"选项汇总项"中选中"销售金额"复选框,如图 8-12 所示。

❹ 单击"确定"按钮,可以看到按单日销售额汇总的结果,如图 8-13 所示。

图 8-12

图 8-13

8.2.2 汇总各类别货品的总交易金额

无论是按店铺、按货品类别，还是按销售员统计交易金额，都可以使用分类汇总的功能来实现。

❶ 选中"产品名称"列中任意单元格，在"数据"选项卡的"排序和筛选"组中单击"升序"按钮，执行一次排序（将相同的产品名称排序到一起），如图 8-14 所示。

❷ 在"数据"选项卡的"分级显示"组中单击"分类汇总"按钮，打开"分类汇总"对话框。设置"分类字段"为"产品名称"，"汇总方式"采用默认的"求和"，在"选定汇总项"列表框中选中"销售金额"复选框，如图 8-15 所示。

图 8-14

图 8-15

❸ 单击"确定"按钮，可以看到按单日销售额汇总的结果，如图 8-16 所示。

图 8-16

专家提示

分类汇总的结果通常显示在每个分类的底部，为了便于查阅，通常会单击左上的分级按钮，只显示出分类汇总结果，让其他数据隐藏。

8.3 销售数据透视表

数据透视表在销售数据的分析报表生成中扮演着极其重要的角色，可以从多个角度分析数据，并快速生成分析报表。

8.3.1 重点客户分析报表

在各时段期末对客户的交易额进行汇总统计并排序，则可以实现对重点客户的分析，为后期制定营销策略提供依据。

❶ 选中数据表中的任意单元格，在"插入"选项卡的"表格"组中单击"数据透视表"按钮（见图 8-17），打开"创建数据透视表"对话框，如图 8-18 所示。

图 8-17

图 8-18

❷ 保持默认设置，单击"确定"按钮，即可创建一个数据透视表。将"收货方"字段拖到"行"区域中，将"销售金额"字段拖动到"值"区域中，如图 8-19 所示。

图 8-19

❸ 选中"求和项：销售金额"列下任意单元格，在"数据"选项卡的"排序和筛选"组中单击"降

序"按钮，执行一次排序，如图 8-20 所示。

图 8-20

❹ 选中数据透视表中任意单元格，在"数据透视表工具 - 设计"选项卡的"布局"组中单击"报表布局"按钮，在弹出的下拉菜单中选择"以大纲形式显示"命令，如图 8-21 所示。这一步操作是为了让"收货方"这样的字段名称能显示出来（见图 8-22），默认将被折叠，所以这个布局的更改对于生成报表是必要的。

图 8-21

图 8-22

⑤将B3单元格的名称更改为更加贴合分析目的的名称。选中单元格后，在编辑栏中重新编辑文字，如图 8-23 所示。

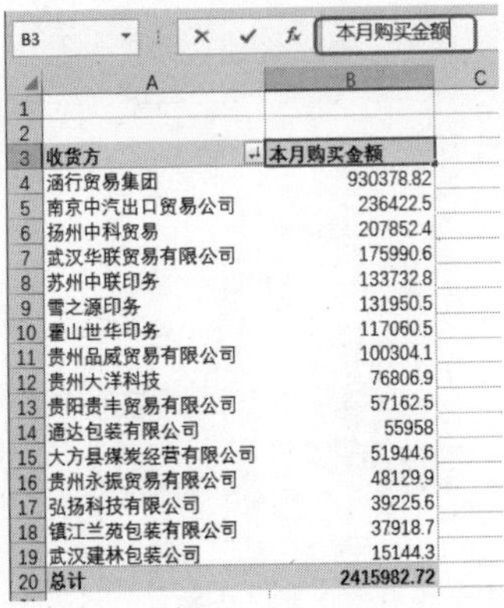

B3 本月购买金额

	A	B
1		
2		
3	收货方	本月购买金额
4	涵行贸易集团	930378.82
5	南京中汽出口贸易公司	236422.5
6	扬州中科贸易	207852.4
7	武汉华联贸易有限公司	175990.6
8	苏州中联印务	133732.8
9	雪之源印务	131950.5
10	霍山世华印务	117060.5
11	贵州品威贸易有限公司	100304.1
12	贵州大洋科技	76806.9
13	贵阳贵丰贸易有限公司	57162.5
14	通达包装有限公司	55958
15	大方县煤炭经营有限公司	51944.6
16	贵州永振贸易有限公司	48129.9
17	弘扬科技有限公司	39225.6
18	镇江兰苑包装有限公司	37918.7
19	武汉建林包装公司	15144.3
20	总计	2415982.72

图 8-23

⑥为报表添加标题文字与边框，最终效果如图 8-24 所示，可以直观地看到哪些客户是本期的重点客户。

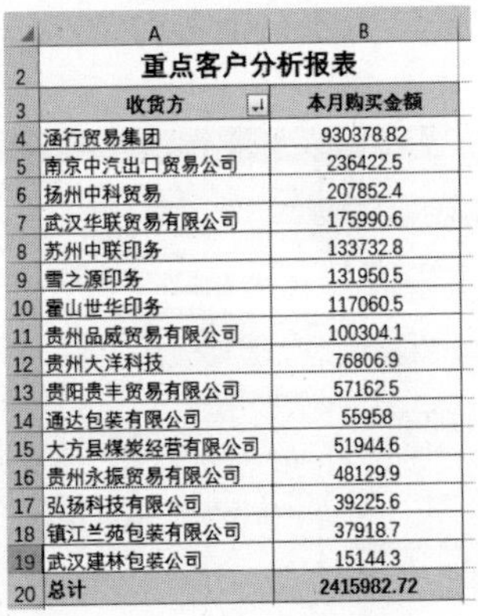

	A	B
2	重点客户分析报表	
3	收货方	本月购买金额
4	涵行贸易集团	930378.82
5	南京中汽出口贸易公司	236422.5
6	扬州中科贸易	207852.4
7	武汉华联贸易有限公司	175990.6
8	苏州中联印务	133732.8
9	雪之源印务	131950.5
10	霍山世华印务	117060.5
11	贵州品威贸易有限公司	100304.1
12	贵州大洋科技	76806.9
13	贵阳贵丰贸易有限公司	57162.5
14	通达包装有限公司	55958
15	大方县煤炭经营有限公司	51944.6
16	贵州永振贸易有限公司	48129.9
17	弘扬科技有限公司	39225.6
18	镇江兰苑包装有限公司	37918.7
19	武汉建林包装公司	15144.3
20	总计	2415982.72

图 8-24

8.3.2 各产品销售额占比分析报表

各产品销售额占比分析报表也是销售数据分析中的常用报表。可以直接复制“重点客户分析报表”，然后重新设置字段来生成。

❶选中“重点客户分析报表”的工作表标签，按 Ctrl 键的同时按鼠标左键拖动（见图 8-25），释放鼠标即可复制工作表，如图 8-26 所示。接着在复制得到的工作表标签上双击鼠标进入文字编辑状态，输入工作表名称为“销售额占比分析报表”，如图 8-27 所示。

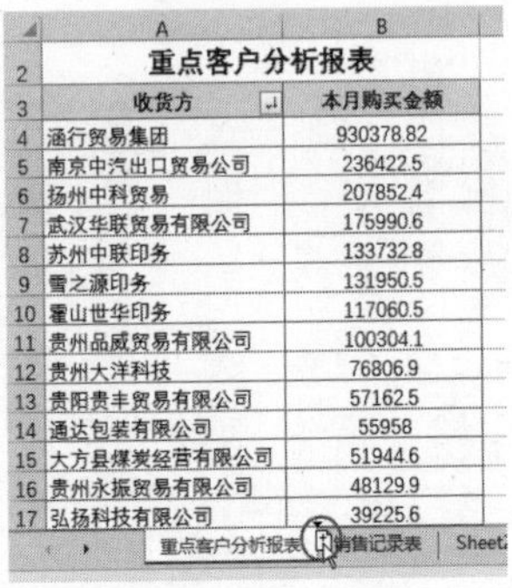

	A	B
2	重点客户分析报表	
3	收货方	本月购买金额
4	涵行贸易集团	930378.82
5	南京中汽出口贸易公司	236422.5
6	扬州中科贸易	207852.4
7	武汉华联贸易有限公司	175990.6
8	苏州中联印务	133732.8
9	雪之源印务	131950.5
10	霍山世华印务	117060.5
11	贵州品威贸易有限公司	100304.1
12	贵州大洋科技	76806.9
13	贵阳贵丰贸易有限公司	57162.5
14	通达包装有限公司	55958
15	大方县煤炭经营有限公司	51944.6
16	贵州永振贸易有限公司	48129.9
17	弘扬科技有限公司	39225.6

图 8-25

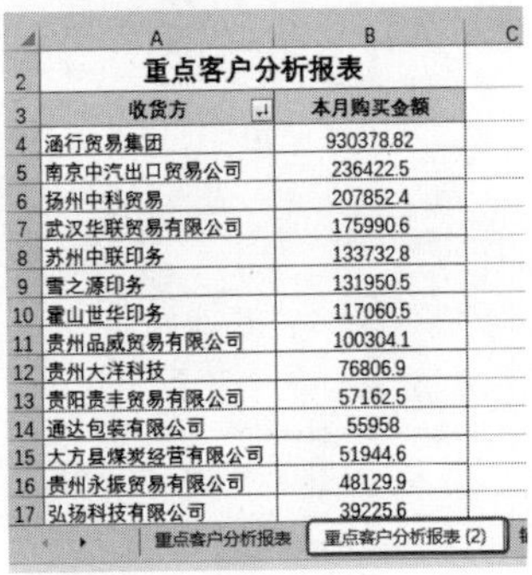

	A	B
2	重点客户分析报表	
3	收货方	本月购买金额
4	涵行贸易集团	930378.82
5	南京中汽出口贸易公司	236422.5
6	扬州中科贸易	207852.4
7	武汉华联贸易有限公司	175990.6
8	苏州中联印务	133732.8
9	雪之源印务	131950.5
10	霍山世华印务	117060.5
11	贵州品威贸易有限公司	100304.1
12	贵州大洋科技	76806.9
13	贵阳贵丰贸易有限公司	57162.5
14	通达包装有限公司	55958
15	大方县煤炭经营有限公司	51944.6
16	贵州永振贸易有限公司	48129.9
17	弘扬科技有限公司	39225.6

图 8-26

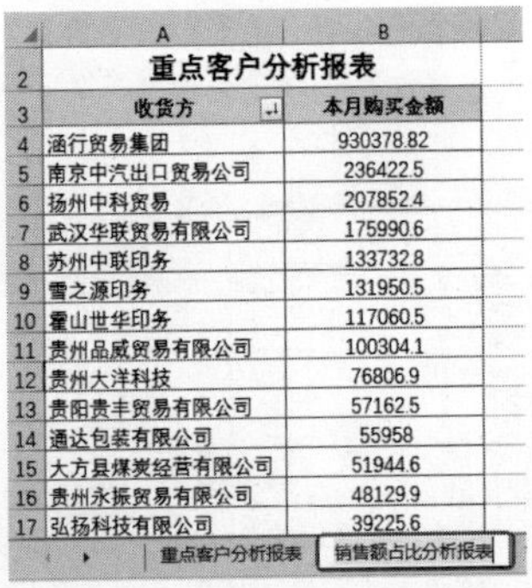

	A	B
2	重点客户分析报表	
3	收货方	本月购买金额
4	涵行贸易集团	930378.82
5	南京中汽出口贸易公司	236422.5
6	扬州中科贸易	207852.4
7	武汉华联贸易有限公司	175990.6
8	苏州中联印务	133732.8
9	雪之源印务	131950.5
10	霍山世华印务	117060.5
11	贵州品威贸易有限公司	100304.1
12	贵州大洋科技	76806.9
13	贵阳贵丰贸易有限公司	57162.5
14	通达包装有限公司	55958
15	大方县煤炭经营有限公司	51944.6
16	贵州永振贸易有限公司	48129.9
17	弘扬科技有限公司	39225.6

图 8-27

❷重新设置报表的字段。将“产品名称”字段拖到“行”区域中，将“销售金额”字段拖动到“值”区域中，如图 8-28 所示。注意，不需要的字段直接拖出即可。

图 8-28

💡 **知识扩展**

　　设置字段时需要在字段列表中操作，如果由于误操作关闭了任务窗格，此时需要进行恢复，其操作方法如下。

　　在"数据透视表工具 - 分析"选项卡的"显示"组中单击"字段列表"按钮，使其处于点亮状态，即可恢复该任务窗格的显示。

　　使用数据透视表统计出各产品的销售金额后，可通过创建图表直观地比较各产品总销售额的占比情况。

❶ 选中"求和项：销售金额"列下任意单元格，在"数据"选项卡"排序和筛选"组中单击"降序"按钮进行排序，如图 8-29 所示。

	A	B	C	D
1				
2	**销售额占比分析报表**			
3	产品名称	求和项:销售金额 ↓		
4	包装膜	702072.04		
5	光膜	558794.5		
6	收缩膜	402962		
7	背胶光膜	386384.88		
8	缠绕膜	199428.1		
9	亚膜	166341.2		
10	总计	2415982.72		

图 8-29

❷ 选中数据透视表中的任意单元格，在"数据透视表工具 - 分析"选项卡的"工具"组中单击"数据透视图"按钮，如图 8-30 所示。

图 8-30

❸ 打开"插入图表"对话框，选择图表类型为"饼图"，如图 8-31 所示。单击"确定"按钮创建图表，如图 8-32 所示。

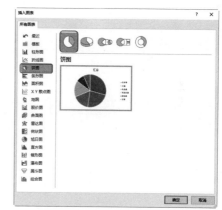

图 8-31

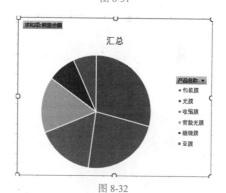

图 8-32

❹ 选中图表，单击右侧的"图表元素"按钮，在弹出的下拉列表中依次选择"数据标签"→"更多选项"命令，如图 8-33 所示。

❺ 打开"设置数据标签格式"对话框，分别选中"类别名称"和"百分比"复选框，如图 8-34 所示。切换到"数字"标签下，选择数字类别为"百分比"，并设置小数位数为"2"，如图 8-35 所示。

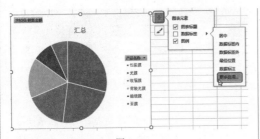

图 8-33

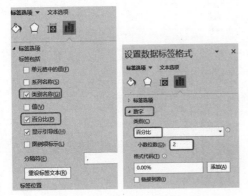

图 8-34　　　　　图 8-35

❻ 完成设置后可以看到图表中添加了数据标签。还可以为图表添加标题，并对图表的字体进行美化，同时将销售额占比较高的标签进行放大处理，以增强图表的视觉效果，如图 8-36 所示。

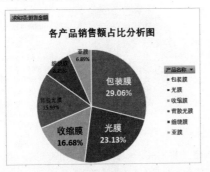

图 8-36

查看各收货方下的细分产品，可以分析不同客户对各类产品的需求情况。

❶ 复制前面的创建数据透视表，重新更改表格的标签名称与报表名称，将"收货方"字段拖到"行"区域中，接着将"产品名称"字段拖到"行"区域中放在"收货方"的下方，将"销售金额"字段拖动到"值"区域中，如图 8-37 所示。注意，不需要的字段直接拖出即可。

图 8-37

❷ 将 C3 单元格中的名称更改为"本月购买金额"，更加能贴合当前的分析目的，如图 8-38 所示。

	A	B	C	D
2	各客户需求产品明细报表			
3	收货方 ▼	产品名称 ▼	本月购买金额	
4	⊟大方县煤炭经营有限公司		51944.6	
5		包装膜	20869.6	
6		缠绕膜	31075	
7	⊟贵阳贵丰贸易有限公司		57162.5	
8		包装膜	20618.8	
9		缠绕膜	6039.9	
10		光膜	18524	
11		亚膜	11979.8	
12	⊟贵州大洋科技		76806.9	
13		光膜	23485	
14		收缩膜	30863	
15		亚膜	22458.9	
16	⊟贵州品威贸易有限公司		100304.1	

图 8-38

单日销售额排序报表也可以使用数据透视表功能快速建立。

❶ 复制前面创建的数据透视表，重新更改表格的标签名称与报表名称，将"销售时间"字段拖到"行"区域中，将"销售金额"字段拖动到"值"区域中，如图 8-39 所示。注意，不需要的字段直接拖出即可。

Excel 2019 在工作总结与汇报中的典型应用（视频教学版）

图 8-39

② 选中"求和项：销售金额"列下任意单元格，在"数据"选项卡的"排序和筛选"组中单击"降

序"按钮，执行一次排序（见图 8-40），即可使统计结果从大到小排序，如图 8-41 所示。

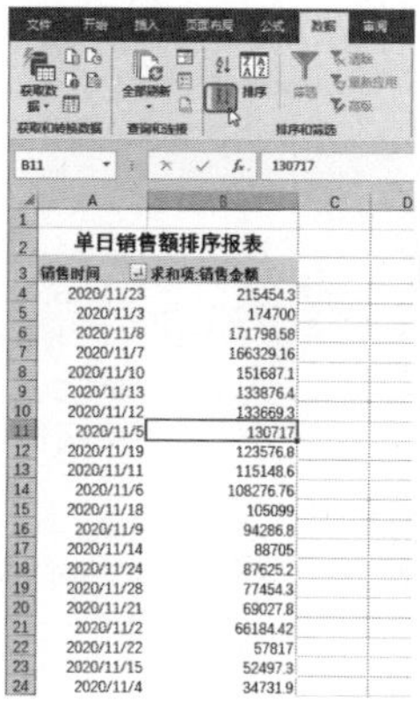

图 8-40

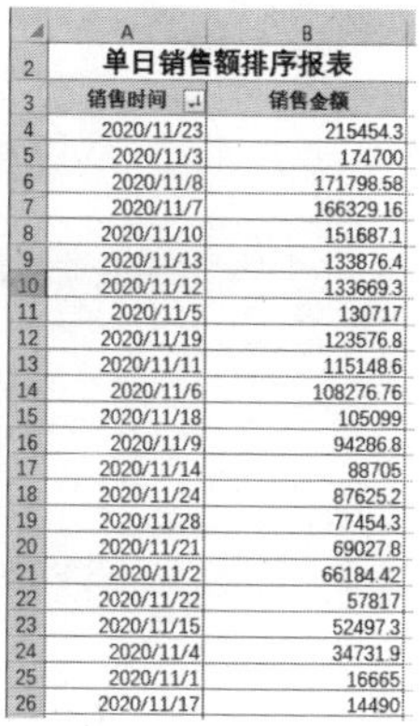

图 8-41

8.4 销售员业绩报表

销售员业绩报表是进行月奖金核算时的一个重要报表，根据汇总的本期总业绩可以进行奖金金额的核算，这两项核算都可以使用数据透视表来完成。

8.4.1 销售员业绩核算报表

复制前面创建的数据透视表，重新更改表格的标签名称与报表名称，将"销售员"字段拖到"行"区域中，将"销售金额"字段拖动到"值"区域中，即可统计出每位销售员的销售金额，如图 8-42 所示。注意，不需要的字段直接拖出即可。

图 8-42

8.4.2 销售员业绩提成核算报表

为了快速计算出各位销售员的业绩提成奖金，可在统计出大家的总业绩之后，为其添加计算字段，实现自动计算。

本例规定：如果业绩小于等于 100 000 元，则提成率为 0.02；如果业绩大于 100 000 元，则提成率为 0.05。

① 在"数据透视表工具 - 分析"选项卡的"计算"选项组中单击"字段、项目和集"按钮，在下拉菜单中选择"计算字段"命令，如图 8-43 所示，打开"插入计算字段"对话框，如图 8-44 所示。

图 8-43

② 在"名称"框中输入名称，如"销售提成"，在公式编辑栏中删除"0"，输入公式：=IF(销售金

额 <=100 000，销售金额 *0.02，销售金额 *0.05)，如图 8-45 所示。

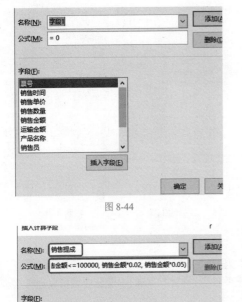

图 8-44

图 8-45

③ 单击"确定"按钮，即可在"销售金额"后面显示"销售提成"字段，计算出各销售员的销售提成，如图 8-46 所示。

④ 接着将 B3 与 C3 单元格中的名称更改一下，形成最终的统计报表，如图 8-47 所示。

	A	B	C
2	销售员业绩核算报表		
3	销售员 ▼	求和项:销售金额	求和项:销售提成
4	陈亮	39225.6	784.51
5	陈泽文	231948.6	11,597.43
6	付安勇	167557.2	8,377.86
7	高永	37918.7	758.37
8	李雯萋	86948.7	1,738.97
9	林艳	133969.4	6,698.47
10	刘兵	40295.2	805.90
11	唐毅	236422.5	11,821.13
12	王怀伦	528640.44	26,432.02
13	王军	46784.1	935.68
14	吴洪亮	401738.38	20,086.92
15	吴万军	147094.8	7,354.74
16	杨尚勇	148434	7,421.70
17	姚安秀	51944.6	1,038.89
18	周杰宇	117060.5	5,853.03
19	总计	2415982.72	120,799.14

图 8-46

	A	B	C
2	销售员业绩核算报表		
3	销售员 ▼	销售金额	销售提成
4	陈亮	39225.6	784.51
5	陈泽文	231948.6	11,597.43
6	付安勇	167557.2	8,377.86
7	高永	37918.7	758.37
8	李雯萋	86948.7	1,738.97
9	林艳	133969.4	6,698.47
10	刘兵	40295.2	805.90
11	唐毅	236422.5	11,821.13
12	王怀伦	528640.44	26,432.02
13	王军	46784.1	935.68
14	吴洪亮	401738.38	20,086.92
15	吴万军	147094.8	7,354.74
16	杨尚勇	148434	7,421.70
17	姚安秀	51944.6	1,038.89
18	周杰宇	117060.5	5,853.03
19	总计	2415982.72	120,799.14

图 8-47

专家提示

修改数据透视表的字段名称时，有一点需要注意，即修改后的名称不能与现有字段重名，否则不允许修改。如图 8-47 所示，删除了"求和项:"字样后，"销售金额"与"销售提成"字段与原字段名重合，所以不允许修改，此时可在文本前面添加一个空格。

8.5 实际销量与计划销量对比图

企业一般都会在每期初始根据本企业产品的市场供需状况、以往业绩、自身经营能力等制定营销计划，以引导本期的正确销售。在计划时间内运营一段时间后，企业一般都会将实际营销业绩与计划做一个比较，以考查计划的完成度。建立图表则可以更加直观地比较销售数据，辅助做出总结与下期决策。在呈现此类信息时，我们可以使用虚实两条折线，一般将计划销量使用虚线表示，实际销量采用实线表示，如图 8-48 所示。

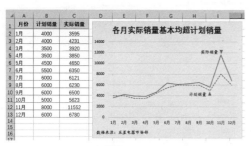

图 8-48

❶ 在本例的数据表中，选中 A1:C13 单元格区域，在"插入"选项卡的"图表"组中单击"插入折线图或面积图"下拉按钮，弹出下拉菜单，如图 8-49所示。

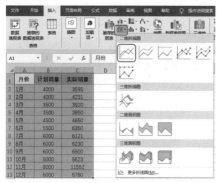

图 8-49

❷ 单击"折线图"图表类型，即可新建图表，如图 8-50 所示。

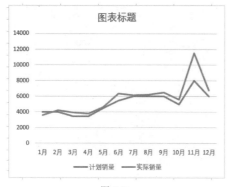

图 8-50

❸ 选中"实际销量"折线，在"绘图工具 - 格式"选项卡的"形状样式"组中单击"形状轮廓"命令按钮，在弹出的列表中选择"粗细"命令，在子菜

单中重新选择线条的粗细值，本例将粗细设为"1.5磅"，如图 8-51 所示。

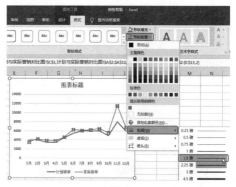

图 8-51

❹ 选中"计划销量"折线，在"绘图工具 - 格式"选项卡的"形状样式"组中单击"形状轮廓"命令按钮，在打开的列表中选择"虚线"命令，在子菜单中设置线条使用虚线样式，如图 8-52 所示。

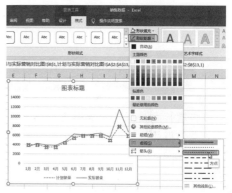

图 8-52

❺ 为图表添加标题文字，选中图表，在"插入"选项卡的"插图"组中单击"形状"按钮，在弹出的列表中选择"等腰三角形"命令（见图 8-53），在图表中绘制图形，如图 8-54 所示。

图 8-53

❻ 选中图形，在"绘图工具 - 格式"选项卡的

"排列"组中单击"旋转对象"按钮，在弹出的列表中选择"垂直翻转"命令，如图8-55所示。接着在图形旁添加文本框，并输入系列名称文字，如图8-56所示。

各月实际销量基本均超计划销量

图 8-54

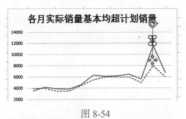

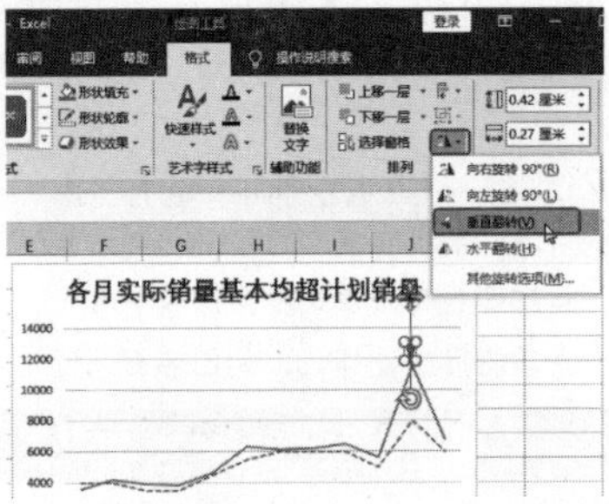

图 8-55

8.6 ▶ 产品销售增长率分析图表

销售增长率是反映企业单位运营状况，预测企业发展趋势的重要指标之一。许多用户在总结企业过去的运营状况时，都会以图表形式直观地呈现销售增长率的变化，如图8-57。

在制作图前，将相关的销售数据录入工作表中，并计算出销售增长率。销售增长率的计算公式为：销售增长率＝（本年销售额－上年销售额）÷上年销售额。

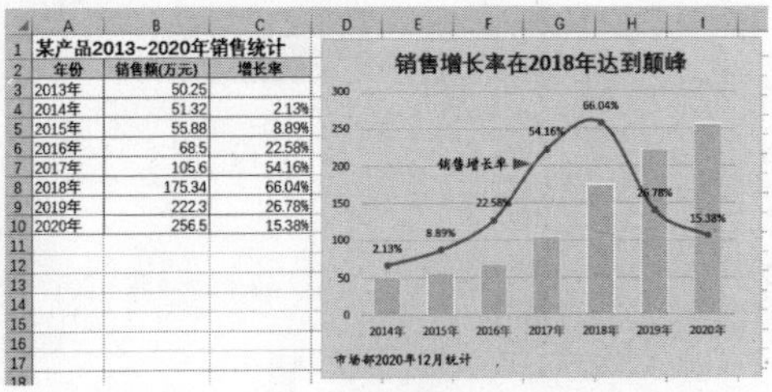

图 8-57

各月实际销量基本均超计划销量

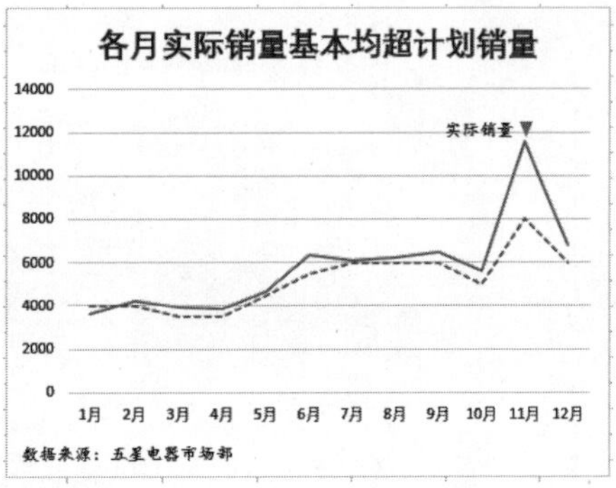

图 8-56

⑦按相同的方法，在"计划销量"系列旁绘制指引图形及添加文本框。

专家提示

在图表中绘制等腰三角形及添加文本框的作用是为了达到指引的作用。这种表达方式可以让图表的显示效果更加明显，同时也极大地提升了图表的美感及专业程度。

❶在工作表中，选中A4:C10单元格区域，在"插入"选项卡的"图表"组中单击"推荐的图表"（如图8-58所示），打开"插入图表"对话框。

图 8-58

❷左侧列表中显示的都是推荐的图表，第一个图表就是我们所需要的复合型图表。选中该图表，如图8-59所示。

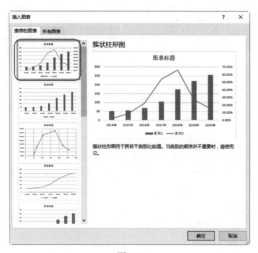

图 8-59

③单击"确定"按钮，创建的图表如图 8-60 所示，可以看到百分比值直接绘制到了次坐标轴上，这也正是我们所需要的图表效果。

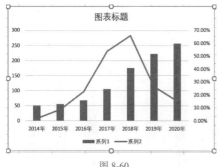

图 8-60

④在次坐标轴上双击鼠标，打开"设置坐标轴格式"右侧窗格，展开"标签"栏，单击"标签位置"右侧的下拉按钮，选择"无"命令（见图 8-61），隐藏次坐标轴的标签，如图 8-62 所示。

图 8-61

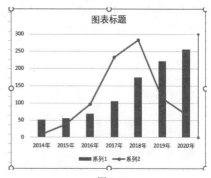

图 8-62

专家提示

注意，这项操作可隐藏次坐标轴的标签，而不是删除它。如果直接选中次坐标轴的标签并按 Delete 键，则会删除次坐标轴，是错误的做法。

⑤选中图表，单击右上角的"图表元素"按钮，鼠标选择"数据标签"，在弹出的列表中选择"上方"命令，如图 8-63 所示。

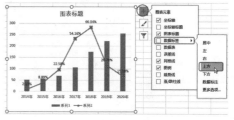

图 8-63

⑥在折线上双击鼠标，打开"设置数据系列格式"右侧窗格，单击"填充与线条"标签按钮，选中"平滑线"复选框，让折线图显示为平滑线效果，如图 8-64 所示。

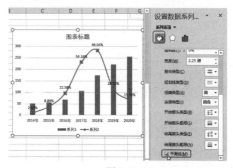

图 8-64

⑦ 在图表的柱形上双击鼠标，打开"设置数据系列格式"右侧窗格，将"间隙宽度"处的值更改为"100%"，即减小间隙，增大柱子的宽度，如图8-65所示。

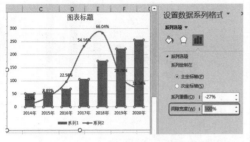

图 8-65

8.7 企业营收结构变化图

在统计企业的运营状况时，通常会统计不同产品在总销售额中的比重，用于衡量公司营销收入重心的变化。要想衡量一段时间内公司营收结构的变化，可以使用百分比堆积柱形图来呈现。如图8-66所示是某品牌服饰两种不同风格服务的销售比例结构。

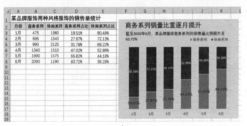

图 8-66

❶ 选中 A2:C8 单元格区域，在"插入"选项卡的"图表"组中单击"插入柱形图和条形图"下拉按钮，弹出下拉菜单，如图8-67所示。

图 8-67

⑧ 为图表添加标题、脚注等信息。接着按上一例相同的方法，在图表中添加三角形和文本框，以更加着重地显示"销售增长率"这个系列。

专家提示

因为选择数据源时是没有标签的，因此系列的名称自动生成为"系列1""系列2"。可以在图表中采用手工添加的方式进行处理，既标注清晰，又美化图表。

❷ 选择"百分比堆积柱形图"图表类型，即可新建图表，如图8-68所示。

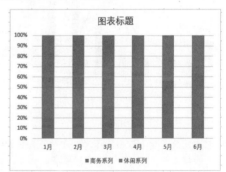

图 8-68

❸ 选中饼图，单击右上角的"图表元素"按钮，在弹出的菜单中选择"数据标签"，再在子菜单中选择"更多选项"命令（见图8-69），打开"设置数据标签格式"右侧窗格。

❹ 单击"标签选项"按钮，先取消选中所有默认的复选框，选中"单元格中的值"复选框，此时会立即弹出一个对话框，如图8-70所示。

❺ 单击对话框右侧的拾取器按钮，在数据表中选择D3:D8单元格区域，添加数据标签，如图8-71所示。

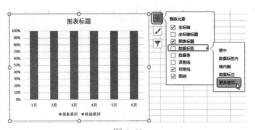

图 8-69

图 8-70

某品牌服饰两种风格服饰的销售量统计				
月份	商务系列	休闲系列	商务系列占比	休闲系列占比
1月	475	1960	19.51%	80.49%
2月	595	1540	27.87%	72.13%
3月	990	2125	31.78%	68.22%
4月	1340	1510	47.02%	52.98%
5月	1990	1575	55.82%	44.18%
6月	2090	1190	63.72%	36.28%

图 8-71

⑥ 单击"确定"按钮，可以看到为"商务系列"添加了百分比数据标签，如图 8-72 所示。按相同的方法为"休闲"系列添加数据标签，添加后图表如图 8-73 所示。

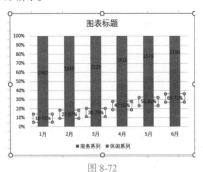

图 8-72

图 8-73

专家提示

在百分比堆积柱形图中添加数据标签时，只能显示值，而不能显示百分比，因此我们在源数据旁对百分比值进行计算，并使用步骤 4～步骤 6 添加百分比数据标签。

⑦ 在图表的柱形上双击鼠标，打开"设置数据系列格式"右侧窗格，将"间隙宽度"处的值更改为"70%"（见图 8-74），图表中将减小间隙，增大柱子的宽度，如图 8-75 所示。

图 8-74

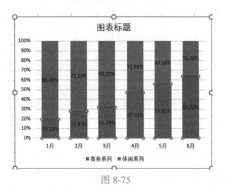

图 8-75

⑧ 为图表添加标题、副标题，并移动图例到合适的位置。另外，因为图表中已经显示了百分比值，达到了想要的表达效果，因此可以选中垂直轴，按 Delete 键将垂直轴删除。

8.8 ▶ 自选时段销售数据动态查询

柱形图常用来分析企业产品在某段时间内的销售情况，如果时段较长，而又不能使用更高一级的时间单位进行统计（如将日销量换成月销量），这时就需要使用动态查询图表来呈现销售数据。在这种动态图表中，用户可以根据需要选择要查看的开始日期和结束日期，图表则会根据所选的时段进行绘制。图表效果如图 8-76 和图 8-77 所示。

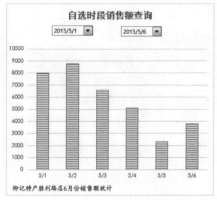

图 8-76

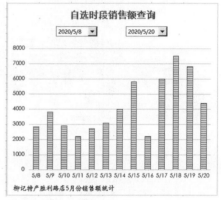

图 8-77

此图表我们主要分三个主要步骤来实现。

第一步：制作控件，指定起始日期和结束日期。

第二步：用名称表示日期和对应的销售额。

第三步：制作图表。

❶ 首次使用控件时需要进行添加，可以将其添加到快速访问工具栏中，以方便使用。在左上角快速访问工具栏中单击"自定义快速访问工具栏"按钮，在下拉列表中选择"其他命令"（见图 8-78），打开"Excel 选项"对话框。选择"'开发工具'选项卡"，在列表中选择"插入控件"，单击"添加"按钮将其添加到右侧，如图 8-79 所示。单击"确定"按钮即可添加到快速访问工具栏，如图 8-80 所示。

❷ 假设源数据如图 8-81 所示。首先在 D3、E3 单元格中输入辅助数据，它们控制显示开始日期与结束日期，这两个单元格在后面建立名称时需要引用。然后选中 F3 单元格，在编辑栏中输入：=$E$3-$D$3+1，用于计算开始日期与结束日期之间的天数，

如图 8-81 所示。

❸ 选择"组合框"控件（见图 8-82），然后在空白位置上绘制控件。在控件上右击鼠标，选择"设置控件格式"命令（见图 8-83），打开"设置控件格式"对话框，设置数据区域为源数据表中显示日期的单元格区域，设置单元格链接为 D3 单元格，如图 8-84 所示。

图 8-78

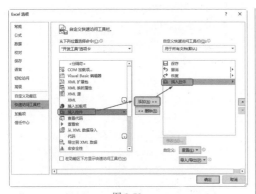

图 8-79

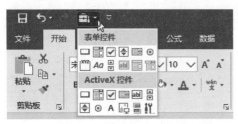

图 8-80

图 8-81

图 8-82

图 8-83

图 8-84

❹ 按相同方法再添加一个控件,设置控件格式时只要改变链接单元格为 E3 单元格即可,如图 8-85 所示。添加控件后,可以单击控件右侧的下拉按钮,从列表中选择起始日期与结束日期,如图 8-86 所示。

图 8-85

图 8-86

⑤ 在"公式"选项卡"定义名称"组中选择"定义名称"命令（见图 8-87），打开"新建名称"对话框。

图 8-87

⑥ 在"名称"框中输入"动态日期"，引用位置为"=OFFSET（Sheet1!$A$2，Sheet1!$D$3，0，Sheet1!$F$3，1）"，如图 8-88 所示。按相同方法再次打开"新建名称"对话框。在"名称"框中输入"动态数据"，引用位置为"=OFFSET（Sheet1!$B$2，Sheet1!$D$3，0，Sheet1!$F$3，1）"，如图 8-89 所示。

图 8-88

图 8-89

专家提示

OFFSET 函数以指定的引用为参照系，通过给定偏移量得到新的引用，并指定返回的行数或列数。返回的引用可以为一个单元格或单元格区域。OFFSET 函数共有 5 个参数，前 3 个参数是必需的，后两个参数可以省略，如果同时省略第 4 和第 5 个参数，返回为单个值，否则返回的是一个数组。函数语法如下：

OFFSET(reference,rows,cols,height,width)

- reference：表示作为偏移量参照系的引用区域。
- rows：表示相对于偏移量参照系的左上角单元格，上（下）偏移的行数。
- cols：表示相对于偏移量参照系的左上角单元格，左（右）偏移的列数。
- height：高度，即要返回的引用区域的行数。
- width：宽度，即要返回的引用区域的列数。

公式"=OFFSET（Sheet1!$A$2，Sheet1! $D$3，0，Sheet1!$F$3，1）"表示以 A2 单元格作为参照，向下偏移量由 D3 单元格的值指定，返回的一列数组的行数由 F3 单元格的值指定。公式"=OFFSET（Sheet1!$B$2，Sheet1!$D$3，0，Sheet1!$F$3，1）"表示以 B2 单元格作为参照，向下偏移量由 D3 单元格的值指定，返回的一列数组的行数由 F3 单元格的值指定。也就是将"日期"列和"销售额"列的数据都建立为动态名称，后面建立图表时再引用这两项名称。

⑦ 接着选中任意一个空白单元格，在"插入"选项卡的"图表"组中创建空白的簇状柱形图，在图表上单击鼠标右键，选择"选择数据"命令（见图 8-90），打开"选择数据"对话框。在"图例项（系列）"栏中单击"添加"按钮（见图 8-91），打开

"编辑数据系列"对话框，设置系列值为之前定义的名称"动态数据"，如图 8-92 所示。

图 8-90

图 8-91

图 8-92

⑧ 单击"确定"按钮回到"选择数据源"对话框，在"水平轴标签"栏中单击"编辑"按钮，设置轴标签为之前定义的名称"动态日期"，如图 8-93 所示。定义后回到"选择数据源"对话框，如图 8-94 所示。

图 8-93

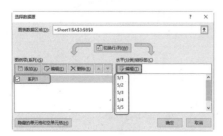

图 8-94

⑨ 单击"确定"按钮可以看到空白的图表显示出了数据，如图 8-95 所示；并且图表显示数据可以通过控件对日期的调节而不断改变，如图 8-96 所示。

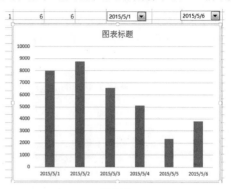

图 8-95

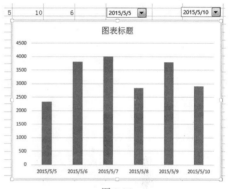

图 8-96

⑩ 最后将控件移到图表中，添加图表标题、资料来源等相关信息，对图表进行相应的美化，效果如图 8-97 所示。

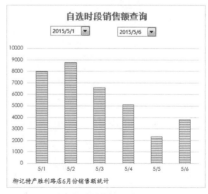

图 8-97

8.9 ▶ 统计不同月份多个销售分部的销售数据图表

当企业存在多个销售分部时，有时需要呈现某个销售分部在不同时段的销售数据；有时需要同时呈现多个销售分部在不同时段的销售数据。对于后者，我们可以用如图8-98和图8-99所示的图表来呈现数据。通过对不同销售分部的选择，图表会自动绘制全年的销售额统计比较的情况。

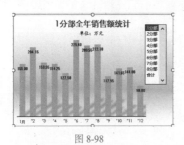

图 8-98

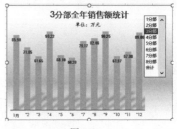

图 8-99

❶先定义两个静态的名称，并在B12单元格中输入辅助数字，先随意输入一个。这两个静态名称和辅助数字单元格在后面建立动态名称时要使用。选中B1单元格，在名称框中输入"分部"并按Enter键，如图8-100所示；选中C1:N1单元格区域，在名称框中输入"月份"并按Enter键，如图8-101所示。

图 8-100

图 8-101

❷在"公式"选项卡"定义的名称"组中单击"定义名称"按钮，打开"新建名称"对话框，新建名称为"系列名称"，引用位置为"=OFFSET(分部,Sheet1!$B$12,0)"，如图8-102所示。按相同的方法新建名称为"系列值"，引用位置为"=OFFSET(月份,Sheet1!$B$12,0)"，如图8-103所示。

图 8-102

图 8-103

专家提示

公式"=OFFSET(分部,Sheet1!$B$12,0)"表示以"分部"这个名称指定的单元格为参照，取向下偏移的行数为"Sheet1!$B$12"中指定值，即当"Sheet1!$B$12"为1时，返回向下偏移1行处的值；当"Sheet1!$B$12"为2时，返回向下偏移2行处的值。公式"=OFFSET(月份,Sheet1!$B$12,0)"表示以"月份"这个名称指定的单元格为参照，取向下偏移的行数为"Sheet1!$B$12"中指定值。因此这个数据的动态情况由"Sheet1!$B$12"中的值来控制。

❸创建空白的簇状柱形图，在图表上单击鼠标右键，选择"选择数据"命令（见图8-104），打开"选择数据源"对话框，如图8-105所示。

图 8-104

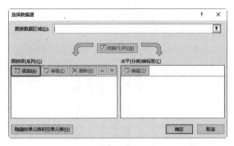

图 8-105

❹单击"添加"按钮，设置系列名称为前面定义的"系列名称"名称，设置系列值为前面定义的"系列值"名称，如图8-106所示。单击"确定"按钮返回到"选择数据源"对话框中，在"水平轴标签"栏中单击"编辑"按钮（见图8-107），回到数据源中选择水平轴标签为C1:N1单元格区域，如图8-108所示。

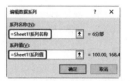

图 8-106

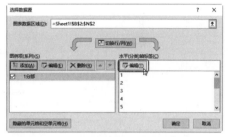

图 8-107

	A	B	C	D	E	F	G	H	I	J	K	L	M	N
1		分部名称	1	2	3	4	5	6	7	8	9	10	11	12
2		1分部	155.00	204.15	158.95	154.25	127.50	225.40	209.55	212.10	117.95	141.65	144.00	90.00
3		2分部	160	152.6	174.9			6.56		159.5	171.32	155.60	86.50
4		3分部	85.90	71.85	61.65			2.46		90.25	61.87	67.00	89.00
5		4分部	78.00	68.75	83.55			1.38		73.35	81.21	23.68	25.50
6		5分部	120.00	128.95	97.15			8.98		98.95	99.01	111.65	113.40
7		6分部	100.00	168.45	262.25			1.74		245.65	261.43	143.63	158.80
8		7分部	35	30.3	55.6			6.92		31.8	51.54	68.00	45.10
9		8分部	11.57	25	45.1	17.8	12.5	11.5	11.8	14.5	13.8	12.8	28.9	12.40
10		合计	745.47	850.05	939.15	888.82	833.40	923.62	889.93	904.64	831.25	880.83	742.46	620.70

图 8-108

❺完成上述操作后，依次单击"确定"按钮，可以看到原来空白的图表显示了数据系列，如图8-109所示。

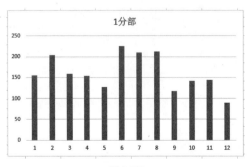

图 8-109

❻选择"列表框"控件（见图8-110），然后在图表的空白位置上绘制控件。在控件上右击鼠标，选择"设置控件格式"命令（见图8-111），打开"设置控件格式"对话框。

图 8-110

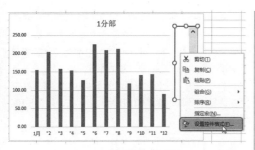

图 8-111

❼ 设置"数据源区域"为 B2:B10 单元格区域，设置"单元格链接"为 B12 单元格，如图 8-112 所示。单击"确定"按钮，可以看到图表的列表框中已经可选中的不同分部了，如图 8-113 所示。

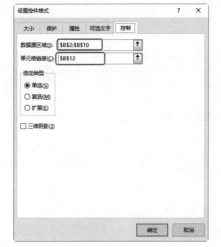

图 8-112

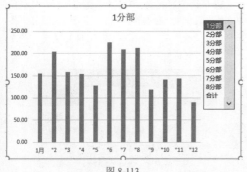

图 8-113

❽ 选中 B14 单元格，在编辑栏中输入公式"=系列名称&"全年销售额统计""，如图 8-114 所示。接着选中图表标题，在编辑栏中输入公式"=Sheet1!$B$14"，如图 8-115 所示。这一步的操作是为了建立一个可随图表一起变动的动态名称。

图 8-114

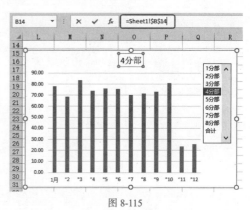

图 8-115

❾ 通过在列表框中切换分部名称，可以看到图表标题与图形都能动态显示，如图 8-116 所示。

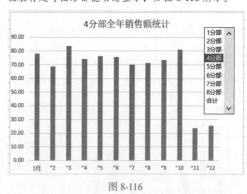

图 8-116

❿ 最后可以对图表的外观、字体等进行美化处理。

第9章

员工考勤、加班数据汇总

考勤是人力资源部门一项重要的工作，通过对考勤数据的分析，可以了解员工的出勤状况、部门的缺勤和满勤率情况等。另外，对加班数据的核算也是十分必要的，一方面它与当月的薪酬有关，另一方面也能促使企业分析加班原因，对日常工作做出更加合理的安排。

- ☑ 建立考勤情况统计表
- ☑ 多角度分析考勤数据
- ☑ 加班费核算表及分析报表
- ☑ 不同性质加班费的核算报表

9.1 考勤数据分析报表

人力资源部门拿到员工当月考勤情况记录后，可以配合函数生成当月的考勤情况统计表。依据这张考勤情况统计表，可以派生出多个分析报表，如月出勤率统计报表、满勤率统计报表、各部门缺勤情况的比较分析报表等。

9.1.1 建立考勤情况统计表

"考勤表"里的数据是人事部门的工作人员根据实际考勤情况手工记录的，主要是针对异常数据进行记录，如事假、病假、出差、旷工等，其他未特殊标记的即为正常出勤。对员工的本月出勤情况进行记录后，在月末需要建立考勤情况统计表，以统计出各员工本月应当出勤天数、实际出勤天数、请假天数、迟到次数等，最终计算出因异常出勤的应扣工资及满勤奖等数据。

本例以如图 9-1 所示的考勤表为基础，来建立考勤情况统计表。

图 9-1

1. 本月出勤数据统计

❶ 在表格中选中 E3 单元格，在编辑栏中输入公式：

=COUNTIF(考勤表 !D4:AG4,"")

按 Enter 键，即可返回第一位员工的实际出勤天数，如图 9-2 所示。

图 9-2

专家提示

本月实际出勤数据即为 D4:AG4 区域中空白单元格的个数。因为考勤表中只显示异常出勤的记录，凡是正常出勤的显示空白，因此空单元格的个数就是正常出勤的天数。

❷ 在表格中选中 F3 单元格，在编辑栏中输入公式：

=COUNTIF(考勤表 !D4:AG4,$F$2)

按 Enter 键，即可返回第一位员工的出差天数，如图 9-3 所示。

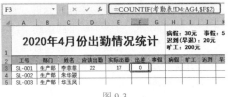

图 9-3

❸在表格中选中 G3 单元格，在编辑栏中输入公式：

=COUNTIF(考勤表 !D4:AG4,$G$2)

按 Enter 键，即可返回第一位员工的事假天数，如图 9-4 所示。

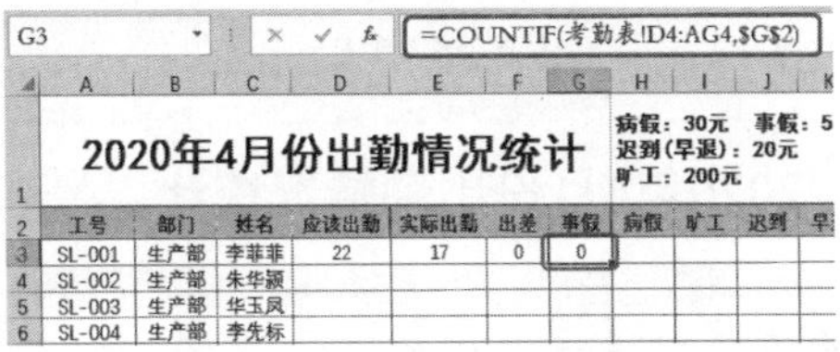

图 9-4

❹在表格中选中 H3 单元格，在编辑栏中输入公式：

=COUNTIF(考勤表 !D4:AG4,$H$2)

按 Enter 键，即可返回第一位员工的病假天数，如图 9-5 所示。

图 9-5

❺在表格中选中 I3 单元格，在编辑栏中输入公式：

=COUNTIF(考勤表 !D4:AG4,$I$2)

按 Enter 键，即可返回第一位员工的旷工天数，如图 9-6 所示。

图 9-6

❻在表格中选中 J3 单元格，在编辑栏中输入公式：

=COUNTIF(考勤表 !D4:AG4,$J$2)

按 Enter 键，即可返回第一位员工的迟到次数，

如图 9-7 所示。

图 9-7

❼在表格中选中 K3 单元格，在编辑栏中输入公式：

=COUNTIF(考勤表 !D4:AG4,$K$2)

按 Enter 键，即可返回第一位员工的早退次数，如图 9-8 所示。

图 9-8

❽在表格中选中 L3 单元格，在编辑栏中输入公式：

=COUNTIF(考勤表 !D4:AG4,$L$2)

按 Enter 键，即可返回第一位员工的旷（半）次数，如图 9-9 所示。

图 9-9

❾选中 D3:L3 单元格区域，向下填充公式，一次性返回其他员工各项假别的天数和次数，如图 9-10所示。

图 9-10

2. 计算满勤奖与应扣金额

根据考勤统计结果，可以计算出满勤奖与应扣工资，这一数据是本月财务部门进行工资核算时需要使用的数据。

❶ 选中 M3 单元格，在编辑栏中输入公式：

=IF(E3=D3,300,"")

按 Enter 键，即可返回第一位员工的满勤奖，如图 9-11 所示。

M3 =IF(E3=D3,300,"")

2020年4月份出勤情况统计

病假：30元　事假：50元
迟到(早退)：20元
旷工：200元　旷（半）：100元

工号	部门	姓名	应该出勤	实际出勤	出差	事假	病假	旷工	迟到	早退	旷(半)	满勤奖	应扣合计
SL-001	生产部	李菲菲	22	17	0	0	0	1	2	2	0		
SL-002	生产部	朱华颖	22	22	0	0	0	0	0	0	0		
SL-003	生产部	华玉凤	22	22	0	0	0	0	0	0	0		
SL-004	生产部	李先标	22	18	0	1	0	0	1	1	1		
SL-005	生产部	张翔	22	22	0	0	0	0	0	0	0		
SL-006	生产部	邓珂	22	21	0	0	0	0	0	0	1		
SL-007	生产部	黄欣	22	22	0	0	0	0	0	0	0		

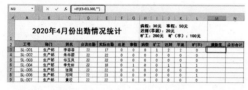

图 9-11

❷ 选中 N3 单元格，在编辑栏中输入公式：

=G3*50+H3*30+I3*200+ J3*20+K3*20+L3*100

按 Enter 键，即可返回第一位员工的应扣合计，如图 9-12 所示。

N3 =G3*50+H3*30+I3*200+J3*20+K3*20+L3*100

2020年4月份出勤情况统计

病假：30元　事假：50元
迟到(早退)：20元
旷工：200元　旷（半）：100元

工号	部门	姓名	应该出勤	实际出勤	出差	事假	病假	旷工	迟到	早退	旷(半)	满勤奖	应扣合计
SL-001	生产部	李菲菲	22	17	0	0	0	1	2	2	0		280
SL-002	生产部	朱华颖	22	22	0	0	0	0	0	0	0		
SL-003	生产部	华玉凤	22	22	0	0	0	0	0	0	0		
SL-004	生产部	李先标	22	18	0	1	0	0	1	1	1		
SL-005	生产部	张翔	22	22	0	0	0	0	0	0	0		
SL-006	生产部	邓珂	22	21	0	0	0	0	0	0	1		

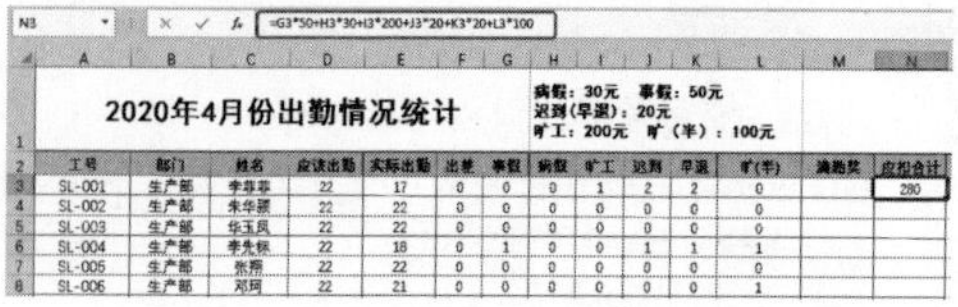

图 9-12

❸ 选中 M3:N3 单元格区域，向下填充公式，一次性返回其他员工的满勤奖和应扣合计金额，如图 9-13 所示。

2020年4月份出勤情况统计

病假：30元　事假：50元
迟到(早退)：20元
旷工：200元　旷（半）：100元

工号	部门	姓名	应该出勤	实际出勤	出差	事假	病假	旷工	迟到	早退	旷(半)	满勤奖	应扣合计
SL-001	生产部	李菲菲	22	17	0	0	0	1	2	2	0		280
SL-002	生产部	朱华颖	22	22	0	0	0	0	0	0	0	300	0
SL-003	生产部	华玉凤	22	22	0	0	0	0	0	0	0	300	0
SL-004	生产部	李先标	22	18	0	1	0	0	1	1	1		100
SL-005	生产部	张翔	22	22	0	0	0	0	0	0	0	300	0
SL-006	生产部	邓珂	22	21	0	0	0	0	0	0	1		100
SL-007	生产部	黄欣	22	22	0	0	0	0	0	0	0	300	0
SL-008	生产部	王彬	22	21	0	0	0	0	1	0	0		20
SL-009	生产部	夏晓辉	22	21	0	0	0	0	1	0	0		20
SL-010	生产部	刘清	22	21	0	0	0	0	1	0	0		20
SL-011	生产部	何娟	22	22	0	0	0	0	0	0	0	300	0
SL-012	生产部	王倩	22	19	0	1	0	0	2	0	0		90
SL-013	生产部	周磊	22	17	2	0	0	0	1	2	0		60
SL-014	生产部	蒋苗苗	22	20	2	0	0	0	0	0	0		0
SL-015	生产部	胡琛琛	22	21	0	0	0	0	1	0	0		20
SL-016	设计部	刘玲燕	22	20	0	0	0	2	0	0	0		400
SL-017	设计部	韩要荣	22	21	0	0	1	0	0	0	0		30
SL-018	设计部	王昌灵	22	22	0	0	0	0	0	0	0	300	0
SL-019	设计部	余永梅	22	22	0	0	0	0	0	0	0	300	0
SL-020	设计部	黄伟	22	22	0	0	0	0	0	0	0	300	0
SL-021	设计部	洪新成	22	21	0	0	0	0	1	0	0		20

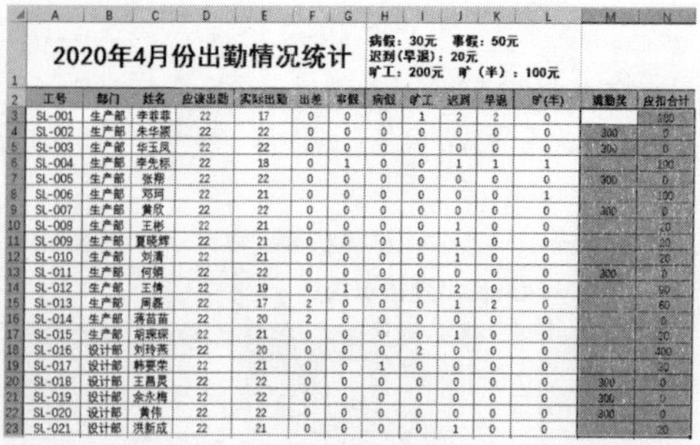

图 9-13

9.1.2 月出勤率分析报表

在统计出了各个员工当月的考勤情况后，可以建立报表对员工的出勤率进行分析。通过分析员工的出勤率，可以了解不同出勤率区段对应的人数，帮助企业强化员工出勤管理。可将员工出勤率分为四组，然后分别统计出各组内的人数情况。

❶ 在“出勤情况统计表格”中选中 O3 单元格，在编辑栏中输入公式：

=E3/D3

按 Enter 键，即可返回第一位员工的当月出勤率，如图 9-14 所示。

IF =E3/D3

2020年4月份出勤情况统计

工号	部门	姓名	应该出勤	实际出勤	出勤率
SL-001	生产部	李菲菲	22	17	77.27%
SL-002	生产部	朱华颖	22	22	
SL-003	生产部	华玉凤	22	22	
SL-004	生产部	李先标	22	18	
SL-005	生产部	张翔	22	22	

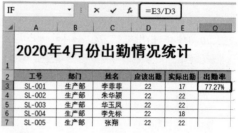

图 9-14

❷ 选中 O3 单元格，向下填充公式，一次性返回其他员工的当月出勤率，如图 9-15 所示。

2020年4月份出勤情况统计

工号	部门	姓名	应该出勤	实际出勤	出勤率
SL-001	生产部	李菲菲	22	17	77.27%
SL-002	生产部	朱华颖	22	22	100.00%
SL-003	生产部	华玉凤	22	22	100.00%
SL-004	生产部	李先标	22	18	81.82%
SL-005	生产部	张翔	22	22	100.00%
SL-006	生产部	邓珂	22	21	95.45%
SL-007	生产部	黄欣	22	22	100.00%
SL-008	生产部	王彬	22	21	95.45%
SL-009	生产部	夏晓辉	22	21	95.45%
SL-010	生产部	刘清	22	21	95.45%
SL-011	生产部	何娟	22	22	100.00%
SL-012	生产部	王倩	22	19	86.36%
SL-013	生产部	周磊	22	17	77.27%
SL-014	生产部	蒋苗苗	22	20	90.91%
SL-015	生产部	胡琛琛	22	21	95.45%
SL-016	设计部	刘玲燕	22	20	90.91%
SL-017	设计部	韩要荣	22	21	95.45%
SL-018	设计部	王昌灵	22	22	100.00%
SL-019	设计部	余永梅	22	22	100.00%
SL-020	设计部	黄伟	22	22	100.00%

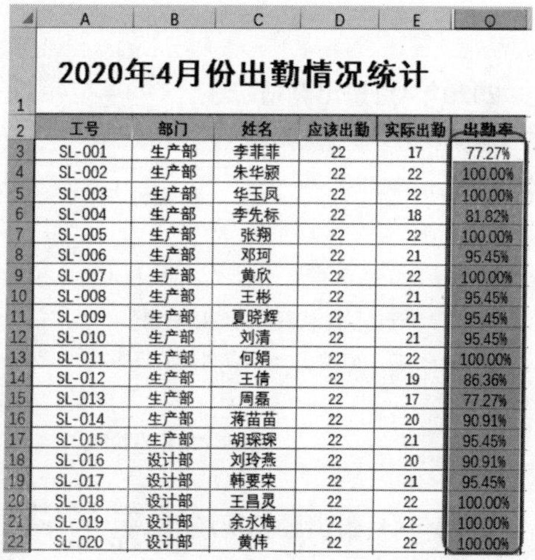

图 9-15

❸ 在统计表旁建立报表，表格中选中 R4 单元格，在编辑栏中输入公式：

=COUNTIFS(O3:O105,"=100%")

按 Enter 键，即可返回出勤率为 100% 的人数，如图 9-16 所示。

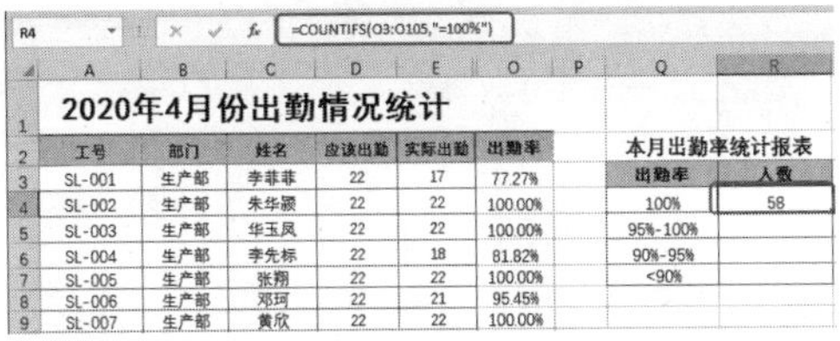

工号	部门	姓名	应该出勤	实际出勤	出勤率
SL-001	生产部	李菲菲	22	17	77.27%
SL-002	生产部	朱华颖	22	22	100.00%
SL-003	生产部	华玉凤	22	22	100.00%
SL-004	生产部	李先标	22	18	81.82%
SL-005	生产部	张翔	22	22	100.00%
SL-006	生产部	邓珂	22	21	95.45%
SL-007	生产部	黄欣	22	22	100.00%

出勤率	人数
100%	58
95%-100%	
90%-95%	
<90%	

图 9-16

专家提示

建立统计报表时，可以在当前表格中建立，也可以到新工作表中建立。由于它们都是公式计算的结果，因此在完成统计后，如果想移到其他地方使用，需要将公式的计算结果转换为值，否则当复制到其他位置时，公式的计算结果会出现错误。

知识扩展

将公式计算结果转换为值的方法如下：

选中公式计算结果，按 Ctrl+C 组合键复制，接着再按 Ctrl+V 组合键粘贴，这时右下角会出现“粘贴选项”按钮，单击此按钮，在列表中选择“值”即可，如图 9-17 所示。

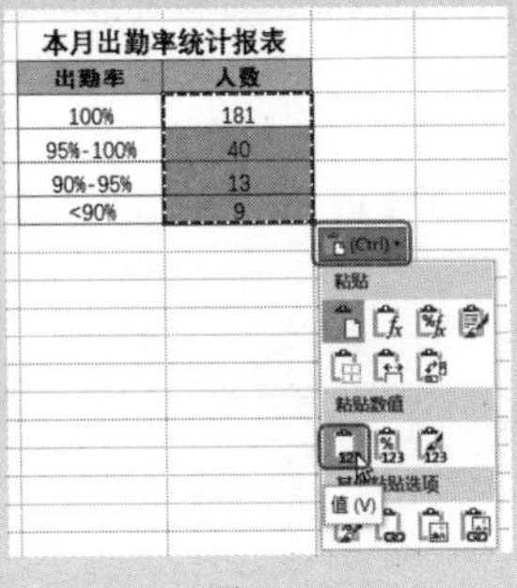

图 9-17

专家提示

=COUNTIFS(O3:O105,"=100%")

表示返回 O3:O105 单元格区域中等于 100% 的记录条数。

❹ 在表格中选中 R5 单元格，在编辑栏中输入公式：

=COUNTIFS(O3:O105,"<100%",O3:O105,">=95%")

按 Enter 键，即可返回出勤率为 95% ~ 100% 的人数，如图 9-18 所示。

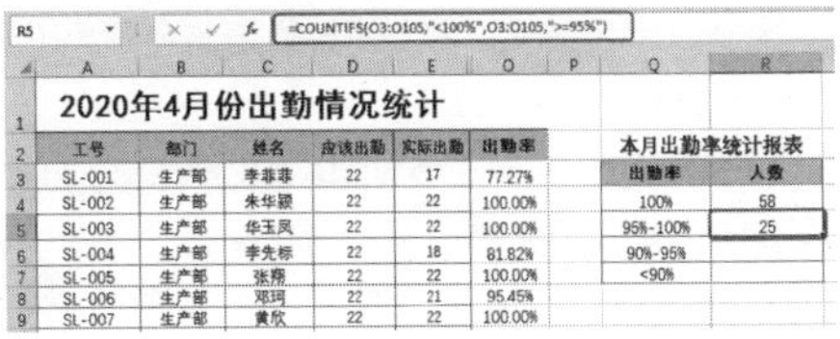

出勤率	人数
100%	58
95%-100%	25
90%-95%	
<90%	

图 9-18

专家提示

=COUNTIFS(O3:O105,"<100%",O3:O105,">=95%")

COUNTIFS 函数是进行满足双条件的记数统计，表示返回 O3:O105 数组区域中同时满足小于 100% 且大于等于 95% 的记录条数。

❺ 在表格中选中 R6 单元格，在编辑栏中输入公式：

=COUNTIFS(O3:O105,"<95%",O3:O105,">=90%")

按 Enter 键，即可返回出勤率为 90% ~ 95% 的人数，如图 9-19 所示。

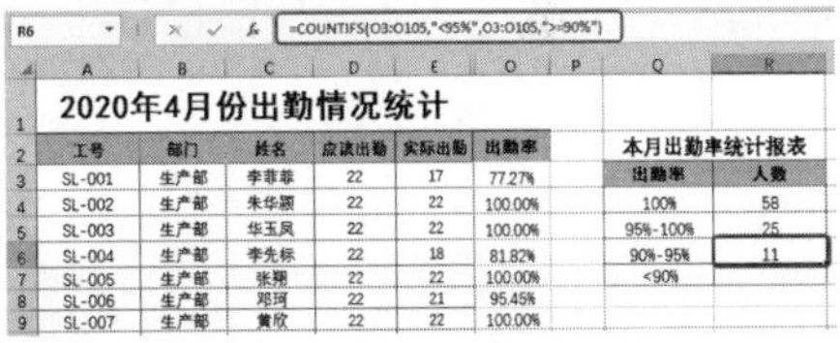

出勤率	人数
100%	58
95%-100%	25
90%-95%	11
<90%	

图 9-19

❻ 在表格中选中 R7 单元格，在编辑栏中输入公式：

=COUNTIFS(O3:O105,"<90%")

按 Enter 键，即可返回出勤率小于 90% 的人数，如图 9-20 所示。

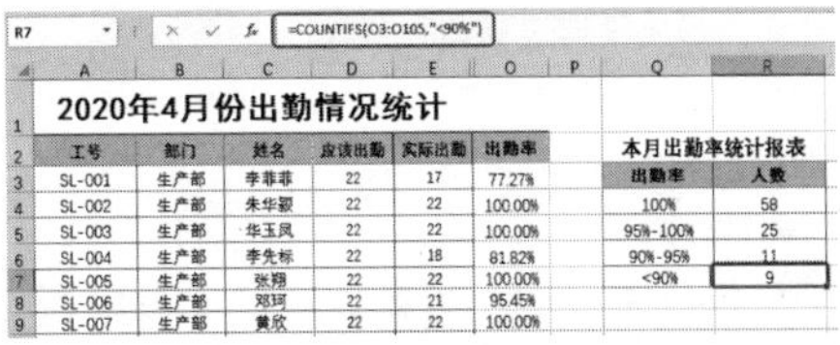

出勤率	人数
100%	58
95%-100%	25
90%-95%	11
<90%	9

图 9-20

9.1.3 日出勤率分析报表

根据考勤数据，可以使用 COUNTIF 函数计算出员工当日出勤实到人数，根据每日的应到人数和实到人数可以计算出每日的出勤率。

❶ 建立日出勤率分析报表，在表格中选中 B4 单元格，在编辑栏中输入公式：

=COUNTIF(考勤表 !D4:D106,"")+COUNTIF(考勤表 !D4:D106," 出差 ")

按 Enter 键，即可返回第一日的实到人数，如图 9-21 所示。

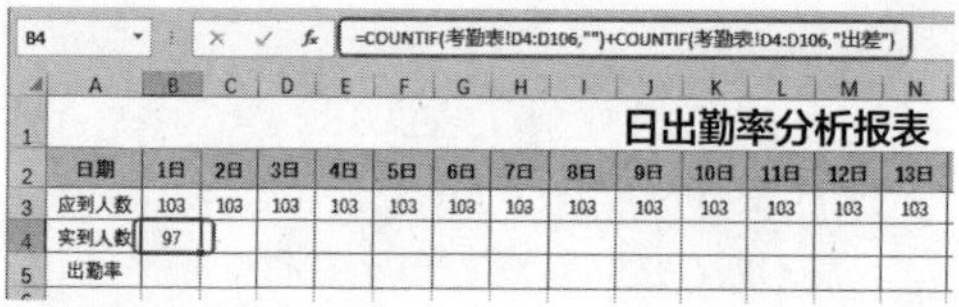

图 9-21

专家提示

=COUNTIF(考 勤 表 !D4:D106,"") + COUNTIF(考勤表 !D4:D106," 出差 ")

前面部分统计出 D4:D106 单元格区域中空值的记录数（即正常出勤的记录），后面部分统计出 D4:D106 单元格区域中"出差"的记录数。二者之后为实到天数。

❷ 向右填充此公式，即可得到每日实到员工人数（当出现周末日期时，返回结果是 0），如图 9-22 所示。

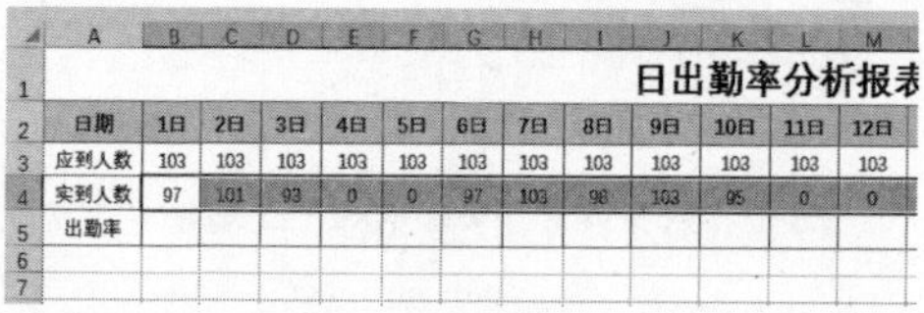

图 9-22

❸ 统计完成后，选中所有周末所在列并右击，在弹出的右键菜单中选择"删除"命令（见图 9-23），即可删除周末没有出勤的数据。

❹ 在表格中选中 B5 单元格，在编辑栏中输入公式：

=B4/B3

按 Enter 键，即可返回第一日的出勤率，如图 9-24 所示。

图 9-23

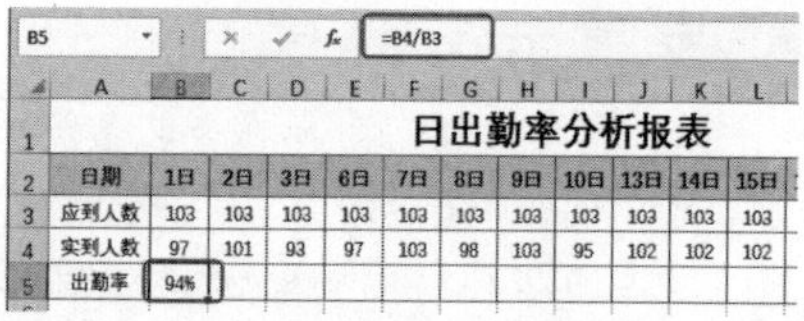

图 9-24

❺ 向右填充公式，即可得到每日员工的出勤率，如图 9-25 所示。

图 9-25

9.1.4 各部门缺勤情况比较分析报表

根据出勤情况统计表中的出勤统计数据，可以利用数据透视表来分析各部门的请假状况，以便于企业人事部门对员工请假情况做出控制。

❶ 在"出勤情况统计表"中选中任意单元格，在"插入"选项卡的"表格"组中单击"数据透视表"按钮，如图 9-26 所示。打开"创建数据透视表"对话框，保持各默认选项不变，如图 9-27 所示。

图 9-26

图 9-27

❷ 单击"确定"按钮,即可在新建的工作表中显示数据透视表。在工作表标签上双击鼠标,然后输入新名称为"各部门缺勤情况分析表";设置"部门"字段为行标签,设置"事假""病假""旷工""迟到""早退"字段为值字段,如图 9-28 所示。

图 9-28

❸ 选中数据透视表中的任意单元格,在"数据透视表工具 - 分析"选项卡的"分析"组中单击"数据透视图"按钮,如图 9-29 所示。

图 9-29

❹ 打开"插入图表"对话框,选择图表类型,这里选择堆积条形图,如图 9-30 所示。

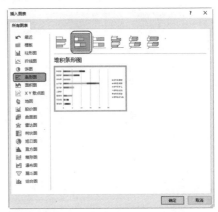

图 9-30

❺ 单击"确定"按钮即可新建数据透视图,如图 9-31 所示。从图表中可以直接看到"生产部"缺勤情况最为严重,其次是"研发部"和"销售部"。

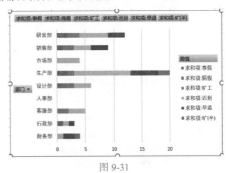

图 9-31

❻ 选中图表,在"数据透视表工具 - 设计"选项卡的"数据"组中单击"切换行 / 列"按钮,如图 9-32 所示。

图 9-32

❼ 执行上述操作后,图表效果如图 9-33 所示。通过得到的图表可以看到此操作可以改变图表的绘制方式。未切换前图表可以直接查看部门的缺勤情况,切换后可以直观查看哪一种类别出现的次数最多。

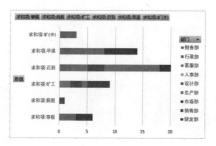

图 9-33

9.1.5 月满勤率分析报表

根据出勤情况统计表中员工的实际出勤天数创建数据透视表，可以了解满勤人员占总体人员的比重是大还是小。

❶ 在"出勤情况统计表"中，选中"实际出勤"列的数据，在"插入"选项卡的"表格"组中单击"数据透视表"按钮，如图 9-34 所示。打开"创建数据透视表"对话框，在"选择一个表或区域"框中显示了选中的单元格区域，如图 9-35 所示。

图 9-34

图 9-35

专家提示

在建立数据透视表时，如果分析目的单一，也可以只选中部分数据来创建。本例中只要分析实际出勤的情况，因此只选中"实际出勤"这一列来进行创建操作。

❷ 单击"确定"按钮创建数据透视表。在工作表标签上双击鼠标，然后输入新名称为"月满勤率分析"，分别设置"实际出勤"字段为"行"标签与"值"字段，如图 9-36 所示（这里默认的汇总方式是"求和"）。

图 9-36

❸ 选中 B5 单元格并右击，在弹出的快捷菜单中依次选择"值显示方式"→"总计的百分比"命令，如图 9-37 所示。即可更改显示方式为百分比，如图 9-38 所示。

图 9-37

	A	B
1		
2		
3	行标签	求和项:实际出勤
4	17	1.56%
5	18	1.65%
6	19	4.35%
7	20	10.06%
8	21	24.02%
9	22	58.37%
10	总计	100.00%
11		

图 9-38

④ 在"数据透视表工具 - 设计"选项卡的"布局"组中单击"报表布局"按钮，在弹出的下拉列表中选择"以表格形式显示"命令，如图 9-39 所示。然后再将报表的 B3 单元格名称更改为"占比"，并为报表添加标题，如图 9-40 所示。从报表中可以看到满勤天数 22 天对应的人数比率为 58.37%。

图 9-39

月满勤率分析报表	
实际出勤	占比
17	1.56%
18	1.65%
19	4.35%
20	10.06%
21	24.02%
22	58.37%
总计	100.00%

图 9-40

9.2 加班费核算及分析报表

一般企业都会存在加班情况，因此实际的加班时间需要建立表格进行记录，如加班日期、加班人员、开始时间、结束时间等。在月末工资核算时，可以根据加班记录表中的数据核算人员的加班工资，并对员工的加班情况进行分析。例如，当前的加班数据记录表如图 9-41 所示，下面将依据此表建立各种分析报表。

的，因此一个月结束时一位加班人员可能会存在多条加班记录。可以利用数据透视表功能对员工的加班费进行快速核算。

❶ 选中"加班记录表"中任意单元格，在"插入"选项卡的"表格"组中单击"数据透视表"按钮，如图 9-42 所示，打开"创建数据透视表"对话框。保持各默认选项不变，如图 9-43 所示。

❷ 单击"确定"按钮即可创建数据透视表，添加"加班类型"字段为"列"标签，"加班人"字段为"行"标签，"加班小时数"为"值"字段，对各员工的加班小时数进行汇总计算，如图 9-44 所示。

1月份加班记录表

序号	加班人	加班时间	加班类型	开始时间	结束时间	加班小时数
1	张丽丽	2019/1/3	平常日	17:30	21:30	4
2	魏娟	2019/1/4	平常日	18:00	22:00	4
3	孙婷	2019/1/5	平常日	17:30	22:30	5
4	张振梅	2019/1/7	平常日	17:30	22:00	4.5
5	孙婷	2019/1/7	平常日	17:30	21:00	3.5
6	张毅君	2019/1/12	公休日	10:00	17:30	7.5
7	张丽丽	2019/1/12	公休日	10:00	17:30	7.5
8	何佳怡	2019/1/12	公休日	13:00	17:00	4
9	刘志飞	2019/1/13	公休日	13:00	17:00	4
10	廖凯	2019/1/13	公休日	13:00	17:00	4
11	刘琦	2019/1/14	平常日	17:30	22:00	4.5
12	何佳怡	2019/1/14	平常日	18:00	21:00	3
13	刘志飞	2019/1/14	平常日	17:30	21:30	4
14	何佳怡	2019/1/16	平常日	18:00	20:30	2.5
15	金璐忠	2019/1/16	平常日	18:00	20:30	2.5
16	刘志飞	2019/1/19	公休日	10:00	16:30	6.5
17	刘琦	2019/1/19	公休日	10:00	15:00	5
18	刘琦	2019/1/20	公休日	10:00	15:00	5
19	张丽丽	2019/1/20	公休日	10:00	15:00	5
20	魏娟	2019/1/24	平常日	18:00	21:30	3.5
21	张毅君	2019/1/24	平常日	18:00	21:30	3.5
22	桂佳	2019/1/25	平常日	17:30	21:00	3.5

图 9-41

9.2.1 月加班费核算报表

由于加班记录是按实际加班情况逐条记录

7月份加班记录表

序号	加班人	加班时间	加班类型	开始时间	结束时间
1	张丽丽	2020/7/3	平常日	17:30	21:30
2	魏娟	2020/7/5	平常日	18:00	22:00
3	孙婷	2020/7/5	公休日	17:30	22:30
4	张振梅	2020/7/7	平常日	17:30	22:00
5	孙婷	2020/7/7	平常日	17:30	21:00
6	张毅君	2020/7/12	公休日	10:00	17:30
7	张丽丽	2020/7/12	公休日	10:00	16:00
8	何佳怡	2020/7/12	公休日	13:00	17:00
9	刘志飞	2020/7/13	平常日	17:30	22:00
10	廖凯	2020/7/13	平常日	17:30	21:00
11	刘琦	2020/7/13	平常日	17:30	22:00
12	何佳怡	2020/7/14	平常日	18:00	21:00
13	刘志飞	2020/7/14	平常日	17:30	21:30

图 9-42

图 9-43

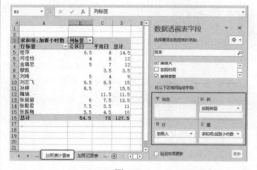

图 9-44

❸ 在 "数据透视表工具 - 设计" 选项卡的 "布局" 组中单击 "总计" 按钮，在弹出的下拉菜单中选择 "对行和列禁用" 命令，如图 9-45 所示，取消原数据透视表的总计。

图 9-45

❹ 单击 "报表布局" 按钮，在弹出的下拉菜单中选择 "以表格形式显示" 命令（见图 9-46），得到的数据透视表如图 9-47 所示。

图 9-46

图 9-47

❺ 选中 B4 或 C4 单元格，在 "数据透视表工具 - 分析" 选项卡的 "计算" 组中单击 "字段、项目和集" 按钮，在打开的下拉菜单中选择 "计算项" 命令，如图 9-48 所示。

图 9-48

专家提示

注意，一定要先选中项目名称所在单元格再去执行添加计算项的命令，否则 "计算项" 命令为灰色不可操作状态。

❻ 打开 "在 '加班类型' 中插入计算字段" 对话框，如图 9-49 所示。输入名称为 "加班工资"，输入公式为 "= 公休日 *80+ 平常日 *60"，如图 9-50 所

示。此处约定公休日的加班工资为每小时 80 元，平常日的加班工资为每小时 60 元。

图 9-49

图 9-50

❼ 单击"确定"按钮，可以看到数据透视表中添加了一个名称为"加班工资"的计算项，统计的是各员工加班工资合计值，如图 9-51 所示。

求和项:加班小时数	加班类型		
加班人	公休日	平常日	加班工资
桂萍	6.5	8	1000
何佳怡	4	8	800
金璐忠	5	7	820
廖凯		3.5	210
刘琦	5	4	640
刘志飞	6.5	8.5	1030
孙婷	8.5	7	1100
魏娟		11.5	690
张丽丽	6	7.5	930
张毅君	7.5	3.5	810
张振梅	5.5	4.5	710

图 9-51

9.2.2 员工加班总时数统计报表

根据加班记录表可以建立数据透视表，统计出各位员工的加班总时数。

❶ 在 9.2.1 小节创建的数据透视表标签上单击选中，按 Ctrl 键不放，再按鼠标左键向右拖动，复制数据透视表，如图 9-52 所示。

求和项:加班小时数	加班类型		
加班人	公休日	平常日	加班工资
桂萍	6.5	8	1000
何佳怡	4	8	800
金璐忠	5	7	820
廖凯		3.5	210
刘琦	5	4	640
刘志飞	6.5	8.5	1030
孙婷	8.5	7	1100
魏娟		11.5	690
张丽丽	6	7.5	930
张毅君	7.5	3.5	810
张振梅	5.5	4.5	710

加班费计算表 加班费计算表 (2) 加班记录表

图 9-52

❷ 将复制得到的数据透视表重新命名为"员工月加班情况比较分析"。在原数据透视表中将"列"区域的字段拖出，得到的统计结果如图 9-53 所示。

加班人	求和项:加班小时数
桂萍	14.5
何佳怡	12
金璐忠	12
廖凯	3.5
刘琦	9
刘志飞	15
孙婷	15.5
魏娟	11.5
张丽丽	13.5
张毅君	11
张振梅	10

员工月加班情况比较分析

图 9-53

9.2.3 员工加班总时数比较图表

根据 9.2.2 小节建立的数据透视表，可以创建条形图直观地分析每位员工的加班总时数并进行比较。

❶ 选中"加班小时数"字段下的任意单元格，在"数据"选项卡的"排序和筛选"组中单击"升序"按钮，如图 9-54 所示，将加班小时数据按升序排列。

❷ 在"数据透视表工具 - 分析"选项卡的"工具"组中单击"数据透视图"按钮，如图 9-55 所示，打开"插入图表"对话框。

❸ 在列表中选择"条形图"，在右侧选中簇状柱形图，如图 9-56 所示。

❹ 单击"确定"按钮即可创建默认图表，如图 9-57 所示。

图 9-54

图 9-55

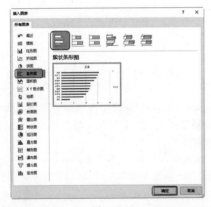

图 9-56

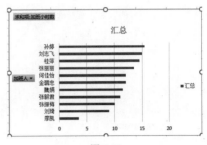

图 9-57

⑤ 选中图表，单击"图表元素"按钮，在弹出的菜单中单击"图表样式"右侧的下拉按钮，在弹出的下拉列表中选择"样式 4"，即可为图表快速应用指定的样式，如图 9-58 所示。

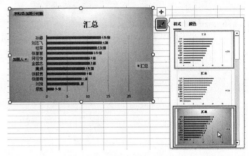

图 9-58

⑥ 在图表标题框中重新输入标题，从图表中可以通过条形的长短直观地比较员工的加班时长，如图 9-59 所示。

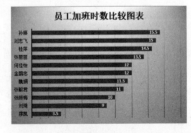

图 9-59

9.3 不同性质加班费的核算报表

本例中，对车间的加班数据进行了统计，期末可以通过建立统计报表来分析哪个车间的加班时长最长、哪个工种的加班时长最长等，从而使企业对不同车间及工种做更加合理的人员安排。

9.3.1　各车间加班时长统计报表

对各车间加班时长进行统计分析，便于企业对后期的生产计划进行合理的管控，从而保证企业生产顺利进行。利用数据透视表可以快速建立统计报表。

❶ 选中数据源表格中的任意单元格，在"插入"选项卡的"表格"组中单击"数据透视表"按钮，如图 9-60 所示，打开"创建数据透视表"对话框，保持各默认选项不变，如图 9-61 所示。

图 9-60

图 9-61

❷ 单击"确定"按钮，即可在新工作表中创建数据透视表。将"部门"字段添加到"行"标签，将"加班时长"字段添加为"值"字段，如图 9-62 所示。此时数据透视表中统计出的是各个车间的总加班时长。

❸ 选中整个数据透视表，按 Ctrl+C 组合键复制，接着在"开始"选项卡的"剪贴板"组中单击"粘贴"按钮，在弹出的列表中选择"值"选项，将数据

透视表转换为普通报表（见图 9-63），接着可添加报表标题，并进行格式美化，如图 9-64 所示。

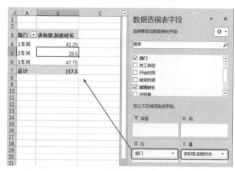

图 9-62

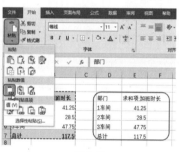

图 9-63

各车间加班时长统计表	
部门	加班时长
1车间	41.25
2车间	28.5
3车间	47.75
总计	117.5

图 9-64

9.3.2　不同工种加班时长统计报表

对不同工种的加班时长进行统计分析，便于企业对整个生产过程中的技工分配进行合理的调整。

❶ 在 9.3.1 小节创建的数据透视表标签上单击选中，按 Ctrl 键不放，再按鼠标左键向右拖动（见图 9-65）复制数据透视表。

❷ 将复制得到的数据透视表重命名为"各工种的加班时长统计"。将"部门"字段从"行"区域中拖出，将"技工类别"字段拖入"行"标签区域中，

如图 9-66 所示。此时数据透视表中统计出的是各个技工类别的总加班时长。

图 9-65

图 9-66

③ 将数据透视表转换为普通报表，如图 9-67 所示。

各工种加班时长统计表	
技工类别	加班时长
电工	19
焊工	50.75
剪脚工	11
钳工	36.75
总计	117.5

图 9-67

9.3.3 分部门、分技工类别的二维统计报表

通过添加行字段与列字段，还可以建立出分部门、分技工类别的二维统计报表。通过行列字段交叉处的值，可以同时查看部门与技工类别的统计结果。

① 复制 9.3.2 节建立的数据透视表。

② 将"部门"字段拖入"列"区域中，将"技工类别"字段拖入"行"标签区域中，将"加班时长"字段拖入"值"标签区域中，如图 9-68 所示。

此时建立的是分部门、分技工类别的二维统计报表，横向与纵向的总计列显示的是各车间的加班总时长和不同技工类别的加班总时长。

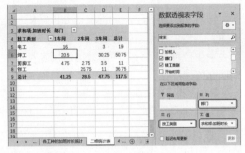

图 9-68

9.3.4 季度加班汇总表

根据分月记录的加班时间统计表，可以在季度末进行多表合并统计，生成季度加班汇总表。如图 9-69～图 9-71 所示为第二季度中三个月的加班时间统计表，各个表格中的人员并不完全相同，比如"张翔"这个人在 4 月存在加班数据，而在 5 月、6 月也有可能不存在加班数据。汇总统计的操作方法如下。

	A	B	C	D
1	加班人	加班时长	加班费	
2	张翔	10.5	420	
3	邓珂	10.5	420	
4	闫绍红	13	520	
5	周磊	19	760	
6	焦文雷	9.5	380	
7	莫云	12.5	500	
8	赵思已	10.5	420	
9	刘平	13.5	540	
10	杨娜	13	520	
11	廖勇	10	400	
12	邓超超	9.5	380	
13	程志远	12	480	
14				

4月加班时长统计　5月加班时长统计

图 9-69

	A	B	C	D	E
1	加班人	加班时长	加班费		
2	张翔	10.5	420		
3	梅武勇	10.5	420		
4	邓珂	15	600		
5	陈春华	13	520		
6	闫绍红	15	600		
7	周磊	12	480		
8	焦文雷	11.5	460		
9	蒋本友	12	480		
10	刘平	14	560		
11	陈涛	15	600		
12	罗平	12	480		
13	王铁军	13	520		
14					

4月加班时长统计　5月加班时长统计

图 9-70

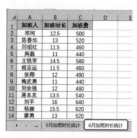

图 9-71

❶ 建立一张统计表，包含列标识，选中 A3 单元格，在"数据"选项卡的"数据工具"组中单击"合并计算"按钮，如图 9-72 所示。

图 9-72

❷ 打开"合并计算"对话框，使用默认的"求和"函数，如图 9-73 所示。

图 9-73

❸ 单击"引用位置"中的拾取器按钮，回到工作表中，设置第一个引用位置为"4月加班时长统计"工作表中的 A2:C13 单元格区域，如图 9-74 所示。

❹ 选择后，单击拾取器按钮返回"合并计算"对话框。单击"添加"按钮，完成第一个计算区域的添加。按相同方法将各个表格中的数据都添加到"合并计算"对话框的"所有引用位置"列表框中，选中"最左列"复选框，如图 9-75 所示。

图 9-74

❺ 单击"确定"按钮，即可看到"加班费季度汇总报表"工作表中合并计算后的结果，如图 9-76 所示。

图 9-75

	A	B	C	D
1		加班费季度汇总报表		
2	加班人	加班时长	加班费	
3	张翔	33	1320	
4	梅武勇	21.5	860	
5	邓珂	38	1520	
6	陈春华	26	1040	
7	闫绍红	39.5	1580	
8	周磊	42	1680	
9	焦文蕾	21	840	
10	莫云	12.5	500	
11	赵思已	10.5	420	
12	刘余强	12	480	
13	蒋本友	25.5	1020	
14	刘平	43.5	1740	
15	杨娜	28.5	1140	
16	廖勇	23	920	
17	邓超超	9.5	380	
18	程志远	23.5	940	
19	陈涛	15	600	
20	罗平	12	480	
21	王铁军	27.5	1100	

图 9-76

在进行季度加班汇总时，还可以利用 VLOOKUP 函数进行匹配，将各个表格中的所有数据生成到一张季度加班汇总表，如图 9-77 所示。根据工作需要，有时可能也需要这样的报表。

二季度加班时长统计				
加班人	4月加班时长	5月加班时长	6月加班时长	总加班时长
张翔	10.5	10.5	12	33
梅武勇		10.5	11	21.5
邓珂	10.5	15	12.5	38
陈春华		13	13	26
闫绍红	13	15	11.5	39.5
周磊	19	12	11	42
焦文雷	9.5	11.5		21
莫云	12.5			12.5
赵思已	10.5			10.5
刘余强			12	12
蒋本友		12	13.5	25.5
刘平	13.5	14	16	43.5
杨娜	13		15.5	28.5
廖勇	10		13	23
邓超越	9.5			9.5
王铁军		13	14.5	27.5
程志远	12		11.5	23.5
陈涛		15		15
罗平			12	12

图 9-77

要建立这个报表需要灵活地使用 VLOOKUP 函数，其操作方法如下。

① 建立"二季度加班时长统计"表，如图 9-78 所示。

图 9-78

② 在统计表格中选中 B3 单元格，输入部分公式：=IFERROR(VLOOKUP($A3,，如图 9-79 所示。

图 9-79

③ 切换到"4月加班时长统计"工作表中，引用该表的 A1:C13 数据区域，如图 9-80 所示。

④ 接着再在编辑栏中输入后部分公式：,2,FALSE),"")，然后按 Enter 键，匹配出的是

"张翔"这位员工在 4 月份的加班时长，如图 9-81 所示。

=IFERROR(VLOOKUP(A3,'4月加班时长统计'!A1:C13

加班人	加班时长	加班费	
张翔	10.5	420	
邓珂	10.5	420	
闫绍红	13	520	
周磊	19	760	
焦文雷	9.5	380	
莫云	12.5	500	
赵思已	10.5	420	
刘平	13.5	540	
杨娜	13	520	
廖勇	10	400	
邓超越	9.5	380	
程志远	12	480	

图 9-80

图 9-81

⑤ 在统计表格中选中 C3 单元格，在编辑栏中输入公式：

=IFERROR(VLOOKUP($A3,'5 月 加 班 时 长 统 计 '!$A$1:$C$13,2,FALSE),"")

按下 Enter 键后，匹配出的是"张翔"这位员工在 5 月份的加班时长，如图 9-82 所示。

图 9-82

⑥ 在统计表格中选中 D3 单元格，在编辑栏中输入公式：

=IFERROR(VLOOKUP($A3,'6 月 加 班 时 长 统 计 '!$A$1:$C$14,2,FALSE),"")

按下 Enter 键后，匹配出的是"张翔"这位员工在 6 月份的加班时长，如图 9-83 所示。

图 9-83

专家提示

=IFERROR(VLOOKUP($A3,'4 月 加 班时长统计'!$A$1:$C$13,2,FALSE),"")

在"'4月加班时长统计'!$A$1: $C$13"区域的首列中匹配与 A3 单元格中相同的姓名，匹配后返回第 2 列上的值，然后再在外层套用 IFERROR 函数，判断当前值是否是错误值。因为当 VLOOKUP 匹配不到值时会返回 #N/A 错误值，而有了错误值则无法进行 E 列总加班时长的计算。因此在外层套用 IFERROR 函数，表示当检测到 VLOOKUP 返回的 #N/A 错误值时，最终返回空值。

❼ 在统计表格中将光标定位在 E3 单元格中，输入公式：

=SUM(B3:D3)

按 Enter 键后匹配出的是"张翔"这位员工在一季度的总加班时长，如图 9-84 所示。

E3		✕ ✓ fx	=SUM(B3:D3)	
	A	B	C	D	E

	二季度加班时长统计			
加班人	4月加班时长	5月加班时长	6月加班时长	总加班时长
张翔	10.5	10.5	12	33
梅武勇				
邓珂				
陈春华				

图 9-84

❽ 选中 B3:E3 单元格区域，向下填充公式到 E21 单元格，统计各员工在几个不同月份中的加班小时数，匹配不到的返回空值，如图 9-85 所示。

	二季度加班时长统计			
加班人	4月加班时长	5月加班时长	6月加班时长	总加班时长
张翔	10.5	10.5	12	33
梅武勇		10.5	11	21.5
邓珂	10.5	15	12.5	38
陈春华		13	13	26
向绍红	13	15	11.5	39.5
周磊	19	12	11	42
焦天富	9.5	11.5		21
莫云	12.5			12.5
赵思已	10.5			10.5
刘余强			12	12
蒋本友		12	13.5	25.5
刘平	13.5	14	16	43.5
杨娜	13		15.5	28.5
廖勇		13		13
邓超超	9.5			9.5
王铁军		13	14.5	27.5
程志远	12		11.5	23.5
陈涛		15		15
罗平		12		12

图 9-85

第

往来账款数据汇总

10

章

日常费用支出、应收账款、应付账款等都属于企业的往来账款。可以建立 Excel 表格来统一管理这些往来账款，并利用函数或相关分析工具进行财务数据分析，从统计结果中获取相关信息，从而做出正确的财务决策。

☑ 日常费用支出统计分析报表

☑ 应收账款统计分析报表

"日常费用支出统计表"是企业常用的一种财务表单，多用于记录公司日常费用的明细数据。表格中应当包含费用支出部门、费用类别名称，以及费用支出总额等项目。根据日常费用支出表，可以延伸建立不同费用类别支出统计表、各部门费用支出统计表等。图 10-1 所示为一张日常费用支出表单，下面以此表为例建立各类统计报表。

图 10-1

10.1.1 不同费用类别支出统计报表

数据透视表可以将日常费用支出表中的数据按照不同费用类别进行汇总、统计。插入数据透视表后，可以通过添加相应字段到指定列表区域，按照费用类别对表格中的支出金额进行汇总统计。

❶选中表格数据区域（即从第 4 行开始选取），在"插入"选项卡的"表格"组中单击"数据透视表"按钮，如图 10-2 所示。

❷打开"创建数据透视表"对话框，保持默认设置和选项，单击"确定"按钮，即可创建数据透视表，如图 10-3 所示。

✍ 专家提示

此表包含有表头信息，因此在建立数据透视表时一定要准确选中数据区域，否则程序无法识别出列标识，这会造成建立的数据透视表没有字段。

图 10-2

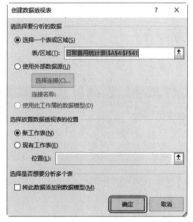

图 10-3

❸将工作表重命名为"各费用类别支出统计报表"。添加"费用类别"字段至"行"、"支出金额"字段至"值"，得到如图 10-4 所示的数据透视表，可以看到不同费用类别的支出总计金额。

❹选中数据透视表中任意单元格，在"数据透视表工具 - 设计"选项卡的"布局"组中单击"报表布局"按钮，在弹出的下拉菜单中选择"以大纲形式显示"命令，如图 10-5 所示，让报表的列标识能完整显示，如图 10-6 所示。

图 10-4

图 10-8

图 10-5　　　　　图 10-6

⑤ 选中"支出金额"下的任意单元格，在"数据"选项卡的"排序和筛选"组中单击"降序"按钮，即可将支出金额从大到小排序，如图 10-7 所示。

图 10-7

⑥ 选中数据透视表中的任意单元格，在"数据透视表工具 - 分析"选项卡的"工具"组中单击"数据透视图"按钮（见图 10-8），打开"插入图表"对话框，选择合适的图表类型，这里选择"饼图"，单击"确定"按钮，即可在工作表中插入数据透视图，如图 10-9 所示。

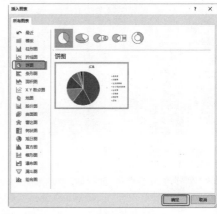

图 10-9

⑦ 选中图表，单击"图表元素"按钮，在弹出的菜单中单击"数据标签"右侧的下拉按钮，在弹出的下拉列表中选择"更多选项"命令，如图 10-10 所示。

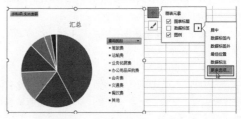

图 10-10

⑧ 打开"设置数据标签格式"对话框，在"标签选项"栏下选中"类别名称"和"百分比"复选框，如图 10-11 所示。接着在"数字"栏的"类别"下拉列表中选择"百分比"，然后设置"小数位数"为 2，如图 10-12 所示。

Excel 2019 在工作总结与汇报中的典型应用（视频教学版）

图 10-11

图 10-12

专家提示

添加百分比数据标签时，默认是无小数位的。通常我们会设置两个小数位，这样做的目的是让显示结果更加精确。

⑨ 完成上述操作后再为图表添加标题，效果如图 10-13 所示。

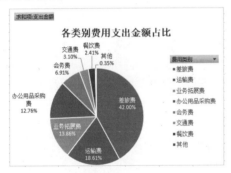

图 10-13

10.1.2 各部门费用支出统计报表

数据透视表可以将日常费用支出表中的数据按照部门进行合计统计。插入数据透视表后，可以通过添加相应字段到指定列表区域，按照部门对表格中的支出金额进行汇总统计。

① 复制 10.1.1 小节中的数据透视表（关于工作表的复制在前面的章节中已多次介绍过），并将工作表重命名为"各部门支出费用统计报表"。

② 取消选中"费用类别"复选框，再次添加"产生部门"字段至"行"，添加"支出金额"字段至"值"，得到如图 10-14 所示数据透视表，可以看到各部门的支出总计金额。

图 10-14

③ 更改了数据透视表后，可以看到在 10.1.1 小节中创建的数据透视图也做了相应的更改，只要重新在标题框中输入新标题即可，如图 10-15 所示。

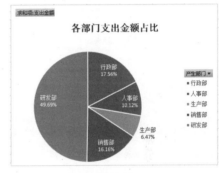

图 10-15

10.1.3 部门费用明细查询报表

数据透视表可以将日常费用支出表中的数据先按照部门进行合计统计，再在部门下进行各费用类别的明细统计。

① 复制 10.1.2 小节中的数据透视表，并将工作表重命名为"部门费用明细查询报表"。

② 添加"费用类别"字段到"产生部门"字段的下方，得到如图 10-16 所示数据透视表，可以看到在部门下有各个费用类别的明细支出项目。

③ 如果想查看某个汇总项更加详细的统计项，则可以通过双击的办法生成明细数据表。例如要查看"行政部"的"差旅费"明细数据，则双击 B5 单元格（见图 10-17），双击后自动创建新工作表，该项

表即"产生部门"为"行政部"、"费用类别"为"差旅费"的明细数据表，如图 10-18 所示。

图 10-16

图 10-17

图 10-19

专家提示

当添加日期字段后，如果日期是跨月的，则会自动产生一个"月"字段，统计结果自动按月分组。以此类推，如果日期是跨季度的，则会自动产生"季度"和"月"字段；如果日期是跨年的，则会自动产生"年""季度"和"月"字段，并自动分组。

❸ 由于日期字段能自动按月分组统计，而当前例子正是想按月统计出金额，因此可以将明细数据取消。在"行"区域中将"日期"字段拖出，只保留"月"字段，得到的统计结果如图 10-20 所示。

图 10-20

图 10-18

10.1.4　各月费用支出统计报表

数据透视表可以将日常费用支出表中的数据按照月份进行统计。插入数据透视表后，通过添加相应字段到指定列表区域，可以按照月份对表格中的支出金额进行汇总统计。

❶ 复制 10.1.1 小节中的数据透视表，并将工作表重命名为"各月费用支出统计报表"。

❷ 取消选中"产生部门"复选框，添加"日期"字段至"行"，添加"支出金额"字段至"值"，得到如图 10-19 所示的数据透视表，可以看到各月的支出总计金额。

10.1.5　各部门各月费用支出明细报表

在 10.1.4 小节中通过在数据透视表中添加字段，统计出了各月的支出金额合计值。因此，要建立各部门各月费用支出明细表，也可以通过补充添加字段来实现统计。

❶复制 10.1.1 小节中的数据透视表，并将工作表重命名为"各部门各月费用支出明细报表"。

❷重新添加"产生部门"字段至"行"，添加"月"字段至"列"，添加"支出金额"字段至"值"，得到如图 10-21 所示数据透视表。可以看到，已按部门对各月费用支出额进行了统计。

图 10-21

10.2 ▶ 应收账款统计分析报表

应收账款表示企业在销售过程中被购买单位所占用的资金。企业日常运作中产生的每笔应收账款，可以通过建立 Excel 表格来统一管理。图 10-22 所示为一个应收账款统计表。下面将利用数据透视表进行各项统计分析，如统计一段时间内各客户的应收款合计、各账龄段的应收账款等。

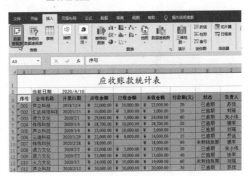

图 10-23

❷打开"创建数据透视表"对话框，保持默认设置和选项，单击"确定"按钮，即可创建数据透视表，如图 10-24 所示。

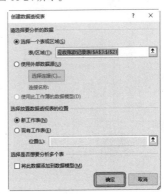

图 10-24

❸将工作表重命名为"各客户的应收款统计"。添加"公司名称"字段至"行"，添加"未收金额"字段至"值"，得到如图 10-25 所示的数据透视表，可以看到各客户的未收金额合计金额。

图 10-22

10.2.1 分客户的应收款合计报表

在应收账款统计表中，一个公司可能会对应多条应收款记录，因此在一段时间内需要统计各客户的应收款合计金额。利用数据透视表可以快速实现统计。

❶选中表格数据区域（即从第 3 行开始选取），在"插入"选项卡的"表格"组中单击"数据透视表"按钮，如图 10-23 所示。

图 10-25

④ 选中"未收金额"下的任意单元格，在"数据"选项卡的"排序和筛选"组中单击"降序"按钮，即可将金额从大到小排序，如图 10-26 所示。

图 10-26

⑤ 选中数据透视表中的任意单元格，在"数据透视表工具-分析"选项卡的"工具"组中单击"数据透视图"按钮，打开"插入图表"对话框，选择图表类型为"饼图"，如图 10-27 所示。

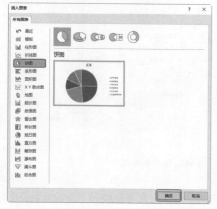

图 10-27

⑥ 单击"确定"按钮，即可在工作表中插入数据透视图，如图 10-28 所示。

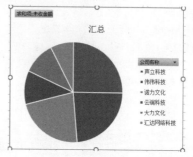

图 10-28

⑦ 选中图表，单击"图表元素"按钮，在弹出的菜单中单击"数据标签"右侧的下拉按钮，在弹出的下拉列表中选择"更多选项"命令，如图 10-29 所示。

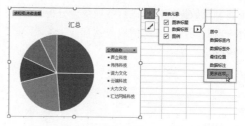

图 10-29

⑧ 打开"设置数据标签格式"对话框，在"标签选项"栏下只选中"类别名称"复选框，其他都取消，如图 10-30 所示。

图 10-30

⑨ 完成上述操作后再为图表添加标题，图表效果如图 10-31 所示。如果有很多类别，因为已对统计结果进行了排序，可以通过查看最大的几个扇面，分析重点债务对象。

求和项:未收金额

有三个客户为重点债务对象

公司名称
- 声立科技
- 伟伟科技
- 诺力文化
- 大力文化
- 汇达网络科技

图 10-31

10.2.2 "已逾期"和"未逾期"账款统计报表

统计各客户的应收账款时，可以按"已逾期"和"未逾期"统计，这样可以在报表中更直观地查看到"已逾期"账款。

❶ 复制 10.2.1 小节中的数据透视表。

❷ 添加"状态"字段到"列"，其他字段保持不变，得到的统计结果如图 10-32 所示，从"已逾期"列可以查看已逾期的应收账款金额。

图 10-32

10.2.3 账龄分析报表

应收账款账龄分析表可以真实地反映出企业实际的资金流动情况，促使企业对难度较大的应收账款早做准备，对逾期较长的款项采取相应的催收措施。在进行账龄统计时，需要先根据应收账款中的已收金额和未收金额，分时段统计各笔应收账款的逾期未收金额，这项计算是进行账龄分析的基础，可以利用公式来

完成。

❶ 在"应收账款统计表"的右侧建立账龄分段标识（因为各账龄段未收金额的计算源数据来源于"应收账款统计表"，因此将统计表建立在此处更便于对数据的引用），如图 10-33 所示。

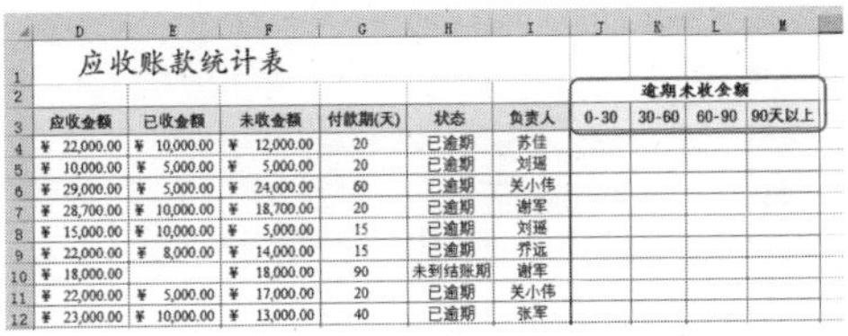

图 10-33

❷ 选中 J4 单元格，在编辑栏中输入公式：

$=IF(AND(\$C\$2-(C4+G4)>0,\$C\$2-(C4+G4)<=30),D4-E4,0)$

按 Enter 键即可得到逾期 0 ~ 30 天的金额，如图 10-34 所示。

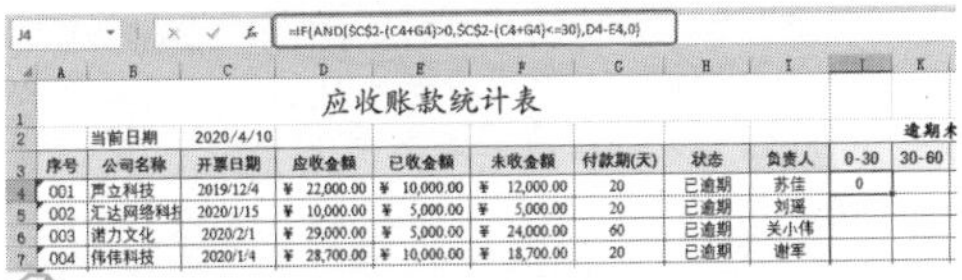

图 10-34

✎ **专家提示**

$=IF(AND(\$C\$2-(C4+G4)>0,\$C\$2-(C4+G4)<=30),D4-E4,0)$

"C4+G4"求取的是开票日期与付款日期的和，即到期日期。用 C2 单元格的当前日期减去到期日期，得到的是逾期天数。接下来判断这个逾期天数是否同时满足大于 0 和小于等于 30 这个条件，如果满足，返回"D4-E4"的值，否则返回 0 值。

在判断账龄区间时，公式中使用 IF 与 AND 函数的组合进行不同逾期天数区间的判断，理解起来并不难。

❸ 选中 K4 单元格，在编辑栏中输入公式：

$=IF(AND(\$C\$2-(C4+G4)>30,\$C\$2-(C4+G4)<=60),D4-E4,0)$

按 Enter 键，即可得到逾期在 30 ~ 60 天的金额，如图 10-35 所示。

图 10-35

④ 选中 L4 单元格，在编辑栏中输入公式：
=IF(AND($C$2-(C4+G4)>60,$C$2-(C4+G4)<=90),D4-E4,0)

按 Enter 键，即可得到逾期在 60～90 天的金额，如图 10-36 所示。

图 10-36

⑤ 选中 M4 单元格，在编辑栏中输入公式：
=IF($C$2-(C4+G4)>90,D4-E4,0)

按 Enter 键，即可得到逾期在 90 天以上的金额，如图 10-37 所示。

图 10-37

⑥ 选中 J4:M4 单元格区域，向下填充公式至 M21 单元格，即可得到所有账款记录下不同账龄期间的逾期未收金额，如图 10-38 所示。

图 10-38

⑦ 选中表格数据区域（注意选择时上面计算出的各个账龄段的数据也要包含在内），在"插入"选项卡的"表格"组中单击"数据透视表"按钮，如图 10-39 所示。

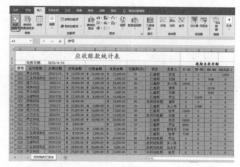

图 10-39

⑧ 打开"创建数据透视表"对话框，保持默认设置和选项，单击"确定"按钮，即可创建数据透视表，如图 10-40 所示。

图 10-40

⑨ 将工作表重命名为"账龄分析表"。添加"公司名称"字段至"行"，依次添加"0-30""30-60""60-90""90 天以上"字段至"值"，得到如图 10-41 所示数据透视表，可以查看各客户在不同账龄段的金额。

图 10-41

10.2.4 各账龄账款比例分析报表

对各个账龄段的账款额进行汇总统计时，

还可以计算出各账龄账款比例分析报表。

① 选中"账龄分析表"中建立的整个数据透视表，按 Ctrl+C 组合键复制，如图 10-42 所示。

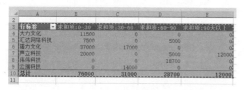

图 10-42

② 新建工作表，选中 A2 单元格，在"开始"选项卡的"剪贴板"组中单击"粘贴"按钮，在弹出的下拉列表中选择"转置"命令按钮，如图 10-43 所示。

图 10-43

③ 只保留首列与"总计"列，将其他列都删除，整理后的表格如图 10-44 所示。

各账龄账款比例分析报表		
账龄	应收账款额	占比
0-30	76000	
30-60	31000	
60-90	28700	
90天以上	12000	

图 10-44

④ 在表格中选中 C3 单元格，在编辑栏中输入公式：=B3/SUM($B$3:$B$6)。按 Enter 键，返回账龄在 0～30 天应收账款的比例值，如图 10-45 所示。

⑤ 选中 C3 单元格，向下填充公式至 C6 单元格，依次得到其他账龄应收账款的比例值，如图 10-46 所示。

专家提示

C3 单元格的公式向下复制时需要依次引用其他单元格数据，所以使用相对引用，而计算总账款的这部分公式是始终不变的，所以要使用绝对引用。

C3			=B3/SUM($B$3:$B$6)
各账龄账款比例分析报表			
账龄	应收账款额	占比	
0-30	76000	0.51455653	
30-60	31000		
60-90	28700		
90天以上	12000		

图 10-45

各账龄账款比例分析报表		
账龄	应收账款额	占比
0-30	76000	0.51455653
30-60	31000	0.2098849
60-90	28700	0.1943128
90天以上	12000	0.08124577

图 10-46

⑥ 选中 C3:C6 单元格区域，在"开始"选项卡的"数字"组中单击"数字格式"右侧的下拉按钮，在下拉菜单中选择"百分比"选项（见图 10-47），此时即可将数字格式转换为百分比，如图 10-48 所示。

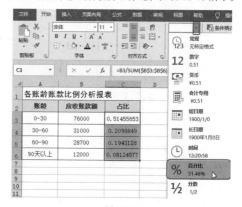

图 10-47

各账龄账款比例分析报表		
账龄	应收账款额	占比
0-30	76000	51.46%
30-60	31000	20.99%
60-90	28700	19.43%
90天以上	12000	8.12%

图 10-48

薪资核算与汇总

薪酬福利管理是企业管理的重要组成部分，它涉及每一位员工的切身利益，企业只有合理地制定薪酬评估与管理体系，才能更好地利用薪酬机制提高员工工作的积极性，激发员工的工作热情。

- ☑ 工龄工资核算表
- ☑ 个人所得税核算表
- ☑ 建立工资条
- ☑ 工资数据的分析报表

11.1 工龄工资核算

员工基本工资表通常包含员工的基本信息、基本工资、入职日期等数据。工龄工资也属于工资核算的一部分。一般会根据入职日期对工龄工资进行计算，并且随着工龄的变化，工龄工资会自动重新核算。本例中规定：一年以下的员工，工龄工资为0，1～3年工龄工资每月50元，3～5年工龄工资每月100元，5年以上工龄工资每月200元。

❶ 新建工作表，并将其命名为"基本工资表"，输入表头、列标识，先建立工号、姓名、部门、基本工资和入职时间这几项基本数据，如图11-1所示。

工号	姓名	部门	基本工资	入职时间
NO.001	章晖	行政部	3200	2012/5/8
NO.002	姚磊	人事部	3500	2014/6/4
NO.003	闫绍红	行政部	2800	2015/11/5
NO.004	焦文雷	设计部	4000	2014/3/12
NO.005	魏义成	行政部	2800	2015/3/5
NO.006	李秀秀	人事部	4200	2012/6/18
NO.007	焦文全	销售部	2800	2015/2/15
NO.008	郑立媛	设计部	4500	2012/6/3
NO.009	马同燕	设计部	4000	2014/4/8
NO.010	莫云	销售部	2200	2013/5/6
NO.011	陈芳	研发部	3200	2016/6/11
NO.012	钟华	研发部	4500	2017/1/2
NO.013	张燕	人事部	3500	2013/3/1
NO.014	柳小蝶	研发部	5000	2014/4/1
NO.015	许开	研发部	3500	2013/3/1
NO.016	陈建	销售部	2500	2014/3/1
NO.017	万茜	财务部	4200	2014/4/1
NO.018	张亚明	销售部	3000	2014/3/5
NO.019	张华	财务部	3000	2014/4/1
NO.020	郝亮	销售部	1200	2014/4/1
NO.021	穆宇飞	研发部	3200	2013/4/1
NO.022	于青青	研发部	3000	2014/1/31
NO.023	吴小华	销售部	1200	2018/5/2
NO.024	刘平	销售部	3000	2011/7/12
NO.025	韩学平	销售部	1200	2014/9/18

图 11-1

❷ 添加"入职时间""工龄""工龄工资"几项列标识（"入职时间"数据要从人事或行政部门获取），如图11-2所示。

工号	姓名	部门	基本工资	入职时间	工龄	工龄工资
NO.001	章晖	行政部	3200	2012/5/8		
NO.002	姚磊	人事部	3500	2014/6/4		
NO.003	闫绍红	行政部	2800	2015/11/5		
NO.004	焦文雷	设计部	4000	2014/3/12		
NO.005	魏义成	行政部	2800	2015/3/5		
NO.006	李秀秀	人事部	4200	2012/6/18		
NO.007	焦文全	销售部	2800	2015/2/15		
NO.008	郑立媛	设计部	4500	2012/6/3		
NO.009	马同燕	设计部	4000	2014/4/8		
NO.010	莫云	销售部	2200	2013/5/6		
NO.011	陈芳	研发部	3200	2016/6/11		
NO.012	钟华	研发部	4500	2017/1/2		
NO.013	张燕	人事部	3500	2013/3/1		

图 11-2

❸ 选中F3单元格，输入公式：

=YEAR(TODAY())-YEAR(E3)

按Enter键，即可计算出第一位员工的工龄，如图11-3所示。注意，计算出的值默认为日期值，需要更改单元格的格式，才能正确显示出工龄。

图 11-3

📝 专家提示

YEAR函数用于返回给定日期值中的年份值，TODAY函数用于返回当前日期。公式"=YEAR(TODAY())-YEAR(E3)"表示先提取当前日期的年份，再提取E3单元格中入职时间中的年份，二者的差值即为工龄。

❹ 选中F3单元格，在"开始"选项卡的"数字"组中单击"数字格式"下拉按钮，在弹出的下拉列表中选择"常规"，即可正确显示工龄，如图11-4所示。

图 11-4

❺ 选中F3单元格，拖动右下角的填充柄向下填充公式，批量计算其他员工的工龄，效果如图11-5所示。

工号	姓名	部门	基本工资	入职时间	工龄	工龄工资
NO.001	章晖	行政部	3200	2012/5/8	8	
NO.002	姚磊	人事部	3500	2014/6/4	6	
NO.003	闫绍红	行政部	2800	2015/11/5	5	
NO.004	焦文雷	设计部	4000	2014/3/12	6	
NO.005	魏义成	行政部	2800	2015/3/5	5	
NO.006	李秀秀	人事部	4200	2012/6/18	8	
NO.007	焦文全	销售部	2800	2015/2/15	5	
NO.008	郑立媛	设计部	4500	2012/6/3	8	
NO.009	马同燕	设计部	4000	2014/4/8	6	
NO.010	莫云	销售部	2200	2013/5/6	7	
NO.011	陈芳	研发部	3200	2016/6/11	4	
NO.012	钟华	研发部	4500	2017/1/2	3	
NO.013	张燕	人事部	3500	2013/3/1	7	
NO.014	柳小蝶	研发部	5000	2014/4/1	6	
NO.015	许开	研发部	3500	2013/3/1	7	

图 11-5

⑥ 选中 G3 单元格，在编辑栏中输入：

=IF(F3<=1,0,IF(F3<=3,(F3-1)*50,IF(F3<=5,(F3-1)*100,(F3-1)* 200)))

按 Enter 键，即可计算出第一位员工的工龄工资，如图 11-6 所示。

图 11-6

⑦ 选中 G3 单元格，拖动右下角的填充柄向下填充公式，批量计算其他员工的工龄工资，如图 11-7 所示。

图 11-7

专家提示

公式 "=IF(F3<=1,0,IF(F3<=3,(F3-1)*50,IF(F3<=5,(F3-1)*100,(F3-1)*200)))" 是一个 IF 函数多层嵌套的例子。第一个条件判断 F3 中值是否小于等于 1，如果是，则返回 0；如果不是，则进入下一层 IF 判断。接着判断 F3 是否小于等于 3，如果是，则返回 "(F3-1)*50"，即工龄工资等于年份减 1 乘以 50；如果不是，则进入下一层 IF 判断……

11.2 个人所得税核算表

个人所得税需在应发合计金额扣除起征点后进行核算，而应发工资包括基本工资、工龄工资、销售奖金、加班工资、满勤奖等。在计算出应发合计金额后，可以先进行个人所得税的计算。由于个人所得税的计算涉及税率、速算扣除数等，所以一般会新建一张表格，专门核算个人所得税。

用 IF 函数配合其他函数计算个人所得税。相关规则如下：

◆ 起征点为 5000 元。

◆ 税率及速算扣除数如表 11-1 所示（本表是按月统计不同纳税所得额）。

① 新建工作表，将其重命名为 "所得税计算表"，在表格中建立相应列标识，并建立工号、姓名、部门基本数据，假设应发工资已经统计出来，如图 11-8 所示。

表11-1

应纳税 所得额/元	税率/%	速算 扣除数/元
不超过3000	3	0
3001～12000	10	210
12001～25000	20	1410
25001～35000	25	2660
35001～55000	30	4410
55001～80000	35	7160
超过80000	45	15160

图 11-8

❷选中 E3 单元格，在编辑栏中输入公式：

=IF(D3<5000,0,D3-5000)

按 Enter 键，即可计算出应缴税所得额，如图 11-9 所示。

❸选中 F3 单元格，在编辑栏中输入公式：

=IFS(E3<=3000,0.03,E3<=12000,0.1,E3<=25000,0.2,E3<=35000,0.25,E3<= 55000,0.3,E3<=80000,0.35,E3>80000,0.45)

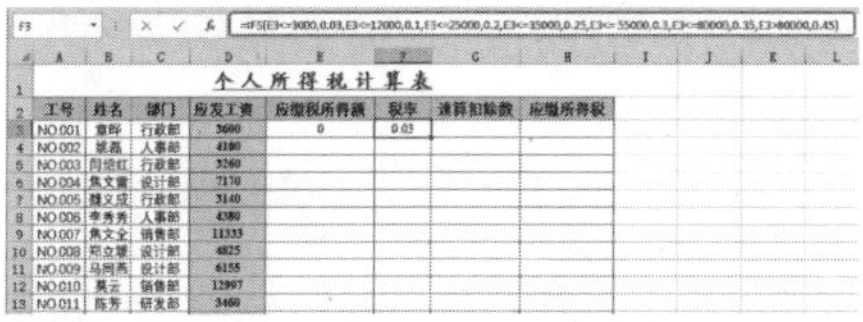

按 Enter 键，即可根据应缴税所得额判断出计算出税率，如图 11-10 所示。

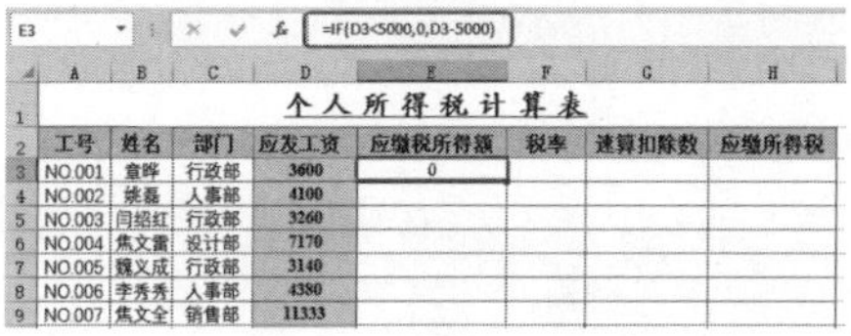

E3 =IF(D3<5000,0,D3-5000)

工号	姓名	部门	应发工资	应缴税所得额	税率	速算扣除数	应缴所得税
NO.001	章晔	行政部	3600	0			
NO.002	姚磊	人事部	4100				
NO.003	闫绍红	行政部	3260				
NO.004	焦文雷	设计部	7170				
NO.005	魏义成	行政部	3140				
NO.006	李秀秀	人事部	4380				
NO.007	焦文全	销售部	11333				

图 11-9

F3 =IFS(E3<=3000,0.03,E3<=12000,0.1,E3<=25000,0.2,E3<=35000,0.25,E3<=55000,0.3,E3<=80000,0.35,E3>80000,0.45)

工号	姓名	部门	应发工资	应缴税所得额	税率	速算扣除数	应缴所得税
NO.001	章晔	行政部	3600	0	0.03		
NO.002	姚磊	人事部	4100				
NO.003	闫绍红	行政部	3260				
NO.004	焦文雷	设计部	7170				
NO.005	魏义成	行政部	3140				
NO.006	李秀秀	人事部	4380				
NO.007	焦文全	销售部	11333				
NO.008	郑立媛	设计部	4825				
NO.009	马同燕	设计部	6155				
NO.010	莫云	销售部	12997				
NO.011	陈芳	研发部	3460				

图 11-10

专家提示

IFS 函数是 Excel 2019 新增的函数，用于检查是否满足一个或多个条件，且是否返回与第一个 TRUE 条件对应的值。IFS 函数允许测试最多 127 个不同的条件，可以免去 IF 函数的过多嵌套。其语法可以简单地理解为：

=IFS(❶条件 1，❷结果 1，❸[条件 2]，❹[结果 2]，…[条件 127]，[结果 127])

如果读者使用的还是 Excel 2016 及之前的版本，也可以将公式写为 IF 函数：

=IF(E3<=3000,0.03,IF(E3<=12000,0.1,IF(E3<=25000,0.2,IF(E3<=35000,0.25, IF(E3<=55000,0.3,IF(E3<=80000,0.35,0.45))))))

❹选中 G3 单元格，在编辑栏中输入公式：

=IFS(F3=0.03,0,F3=0.1,210,F3=0.2,1410,F3=0.25,2660,F3=0.3,4410,F3=0.35,7160,F3=0.45,15160)

按 Enter 键，即可计算出速算扣除数，如图 11-11 所示。

G3 =IFS(F3=0.03,0,F3=0.1,210,F3=0.2,1410,F3=0.25,2660,F3=0.3,4410,F3=0.35,7160,F3=0.45,15160)

工号	姓名	部门	应发工资	应缴税所得额	税率	速算扣除数	应缴所得税
NO.001	章晔	行政部	3600	0	0.03	0	
NO.002	姚磊	人事部	4100				
NO.003	闫绍红	行政部	3260				
NO.004	焦文雷	设计部	7170				
NO.005	魏义成	行政部	3140				
NO.006	李秀秀	人事部	4380				
NO.007	焦文全	销售部	11333				
NO.008	郑立媛	设计部	4825				
NO.009	马同燕	设计部	6155				
NO.010	莫云	销售部	12997				
NO.011	陈芳	研发部	3460				
NO.012	钟华	研发部	3870				
NO.013	张燕	人事部	4020				

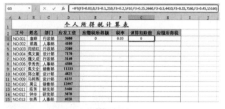

图 11-11

❺选中 H3 单元格，在编辑栏中输入公式：

=E3*F3-G3

按 Enter 键，即可计算出应交所得税额，如图 11-12 所示。

H3 =E3*F3-G3

工号	姓名	部门	应发工资	应缴税所得额	税率	速算扣除数	应缴所得税
NO.001	章晔	行政部	3600	0	0.03	0	0
NO.002	姚磊	人事部	4100				
NO.003	闫绍红	行政部	3260				
NO.004	焦文雷	设计部	7170				
NO.005	魏义成	行政部	3140				
NO.006	李秀秀	人事部	4380				
NO.007	焦文全	销售部	11333				
NO.008	郑立媛	设计部	4825				

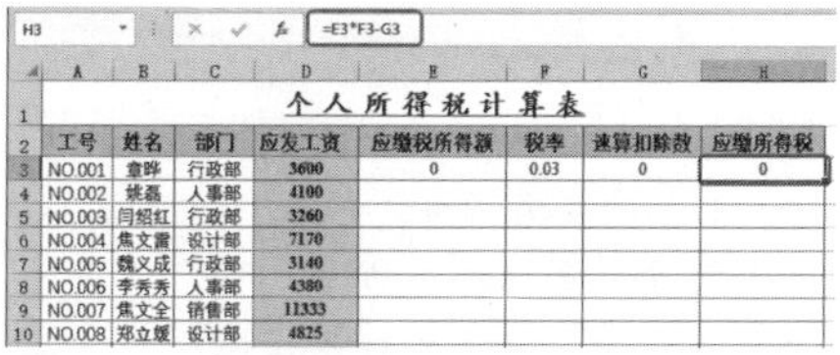

图 11-12

❻选中 D3:H3 单元格区域，拖动右下角的填充柄，向下填充公式，批量计算其他员工在应扣部分各个项目的数据，如图 11-13 所示。

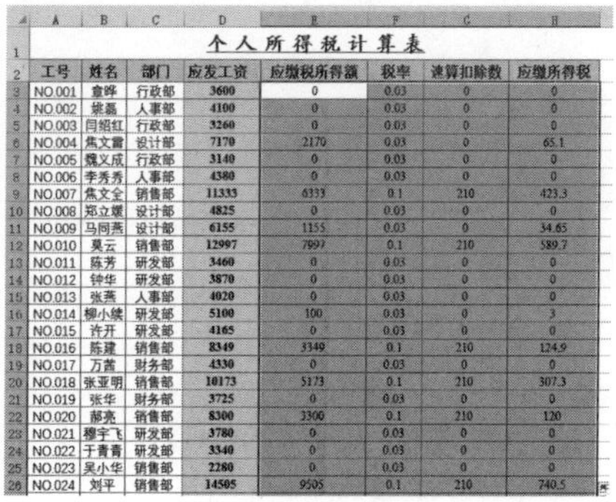

个人所得税计算表

工号	姓名	部门	应发工资	应缴税所得额	税率	速算扣除数	应缴所得税
NO.001	章晔	行政部	3600	0	0.03	0	0
NO.002	姚磊	人事部	4100	0	0.03	0	0
NO.003	闫绍红	行政部	3260	0	0.03	0	0
NO.004	焦文雷	设计部	7170	2170	0.03	0	65.1
NO.005	魏义成	行政部	3140	0	0.03	0	0
NO.006	李秀秀	人事部	4380	0	0.03	0	0
NO.007	焦文全	销售部	11333	6333	0.1	210	423.3
NO.008	郑立媛	设计部	4825	0	0.03	0	0
NO.009	马同燕	设计部	6155	1155	0.03	0	34.65
NO.010	莫云	销售部	12997	7997	0.1	210	589.7
NO.011	陈芳	研发部	3460	0	0.03	0	0
NO.012	钟华	研发部	3870	0	0.03	0	0
NO.013	张燕	人事部	4020	0	0.03	0	0
NO.014	柳小续	研发部	5100	100	0.03	0	3
NO.015	许开	研发部	4165	0	0.03	0	0
NO.016	陈建	销售部	8349	3349	0.1	210	124.9
NO.017	万茜	财务部	4330	0	0.03	0	0
NO.018	张亚明	销售部	10173	5173	0.1	210	307.3
NO.019	张华	财务部	3725	0	0.03	0	0
NO.020	郝亮	销售部	8300	3300	0.1	210	120
NO.021	穆宇飞	研发部	3780	0	0.03	0	0
NO.022	于青青	研发部	3340	0	0.03	0	0
NO.023	吴小华	销售部	2280	0	0.03	0	0
NO.024	刘平	销售部	14505	9505	0.1	210	740.5

图 11-13

11.3 建立工资条

工资核算完成后一般都需要生成工资条。工资条是员工领取工资的一个详单，便于员工详细了解本月应发工资明细与应扣工资明细。

在生成员工工资条的时候，要注意以下几个方面。

◆ 工资条利用公式返回，保障其重复使用性与拓展性。

◆ 打印时页面一般需要重新设置。

❶ 建立完成的"员工月度工资表"如图 11-14 所示，在此表中选中从第 2 行开始且包含列标识的数据编辑区域，在名称编辑框中定义其名称为"工资表"，按 Enter 键即可完成名称的定义。

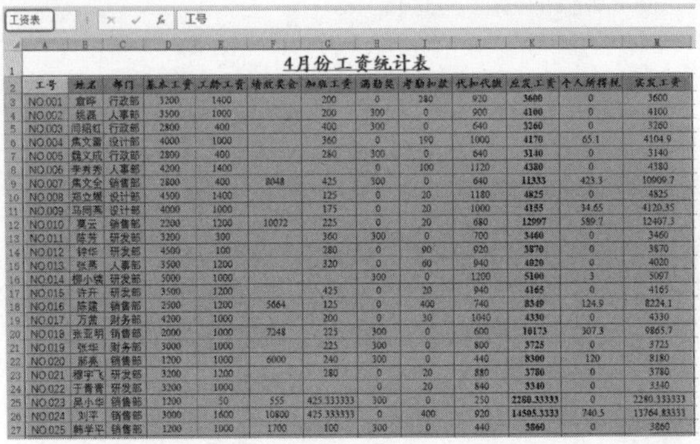

图 11-14

为什么要定义名称呢？

定义名称是指把一块单元格区域用一个容易记忆的名称来代替，可以起到简化公式的作用。当用户想引用某块数据区域进行计算时，只要在公式中使用该数据区域的名称即可。尤其在需要引用其他工作表中的数据参与计算时，定义名称则是非常必要的。在本例中建立工资条时需要多次使用工资表数据区域，因此将其定义为名称，便于后续公式对单元格区域的引用。

❷ 新建工作表并重命名为"工资条"，如图 11-15 所示。

图 11-15

❸ 选中 B3 单元格，在编辑栏中输入公式：

=VLOOKUP(A3, 工资表 ,2,FALSE)

按 Enter 键，即可返回第一位员工的姓名，如图 11-16 所示。

图 11-16

❹ 选中 C3 单元格，在编辑栏中输入公式：

=VLOOKUP(A3, 工资表 ,3,FALSE)

按 Enter 键，即可返回第一位员工的部门，如图 11-17 所示。

图 11-17

❺ 选中 D3 单元格，在编辑栏中输入公式：

=VLOOKUP(A3, 工资表 ,13,FALSE)

按 Enter 键，即可返回第一位员工的实发工资，如图 11-18 所示。

❻ 选中 A6 单元格，在编辑栏中输入公式：

=VLOOKUP($A3, 工资表 ,COLUMN(D1),FALSE)

按 Enter 键，即可返回第一位员工的基本工资，如图 11-19 所示。

图 11-18

图 11-19

❼ 选中 A6 单元格，将光标定位到该单元格右下角，出现黑色十字形时按住鼠标左键向右拖动至 I6 单元格，释放鼠标，即可返回第一位员工的各项工资明细，如图 11-20 所示。

基本工资	工龄工资	绩效奖金	加班工资	满勤奖	考勤扣款	代扣代缴	应发工资	个人所得税
3200	1400		200		280	920	3600	

图 11-20

✎ 专家提示

COLUMN 函数返回给定单元格的列号，如果没有参数，则返回公式所在单元格的列号。

=VLOOKUP($A3,工资表,COLUMN(D1),FALSE)

COLUMN(D1) 因为 D 列是第 4 列，所以返回值为 4，而"基本工资"正处于"工资表"（之前定义的名称）单元格区域的第 4 列中。之所以这样设置，是为了接下来复制公式方便。当复制 A6 单元格的公式到 B6 单元格中时，公式更改为"=VLOOKUP($A3,工资表,COLUMN(E1),FALSE)"，COLUMN(E1) 返回值为 5，而"工龄工资"正处于"工资表"

单元格区域的第 5 列中，以此类推。如果不采用这种办法来设置公式，则需要依次手动更改 VLOOKUP 函数的第 3 个参数，即指定要返回哪一列上的值。

生成了第一位员工的工资条后，可以利用填充的办法来快速生成每位员工的工资条。

❽ 选中 A2:I7 单元格区域，将光标定位到该单元格区域右下角，当其变为黑色十字形时，如图 11-21 所示，按住鼠标左键向下拖动，释放鼠标即可得到每位员工的工资条，如图 11-22 所示（拖动到什么位置释放鼠标，要根据当前员工的人数来决定，即通过填充得到所有员工的工资条后释放鼠标）。

图 11-21

✎ 专家提示

在选择填充源时，要多选择一个空白行，这样是为了填充后每个工资条下方都有一个空白行，打印后方便对工资条进行裁剪。

图 11-22

11.4 ▶ 月工资统计分析报表

在月末建立了"员工月度工资表"后，根据核算后的工资数据可以建立各类报表，实现数据统计分析。例如，按部门汇总统计工资总额、部门平均工资比较、工资分布区间统计等。图11-23所示为某月的工资数据，下面以此数据为例创建统计分析报表。

工号	姓名	部门	基本工资	工龄工资	绩效奖金	加班工资	满勤奖	考勤扣款	代扣代缴	应发工资	个人所得税	实发工资
NO.001	童晔	行政部	3200	1400		200	0	280	920	3600	0	3600
NO.002	姚磊	人事部	3500	1000		200	300	0	900	4100	0	4100
NO.003	闫绍红	行政部	2800	400		400	300	0	640	3260	0	3260
NO.004	焦文雷	设计部	4000	1000		360	0	190	1000	4170	65.1	4104.9
NO.005	魏义成	行政部	2800	400		280	300	0	640	3140	0	3140
NO.006	李秀秀	人事部	4200	1400			0	100	1120	4380	0	4380
NO.007	焦文全	销售部	2800	400	8048	425	300	0	640	11333	423.3	10909.7
NO.008	郑立媛	设计部	4500	1400		125	0	20	1180	4825	0	4825
NO.009	马同燕	设计部	4000	1000		175	0	20	1000	4155	34.65	4120.35
NO.010	莫云	销售部	2200	1200	10072	225	0	20	680	12997	589.7	12407.3
NO.011	陈芳	研发部	3200	300		360	300	0	700	3460	0	3460
NO.012	钟华	研发部	4500	100		280	0	90	920	3870	0	3870
NO.013	张燕	人事部	3500	1200		320	0	60	940	4020	0	4020
NO.014	柳小续	研发部	5000				300	0	1200	5100	3	5097
NO.015	许开	研发部	3500	1200		425	0	0	940	4165	0	4165
NO.016	陈建	销售部	2500	1200	5664	125	0	400	740	8349	124.9	8224.1
NO.017	万茹	财务部	4200	1000		200	0	30	1040	4330	0	4330
NO.018	张亚明	销售部	2000	1200	7248	225	300	0	600	10173	307.3	9865.7
NO.019	张华	财务部	3000	1000		225	300	0	800	3725	0	3725
NO.020	郝亮	销售部	1200	1000	6000	240	300	0	440	8300	120	8180
NO.021	穆宇飞	销售部	3200	1200		280	0	20	880	3780	0	3780
NO.022	于青青	研发部	3200	1000			0	20	840	3340	0	3340
NO.023	吴小华	销售部	1200	50	555	425	300	0	250	2280	0	2280
NO.024	刘平	销售部	3000	1600	10800	425	0	400	920	14505	740.5	13764.5
NO.025	韩学平	销售部	1200	1000	1700	100	0	0	440	3860	0	3860
NO.026	张斌	销售部	1200	300	1295	150	0	20	320	2625	0	2625
NO.027	邓宏	销售部	1200	300	8240	225	300	0	320	10045	294.5	9750.5

图 11-23

11.4.1 部门工资汇总报表

部门工资汇总报表可以使用数据透视表来快速实现，并且字段的设置也很简单。

❶ 选中数据区域内的任意单元格，在"插入"选项卡的"表格"组中单击"数据透视表"按钮，如图11-24所示。

❷ 打开"创建数据透视表"对话框，保持默认设置和选项，单击"确定"按钮，即可创建数据透视表，如图11-25所示。

图 11-24

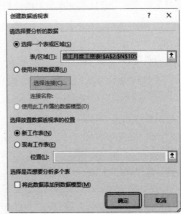

图 11-25

❸ 将工作表重命名为"按部门汇总工资额"。添加"部门"字段至"行"、添加"实发工资"字段至"值"，得到如图11-26所示数据透视表，可以看到按部门统计出了工资汇总金额。

图11-26

❹ 选中数据透视表中任意单元格，在"数据透视表工具-分析"选项卡的"工具"组中单击"数据透视图"按钮，如图11-27所示。

❺ 打开"插入图表"对话框，选择图表类型为"饼图"，如图11-28所示。

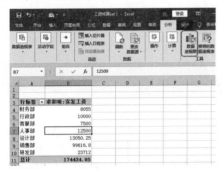

图11-27

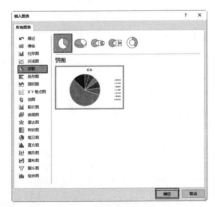

图11-28

❻ 单击"确定"按钮创建图表。选中图表，在扇面上单击，再在最大的扇面上单击（表示只选中这个扇面），单击图表右上角的"图表元素"按钮，在弹出的下拉列表中依次选择"数据标签"→"更多选项"命令，如图11-29所示。

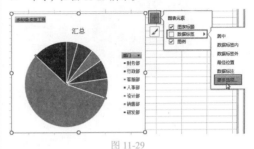

图11-29

❼ 打开"设置数据标签格式"窗格，分别选中"类别名称"和"百分比"复选框，如图11-30所示。得到的图表如图11-31所示。

图11-30

❽ 在图表标题框中重新输入标题，让图表的分析重点更加明确，如图11-32所示。

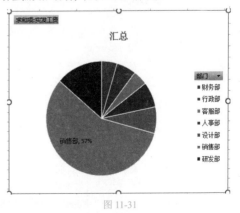

图11-31

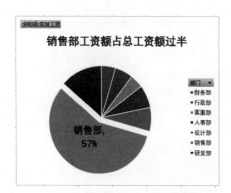

图 11-32

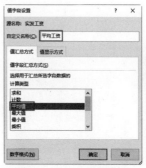

11.4.2 部门平均工资比较图表

在建立数据透视图之前，可以为当前表格建立数据透视表，并按部门统计工资额，然后再修改值的汇总方式为平均值，从而计算出每个部门的平均工资。

❶ 复制 11.4.1 小节中的数据透视表，并将工作表重命名为“部门平均工资比较”，如图 11-33 所示。

	A	B	C	D
1				
2				
3	部门	求和项:实发工资		
4	财务部	8055		
5	行政部	10000		
6	客服部	7500		
7	人事部	12500		
8	设计部	13050.25		
9	销售部	99616.8		
10	研发部	23712		
11	总计	174434.05		
12				

图 11-33

❷ 在数据透视表中双击值字段，即 B3 单元格，打开“值字段设置”对话框，选择“值汇总方式”选项卡，在“值字段汇总方式”栏的“选择用于汇总所选字段数据的计算类型”列表框中选择“平均值”，并将“自定义名称”设置为“平均工资”，如图 11-34 所示。

❸ 单击“确定”按钮，其统计数据如图 11-35 所示。

❹ 选中数据透视表任意单元格，在“数据透视表工具 - 分析”选项卡的“工具”组中单击“数据透视图”按钮，打开“插入图表”对话框，选择“柱形图”中的“簇状柱形图”，如图 11-36 所示。

图 11-34

	A	B
1		
2		
3	部门	平均工资
4	财务部	4027.5
5	行政部	3333.333333
6	客服部	2500
7	人事部	4166.666667
8	设计部	4350.083333
9	销售部	6226.05
10	研发部	3952
11	总计	4845.390278

图 11-35

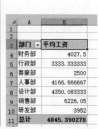

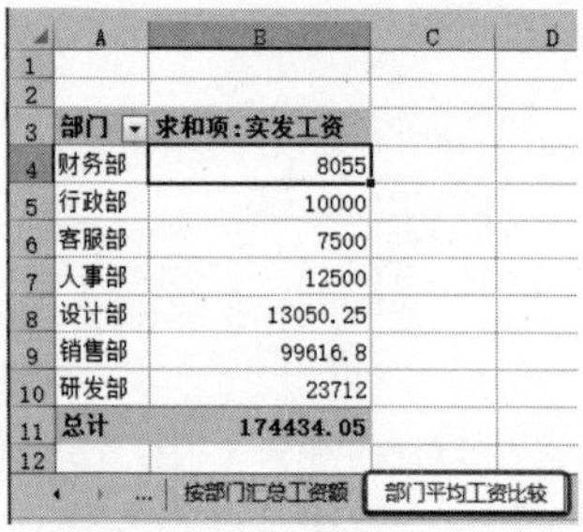

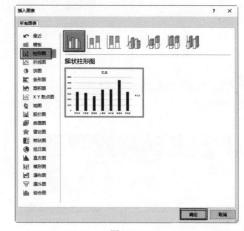

图 11-36

❺ 单击“确定”按钮，即可在工作表中插入默认的图表，如图 11-37 所示。

❻ 编辑图表标题，通过套用图表样式快速美化图表。从图表中可以直观地查看数据分析的结果，如图 11-38 所示。

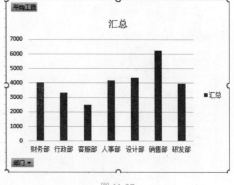

图 11-37

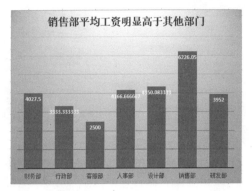

图 11-38

11.4.3 工资分布区间统计报表

根据员工月度工资表中的实发工资列数据，可以建立工资分布区间人数统计表，以实现对企业工资水平分布情况的研究。

❶ 复制 11.4.1 小节中的数据透视表，将原来已设置的字段拖出，重新添加字段。添加"实发工资"字段至"行"，添加"姓名"字段至"值"，这时的数据透视表是计数统计的结果，如图 11-39 所示。

图 11-39

❷ 选中行标签下的任意单元格，在"数据"选项卡的"排序和筛选"组中单击"降序"按钮，先将工资数据排序，如图 11-40 所示。

❸ 选中所有大于 5000 的数据，在"数据透视表工具-分析"选项卡的"组合"组中单击"分组选择"按钮（见图 11-41），创建出一个自定义数组，如图 11-42 所示。

❹ 选中 A4 单元格，将组名更改为"5000 以上"，如图 11-43 所示。

图 11-40

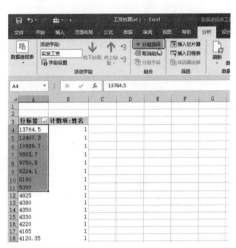

图 11-41

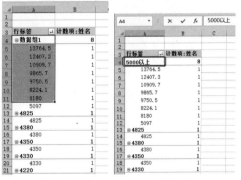

图 11-42　　　　图 11-43

⑤选中4000～5000的数据，在"数据透视表工具-分析"选项卡的"组合"组中单击"分组选择"按钮，如图11-44所示。此时创建出一个自定义数组，将第二组的名称重新输入为"4000~5000"，如图11-45所示。

图 11-44

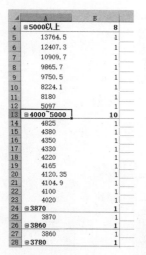

图 11-45

⑥按相同的方法建立"3000~4000"组和"3000

以下"组，这时可以看到在"行"标签中有"实发工资2"和"实发工资"两个字段，如图11-46所示。

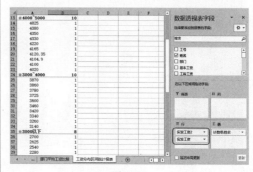

图 11-46

⑦因为这里只想显示分组后的统计结果，因此将"实发工资"字段拖出，只保留"实发工资2"字段，得到的统计结果如图11-47所示。

⑧对得到的统计结果进行整理，对字段重新命名，添加标题，得到如图11-48所示的报表。

图 11-47

工资分布区间统计报表	
工资区间 ▼	人数
5000以上	8
4000~5000	10
3000~4000	10
3000以下	8
总计	36

图 11-48

第12章

员工在职、离职情况总结汇报

人事信息表是企业人力资源管理的基本表格，基本每一项人事变动工作都与此表有关联。完善的人事信息有利于对一段时期的人事情况进行准确分析（如年龄结构、学历层次、人员流失情况等），同时可以扩展建立企业在职人员结构统计报表和人员流动情况分析报表，细致、深入地分析总结企业的员工状况。

- ☑ 信息完善的人事信息数据表
- ☑ 按编号实现快速查询的查询报表
- ☑ 员工学历、年龄、稳定性分析报表
- ☑ 在职员工的结构统计报表
- ☑ 离职情况的总结分析报表

12.1 建立员工信息查询表

如图 12-1 所示为某企业的人事信息数据。如果企业员工较多，当需要查询某位员工的数据信息时会不太容易。可以利用 Excel 中的函数功能建立一个查询表，当需要查询某位员工的信息数据时，只需要输入其工号即可快速查询。建立这种查询表，要基于 VLOOKUP 这个重要的函数。如图 12-1 所示为某企业的人事信息数据表。

员工工号	姓名	所属部门	性别	身份证号码	年龄	学历	职位	入职时间	离职时间	工龄	离职原因	联系方式
NO.001	童晔	行政部	男	342701198802138572	32	大专	行政副总	2012/5/8		8		13026541239
NO.002	姚磊	人事部	女	340025199103170540	29	大专	HR专员	2014/6/4		6		15854236952
NO.003	闫绍红	行政部	女	342701198908148521	31	大专	网络编辑	2015/11/5		5		13802563265
NO.004	焦文雷	设计部	男	340025199205162522	28	大专	主管	2014/3/12		6		13505532689
NO.005	魏义成	行政部	男	342001198011202528	40	本科	行政文员	2015/3/5	2017/5/19	2	工资太低	15855142635
NO.006	李秀秀	人事部	男	340042198610160517	34	本科	HR经理	2012/6/18		8		15855168963
NO.007	焦文全	市场部	男	340025196902268563	51	本科	网络编辑	2015/2/15		5		13985263214
NO.008	郑立媛	设计部	女	340222196312022562	57	初中	保洁	2014/4/3		6		15946231586
NO.009	马同燕	设计部	女	340222197805022652	42	高中	网管	2014/4/8		6		15855316360
NO.010	莫云	行政部	女	340042198810160527	32	大专	网管	2013/3/1	2017/11/15	4	转换行业	15842365410
NO.011	陈芳	行政部	女	342122199111035620	29	本科	网管	2016/6/11		4		13925012504
NO.012	钟华	行政部	女	342222198902252520	31	大专	网络编辑	2017/1/2		3		15956232013
NO.013	张燕	人事部	女	340025197902281235	41	大专	HR专员	2013/3/1	2018/5/1	5	家庭原因	13855692134
NO.014	柳小续	研发部	男	340001197803088452	42	本科	研究员	2014/6/4		6		15855178563
NO.015	许开	行政部	女	342701198904018543	31	本科	行政专员	2013/3/1	2016/1/22	2	转换行业	13822236958
NO.016	陈建	市场部	男	340025198306018452	28	本科	总监	2013/4/1	2016/10/11	2	转换行业	13956234587
NO.017	万茜	财务部	女	340025196002138578	51	大专	主办会计	2014/4/1		6		15877412365
NO.018	张亚明	市场部	男	340025199306100214	37	本科	市场专员	2014/4/1		6		15963230123
NO.019	张华	财务部	女	342001198007202528	40	大专	会计	2014/4/1		6		18054236541
NO.020	郝亮	市场部	男	342701197708178573	43	本科	网管	2014/4/1		6		13724589632
NO.021	穆宇飞	研发部	男	342701198202138579	38	硕士	研究员	2013/4/1	2018/2/11	4	家庭原因	13601245871
NO.022	于青青	研发部	男	342701198204148521	38	本科	助理	2014/1/31		5		13855623369
NO.023	吴小华	销售部	女	342701197902138528	41	本科	销售专员	2018/5/2		2		13855623369
NO.024	刘平	销售部	女	340025199502138548	25	本科	销售专员	2011/7/12	2015/4/21	3	家庭原因	13945632514

图 12-1

12.1.1 创建员工信息查询表

员工信息查询表的数据来自人事信息数据表，所以可以选择在同一个工作簿中插入新工作表来建立查询表。

❶插入新工作表并命名为"员工信息查询表"，在工作表头输入表头信息。切换到"人事信息数据表"，选中 B2:M2 单元格区域，在"开始"选项卡的"剪贴板"组中单击"复制"按钮，如图 12-2 所示。

❷切换回"员工信息查询表"工作表，选中要放置粘贴内容的单元格区域，在"开始"选项卡的"剪贴板"组中单击"粘贴"下拉按钮，在弹出的下拉列表中选择"选择性粘贴"选项，如图 12-3 所示。

图 12-2

图 12-3

③ 打开"选择性性粘贴"对话框，在"粘贴"栏中选中"数值"单选按钮，选中"转置"复选框，单击"确定"按钮，如图12-4所示。

④ 返回工作表中，即可将复制的列标识转置为行标识显示，如图12-5所示。

图12-4

图12-5

⑤ 对复制得到的数据进行格式整理，如设置表格的字体格式、边框颜色及单元格背景色等，得到如图12-6所示的查询表。

图12-6

12.1.2 建立查询公式

创建好员工信息查询表后，需要创建下拉列表以选择员工工号，还需要使用函数实现根据员工工号查询员工部门、姓名等相关信息的功能。其中，可以使用数据验证引用"人事信息数据表"中的"员工工号"列数据，实现查询编号的选择性输入。

① 选中D2单元格，在"数据"选项卡的"数据工具"组中单击"数据验证"下拉按钮，在弹出的下拉列表中选择"数据验证"选项，如图12-7所示。

图12-7

② 打开"数据验证"对话框，在"验证条件"栏单击"允许"右侧的下拉按钮，在弹出的下拉列表中选择"序列"选项，接着在"来源"参数框中输入"=人事信息数据表!$A$3:$A$90"（也可以单击右侧的 ↑ 按钮，回到工作表中拖动选择"工号"那一列数据），如图12-8所示。

图12-8

③ 切换到"输入信息"选项卡，设置选中该单元格时所显示的提示信息，如图12-9所示，设置完成后单击"确定"按钮。

图12-9

④ 返回工作表中，选中的单元格就会显示提示信息，提示从下拉列表中可以选择员工工号，如图 12-10 所示。

图 12-10

⑤ 单击 D2 单元格右侧的下拉按钮，即可在下拉列表中选择员工的工号，如图 12-11 所示。

图 12-11

设置数据验证实现员工查询编号的快速输入后，下一步就需要使用 VLOOKUP 函数从"人事信息数据表"中根据指定的编号依次返回相关的信息。

⑥ 选中 C4 单元格，在编辑栏中输入公式：

=VLOOKUP($D$2,人事信息数据表!$A$3:$M$92,
ROW(A2))

按 Enter 键，如图 12-12 所示。

⑦ 向下复制此公式，依次根据指定查询编号返回员工相关信息，如图 12-13 所示。

⑧ 选中 C11:C12 单元格区域，在"开始"选项卡的"数字"组中单击"数字格式"下拉按钮，在弹出的下拉列表中选择"短日期"选项（如图 12-14 所示），即可将其显示为正确的日期格式。

图 12-12

图 12-13

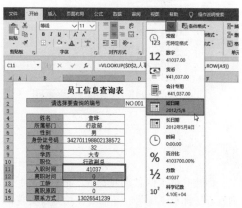

图 12-14

专家提示

建立的公式需要向下复制，因此对于不能改变的部分需要使用绝对引用方式，而对于需要改变的方式则需要使用相对引用方式。对于需要延展使用的公式，很多时候都使用混合引用的方式。

专家提示

VLOOKUP 函数是一个非常重要的查找函数，用于在表格或数值数组的首列查找指定的数值，并返回表格或数组中指定列所对应位置的数值。

=VLOOKUP($D$2,人事信息数据表!$A$3:$M$92,ROW(A2))

先使用 ROW(A2) 返回 A2 单元格所在的行号，因此当前返回结果为 2。然后用 VLOOKUP 函数在人事信息数据表 A3:M92 单元格区域的首列中寻找与 D2 单元格中相同的编号，找到后返回对应在第 2 列中的值，即对应的姓名。此公式中的查找范围与查找条件都使用绝对引用方式，即在向下复制公式时都是不改变的，唯一要改变的是用于指定返回"人事信息数据表"A3:M92 单元格区域哪一列值的参数。本例中使用 ROW(A2) 来指定，当公式复制到 C5 单元格时，ROW(A2) 变为 ROW(A3)，返回值为 3；当公式复制到 C6 单元格时，ROW(A2) 变为 ROW(A4)，返回值为 4，以此类推，这样就能依次返回指定编号人员的各项档案信息。

12.1.3 查询任意员工信息

在员工信息查询表中建立公式后，就可以通过编号查询任意工号下对应的员工信息。

❶ 单击 D2 单元格下拉按钮，在其下拉列表中选择其他员工工号，如 NO.021，系统即可自动显示出该员工信息，如图 12-15 所示。

❷ 单击 D2 单元格下拉按钮，在其下拉列表中选择其他员工工号，如 NO.080，系统即可自动显示出该员工信息，如图 12-16 所示。

图 12-15

图 12-16

12.2 ▶ 员工学历层次、年龄层次、稳定性分析

对于一个快速发展的企业而言，培养大量的骨干型员工是非常重要的。为了解公司人员结构，可对整体员工的年龄层次、学历层次、人员稳定性等进行分析。在建立了完善的人事信息数据表后，即可以使用数据透视表、图表等工具建立该类分析报表。

12.2.1 员工学历层次分析报表

数据透视表是 Excel 用来分析数据的利器，可以利用数据透视表快速统计企业员工中各学历层次的人数占比情况。

① 在"人事信息数据表"中选中 G2:G90 单元格区域，在"插入"选项卡的"表格"组中单击"数据透视表"按钮，如图 12-17 所示。

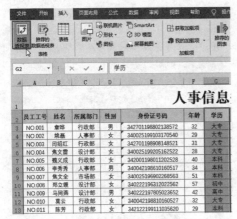

图 12-17

② 打开"创建数据透视表"对话框，在"选择一个表或区域"栏的"表 / 区域"框中显示了选中的单元格区域，创建位置默认设置为"新工作表"，如图 12-18 所示。

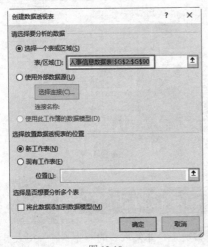

图 12-18

③ 单击"确定"按钮，即可在新工作表中创建数据透视表。在字段列表中选中"学历"字段，按鼠标左键将其拖动到"行"区域中；再次选中"学历"字段，按鼠标左键将其拖动到"值"区域中，得到的统计结果如图 12-19 所示。

④ 在数据透视表中双击值字段，即 B3 单元格。

打开"值字段设置"对话框，选择"值显示方式"选项卡，在"值显示方式"下拉列表中选择"总计的百分比"选项，在"自定义名称"文本框中输入"人数"，如图 12-20 所示。

图 12-19

图 12-20

⑤ 完成以上设置后，单击"确定"按钮返回到工作表中，即可得到如图 12-21 所示的数据透视表。从中可以看到本科和大专的人数比率基本相同，硕士占比最低。

图 12-21

⑥ 选中数据透视表任意单元格，在"数据透视表工具 - 分析"选项卡的"工具"组中单击"数据透视图"按钮（见图 12-22），打开"插入图表"对话框，选择图表类型为"饼图"；如图 12-23 所示，单

击"确定"按钮,即可在工作表中插入数据透视图。

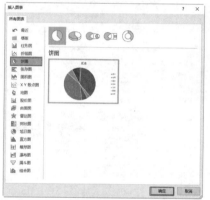

图 12-22

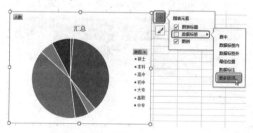

图 12-23

⑦选中图表,单击"图表元素"按钮,在弹出的菜单中选择"数据标签"→"更多选项"命令,如图 12-24 所示。

图 12-24

⑧打开"设置数据标签格式"对话框,在"标签选项"栏下选中"类别名称"和"百分比"复选框,如图 12-25 所示。继续在"数字"栏下设置"类别"为"百分比",并设置"小数位数"为 2,如图 12-26 所示。

⑨设置完毕后关闭对话框,重新输入图表标题,并做一定的美化,得到如图 12-27 所示的图表。

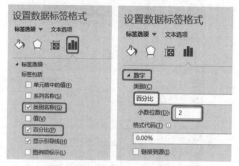

图 12-25   图 12-26

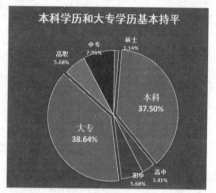

图 12-27

12.2.2 员工年龄层次分析报表

通过分析员工的年龄层次,可以帮助管理者实时掌握公司员工的年龄结构,及时调整招聘方案,为公司注入新鲜血液和,极留住有经验的老员工。

使用"年龄"列数据建立数据透视表和数据透视图,可以实现对公司年龄层次的分析。

❶在"人事信息数据表"中选中 F2:F90 单元格区域,在"插入"选项卡的"表格"组中单击"数据透视表"按钮(见图 12-28),打开"创建数据透视表"对话框。在"选择一个表或区域"框下的"表/区域"框中显示了选中的单元格区域,创建位置默认设置为"新工作表",如图 12-29 所示。

❷单击"确定"按钮,即可在新工作表中创建数据透视表,分别拖动"年龄"字段到"行"标签区域和"值"标签区域中,得到年龄统计结果,如图 12-30 所示。

图 12-28

图 12-31

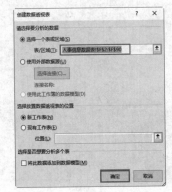

图 12-29

图 12-32

图 12-30

❸ 选中值字段下的任意单元格，单击鼠标右键，在弹出的快捷菜单中依次选择"值汇总依据"→"计数"命令（见图 12-31）即可完成计算类型的修改。

❹ 选中值字段下方任意单元格并单击鼠标右键，在弹出的快捷菜单中依次选择"值显示方式"→"总计的百分比"命令（见图 12-32），即可让数据以百分比格式显示。

❺ 选中行标签的任意单元格，在"数据透视表工具 - 分析"选项卡的"组合"组中单击"分组选择"按钮（见图 12-33），打开"组合"对话框，设置"步长"为 10，其他保持默认不变，如图 12-34 所示。

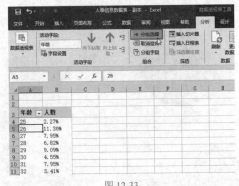

图 12-33

❻ 单击"确定"按钮，即可看到分组后的年龄段数据。从透视表中可以看到 25~34 岁的人数占比最大，如图 12-35 所示。

图 12-34   图 12-35

❼ 选中数据透视表任意单元格，在"数据透视表工具 - 分析"选项卡的"工具"组中单击"数据透视图"按钮，打开"插入图表"对话框，选择图表类型为"饼图"，如图 12-36 所示，单击"确定"按钮，即可创建默认的饼图，如图 12-37 所示。

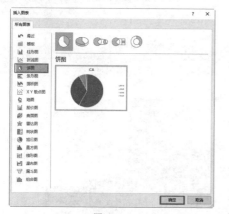

图 12-36

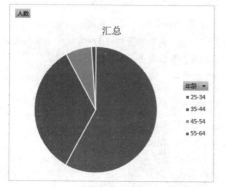

图 12-37

❽ 选中图表，单击"图表元素"按钮，在弹出的菜单中选择"数据标签"→"更多选项"命令（见图 12-38），打开"设置数据标签格式"窗格。分别选中"类别名称"和"百分比"复选框，如图 12-39 所示。

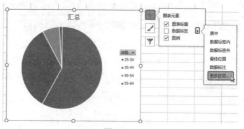

图 12-38

图 12-39

❾ 单击"图表样式"按钮，在弹出的菜单中选择"样式 4"命令，图表效果如图 12-40 所示。

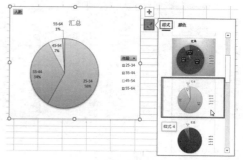

图 12-40

❿ 在图表标题框中重新输入能反应主题的标题文字，最终效果如图 12-41 所示。从图表中可以看出，在 35 岁以下的企业员工居多。

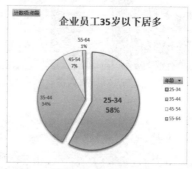

图 12-41

第12章 员工在职、离职情况总结汇报

231

12.2.3 员工稳定性分析图表

对工龄进行分段统计，可以分析公司员工的稳定性。而在人事信息表中，通过计算工龄数据可以快速创建直方图，直观显示各工龄段人数分布情况。

❶ 切换到"人事信息数据表"中，选中"工龄"列下的单元格区域，在"插入"选项卡的"图表"组中单击"插入统计图表"下拉按钮，在弹出的下拉列表中选择"直方图"选项（见图12-42），即可在工作表中插入默认的直方图，如图12-43所示。注意，创建的直方图数据的分布区间是默认的，一般都需要根据实际情况重新设置。

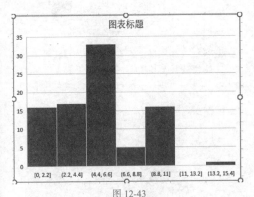

图 12-42

图 12-43

❷ 双击图表中的水平坐标轴，打开"设置坐标轴格式"窗格，选中"箱宽度"单选按钮，在右侧数值框中输入3；选中"箱数"单选按钮，在右侧数值框中输入5，如图12-44所示。执行上述操作后，可以看到图表变为5根柱子，且工龄按3年分段，如图12-45所示。

图 12-44

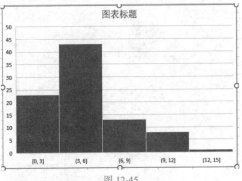

图 12-45

❸ 在图表中输入能直观反映图表主题的标题，并美化图表，最终效果如图12-46所示。从图表中可以直观看到工龄段在3~6年的员工最多。

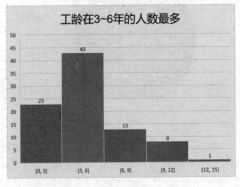

图 12-46

12.3 ▶ 在职员工结构统计报表

公司人员结构分析是对公司人力资源状况的审查，用来检验人力资源配置与公司业务是否相匹配，是人力资源规划的一项基础性工作。人员结构分析可以从性别、学历、年龄、工龄、人员类别等方面进行。

在进行数据统计前需要进入"人事信息数据表"中，先将数据区域定义为名称，因为后面的数据统计工作需要大量引用"人事信息数据表"中的数据。

❶ 创建工作表，在工作表标签上双击鼠标，重新输入名称为"在职人员结构统计"，输入标题和列标识，并进行字体、边框、底纹等设置，从而让表格更加易于阅读，如图12-47所示。

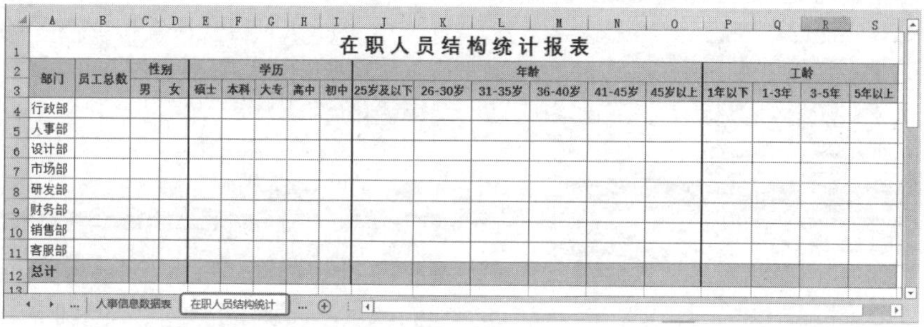

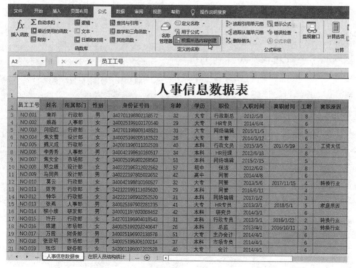

图 12-47

❷ 进入"人事信息数据表"中，选中A2:L90单元格区域，在"公式"选项卡"定义的名称"组中单击"根据所选内容创建"按钮，如图12-48所示。

图 12-48

❸ 打开"根据所选内容创建名称"对话框，只选中"首行"复选框，如图12-49所示。单击"确定"按钮即可创建所有名称。打开"名称管理器"对话框，可以看到所有选中的列都以其列标识为名称被定义，这些名称在下面的小节中都将会被用于公式中，如图12-50所示。

233

第12章 员工在职、离职情况总结汇报

图 12-49

图 12-50

12.3.1 统计各部门不同性别员工人数

要统计各部门的员工总人数，可以剔除离职人员后，再按部门进行统计。如果要统计指定性别，则需要增加一个求和条件对性别进行判断。

❶选中 B4 单元格，在编辑栏中输入公式：

=SUMPRODUCT((离 职 时 间 ="")*(所属部门 =A4))

按 Enter 键，如图 12-51 所示。向下复制此公式，快速得出各部门的员工总人数，如图 12-52 所示。

图 12-51

图 12-52

❷选中 C4 单元格，在编辑栏中输入公式：

=SUMPRODUCT((离职时间 ="")*(所属部门 =$A4)*(性别 =C$3))

按 Enter 键，快速得出"行政部"男性员工的总人数，如图 12-53 所示。

图 12-53

❸选中 D4 单元格，在编辑栏中输入公式：

=SUMPRODUCT((离 职 时 间 ="")*(所属部门 =$A4)*(性别 =D$3))

按 Enter 键，快速得出"行政部"女性员工的总人数，如图 12-54 所示。

图 12-54

❹同时选中 C4:D4 单元格区域，鼠标指向该区域右下角，向下拖动复制此公式，快速得出各部门的

男性和女性员工人数，如图 12-55 所示。

部门	员工总数	性别		学历					年龄			
		男	女	硕士	本科	大专	高中	初中	25岁及以下	26-30岁	31-35岁	36-40岁
行政部	9	4	5									
人事部	3	1	2									
设计部	12	2	10									
市场部	13	7	6									
研发部	7	3	4									
财务部	2	1	1									
销售部	14	6	8									
客服部	11	7	4									
总计												

图 12-55

专家提示

完成这些统计要应用 SUMPRODUCT 函数。它是一个数学函数，其最基本的用法是对数组间对应的元素相乘，并返回乘积之和。

SUMPRODUCT 函数非常强大，它可以进行多个条件的求和或计数处理，而且语法写起来比较容易理解，只要逐个写入条件，使用"*"相连接即可。

满足多条件的求和运算的语法可以写为：
=SUMPRODUCT（（条件 1 表达式）*（条件 2 表达式）*（条件 3 表达式）*……*（求和的区域））

满足多条件的计数运算的语法可以写为：
=SUMPRODUCT（（条件 1 表达式）*（条件 2 表达式）*（条件 3 表达式）*……

例如，公式"=SUMPRODUCT（（离职时间 =""）*（所属部门 =$A4）*（性别 =C$3））"中，第一个条件是"离职时间 =""（即保证不是已离职的记录），第二个条件是"所属部门 =$A4"，第三个条件是"性别 =C$3"，当同时满足这三个条件时就为一条满足条件的记录，只要有任意一个条件不满足则为不满足条件的记录。

12.3.2 统计各部门不同学历员工人数

根据"人事信息数据表"中"学历"列的

数据，可以设置公式统计各个学历的总人数。

① 选中 E4 单元格，在编辑栏中输入公式：
=SUMPRODUCT((离职时间 ="")*(所属部门 =$A4)*(学历 =E$3))

按 Enter 键，快速得出指定部门"硕士"学历的员工总人数，如图 12-56 所示。

图 12-56

② 选中 E4 单元格，向下复制此公式，快速得出各部门"硕士"学历的员工总人数，如图 12-57 所示。保持单元格选中状态，再向右复制公式，依次得到其他各部门各学历层次的合计人数，如图 12-58 所示。

部门	员工总数	性别		学历				
		男	女	硕士	本科	大专	高中	初中
行政部	9	4	5	0				
人事部	3	1	2	0				
设计部	12	2	10	0				
市场部	13	7	6	0				
研发部	7	3	4	1				
财务部	2	1	1	0				
销售部	14	6	8	1				
客服部	11	7	4	0				
总计								

图 12-57

部门	员工总数	性别		学历					25
		男	女	硕士	本科	大专	高中	初中	
行政部	9	4	5	0	2	4	1	1	
人事部	3	1	2	0	2	1	0	0	
设计部	12	2	10	0	4	4	1	2	
市场部	13	7	6	0	6	4	1	0	
研发部	7	3	4	1	2	2	1	0	
财务部	2	1	1	0	1	1	0	0	
销售部	14	6	8	1	5	4	1	0	
客服部	11	7	4	0	4	4	0	2	
总计									

图 12-58

专家提示

对各部门中不同学历层次的人数进行统计也要使用 SUMPRODUCT 函数，在理解了 12.3.1 小节中的公式后，这一节的公式可按相同方法去理解。

12.3.3 统计各部门不同年龄段员工人数

使用 SUMPRODUCT 函数可以将指定部门符合指定年龄段的人数统计出来，不同的年龄段需要在公式中进行指定。

❶ 选中 J4 单元格，在编辑栏中输入公式：

=SUMPRODUCT((所属部门 =$A4)*(离职时间 ="")*(年龄 <=25))

按 Enter 键，得出"行政部"年龄小于等于 25 岁的人数，如图 12-59 所示。

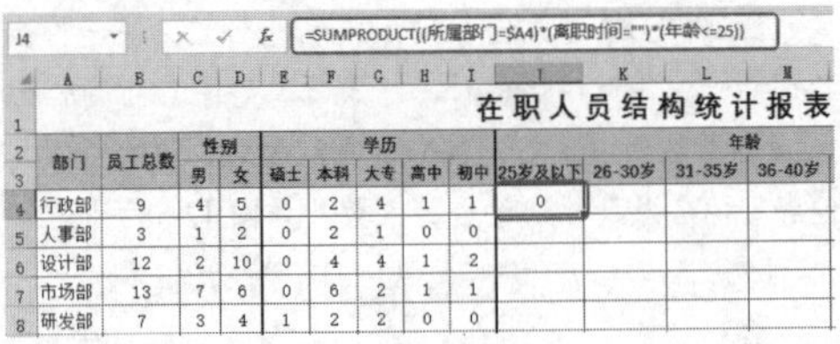

图 12-59

❷ 分别选中 K4、L4、M4、N4、O4 单元格并依次输入公式：

=SUMPRODUCT((所属部门 =$A4)*(离职时间 ="")*(年龄 >25)*(年龄 <=30))

=SUMPRODUCT((所属部门 =$A4)*(离职时间 ="")*(年龄 >30)*(年龄 <=35))

=SUMPRODUCT((所属部门 =$A4)*(离职时间 ="")*(年龄 >35)*(年龄 <=40))

=SUMPRODUCT((所属部门 =$A4)*(离职时间 ="")*(年龄 >40)*(年龄 <=45))

=SUMPRODUCT((所属部门 =$A4)*(离职时间 ="")*(年龄 >45))

得到"行政部"各年龄段的人数，如图 12-60 所示。

❸ 再选中 J4:O4 单元格区域，鼠标指向该区域右下角，向下拖动复制此公式，快速得出其他部门各年龄段的员工总人数，如图 12-61 所示。

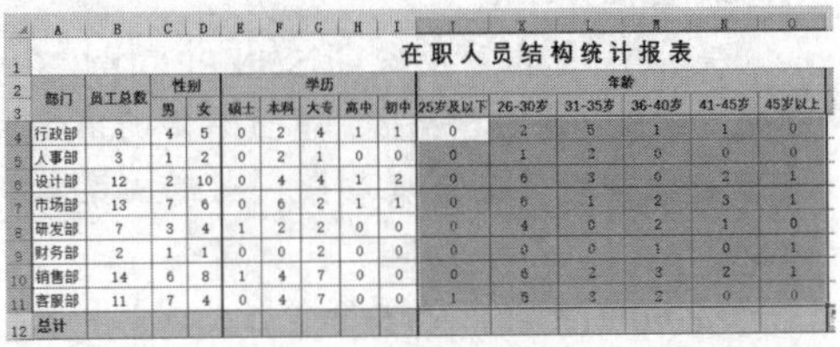

图 12-60

图 12-61

12.3.4 统计各部门不同工龄段员工人数

使用 SUMPRODUCT 函数可以将指定部门符合指定工龄段的人数统计出来，不同的工龄段需要在公式中进行指定。

❶ 选中 P4 单元格，在编辑栏中输入公式：

=SUMPRODUCT((所属部门 =$A4)*(离职时间 ="")*(工龄 <=1))

按 Enter 键，统计出该部门指定工龄段的人数，如图 12-62 所示。

图 12-62

❷ 分别选中 Q4、R4、S4 单元格并依次输入公式：

=SUMPRODUCT((所属部门 =$A4)*(离职时间

="")*(工龄>1)*(工龄<=3))

=SUMPRODUCT((所属部门=$A4)*(离职时间="")*(工龄>3)*(工龄<=5))

=SUMPRODUCT((所属部门=$A4)*(离职时间="")*(工龄>5))

从而统计出“行政部”各工龄段的人数，如图 12-63 所示。

S4 =SUMPRODUCT((所属部门=$A4)*(离职时间="")*(工龄>5))

在职人员结构统计报表

部门	员工总数	性别		学历					工龄			
		男	女	硕士	本科	大专	高中	初中	1年以下	1-3年	3-5年	5年以上
行政部	9	4	5	0	2	4	1	1	0	3	3	3
人事部	3	1	2	0	2	1	0	0				
设计部	12	2	10	0	4	4	1	2				
市场部	13	7	6	0	6	2	1	1				
研发部	7	3	4	1	2	2	0	0				

图 12-63

❸ 再选中 P4:S4 单元格区域，鼠标指向该区域右下角，向下拖动复制此公式，快速得出其他部门各工龄段的员工总人数，如图 12-64 所示。

在职人员结构统计报表

部门	员工总数	性别		学历					工龄			
		男	女	硕士	本科	大专	高中	初中	1年以下	1-3年	3-5年	5年以上
行政部	9	4	5	0	2	4	1	1	0	3	3	3
人事部	3	1	2	0	2	1	0	0	0	1	0	2
设计部	12	2	10	0	4	4	1	2	1	0	3	8
市场部	13	7	6	0	6	2	1	1	1	2	4	6
研发部	7	3	4	1	2	2	0	0	0	1	3	3
财务部	2	1	1	0	0	2	0	0	0	0	0	2
销售部	14	6	8	1	4	7	0	0	0	1	3	10
客服部	11	7	4	0	4	7	0	0	1	3	4	3
总计												

图 12-64

❹ 选中 B12 单元格，在编辑栏中输入公式：

=SUM(B4:B11)

按 Enter 键，然后将 B12 单元格的公式向右拖动直到 S12 单元格，进行各列的求和运算，完成整个报表的统计，如图 12-65 所示。

B12 =SUM(B4:B11)

在职人员结构统计报表

部门	员工总数	性别		学历					年龄						工龄			
		男	女	硕士	本科	大专	高中	初中	25岁及以下	26-30岁	31-35岁	36-40岁	41-45岁	45岁以上	1年以下	1-3年	3-5年	5年以上
行政部	9	4	5	0	2	4	1	1	0	2	5	1	1	0	0	3	3	3
人事部	3	1	2	0	2	1	0	0	0	1	2	0	0	0	0	1	0	2
设计部	12	2	10	0	4	4	1	2	0	6	3	0	2	1	1	0	3	8
市场部	13	7	6	0	6	2	1	1	0	6	1	2	3	1	1	2	4	6
研发部	7	3	4	1	2	2	0	0	0	4	0	2	1	0	0	1	3	3
财务部	2	1	1	0	0	2	0	0	0	0	0	1	0	1	0	0	0	2
销售部	14	6	8	1	4	7	0	0	0	6	2	3	2	1	0	1	3	10
客服部	11	7	4	0	4	7	0	0	1	5	3	2	0	0	1	3	4	3
总计	71	31	40	2	24	29	3	4	1	30	16	11	9	4	3	11	20	37

图 12-65

专家提示

对经常需要进行的分析操作，可以事先建立一套完善的统计表格，以后可以重复使用。如在职和新入职人员的学历、性别、年龄、工龄统计分析在工作中是固定需要的，可以像本章中一样建立多种统计报表，其中统计数据都来自“人事信息数据表”，如果有数据变动，只要在“人事信息数据表”中更新数据，各统计报表即可以实现自动更新。

12.3.5 人员流动情况分析报表

企业对人员流动情况进行分析是很有必要的，通过人员的流动情况分析可以判断企业的人员是否稳定，企业的管理制度是否完善等。

由于篇幅限制，本例中提供的数据有限，重点是介绍建表方式与统计公式。在实际工作应用中无论有多少数据，只要按此方式来建立公式，统计结果都会自动呈现。

❶ 创建工作表，在工作表标签上双击鼠标，重新输入名称为“人员流动情况分析报表”，输入标题和列标识，并设置表格的格式，如图 12-66 所示。

人员流动情况分析报表

部门	2013		2014		2015		2016		2017	
	离职	入职	离职	入职	离职	入职	离职	入职	离职	入职
行政部										
人事部										
设计部										
市场部										
研发部										
财务部										
销售部										
客服部										

在职人员结构统计 | 人员流动情况分析报表

图 12-66

❷选中 B4 单元格，在编辑栏中输入公式：

=SUMPRODUCT((所属部门 =$A4)*(YEAR(离职时间)=2013))

按 Enter 键，得到 2013 年离职人数，如图 12-67 所示。

图 12-67

❸选中 C4 单元格，在编辑栏中输入公式：

=SUMPRODUCT((所属部门 =$A4)*(YEAR(入职时间)=2013))

按 Enter 键，得到 2013 年入职人数，如图 12-68 所示。

图 12-68

❹分别选中 D4、E4、F4、G4、H4、I4、J4、K4 单元格并依次输入公式：

=SUMPRODUCT((所属部门 =$A4)*(YEAR(离职时间)=2014))

=SUMPRODUCT((所属部门 =$A4)*(YEAR(入职时间)=2014))

=SUMPRODUCT((所属部门 =$A4)*(YEAR(离职时间)=2015))

=SUMPRODUCT((所属部门 =$A4)*(YEAR(入职时间)=2015))

=SUMPRODUCT((所属部门 =$A4)*(YEAR(离职时间)=2016))

=SUMPRODUCT((所属部门 =$A4)*(YEAR(入职时间)=2016))

=SUMPRODUCT((所属部门 =$A4)*(YEAR(离职时间)=2017))

=SUMPRODUCT((所属部门 =$A4)*(YEAR(入职时间)=2017))

按 Enter 键，依次得到"行政部"各年份的离职和入职人数，如图 12-69 所示。

图 12-69

❺选中 B4:K4 单元格区域，鼠标指向该区域右下角，向下拖动复制此公式，依次得出其他部门各年份的离职和入职人数，如图 12-70 所示。

部门	2013		2014		2015		2016		2017	
	离职	入职	离职	入职	离职	入职	离职	入职	离职	入职
行政部	0	2	0	1	0	2	1	2	3	1
人事部	0	1	0	1	0	0	1	0	0	0
设计部	0	0	0	3	0	2	0	1	1	0
市场部	0	1	0	3	0	3	0	1	0	0
研发部	0	1	0	3	0	1	0	2	0	0
财务部	0	0	0	2	0	0	1	0	0	0
销售部	0	2	0	6	1	3	0	0	5	1
客服部	0	0	0	0	0	3	0	1	0	1

图 12-70

12.4 员工离职情况分析报表

任何企业都会有离职情况发生，通过对离职原因、离职人员年龄层次、学历层次等进行系统分析，可以发现企业在日常管理中的问题，并有针对性地完善公司制度和管理结构。

12.4.1 离职原因分析报表

针对对离职情况的相关分析报表，可以统一使用数据透视表的统计功能来实现。首先需要从"人事信息数据表"中筛选出离职数据，并针对这部分数据进行统计分析。

❶切换到“人事信息数据表”中，在“数据”选项卡的“排序和筛选”组中单击“筛选”按钮，为表格添加自动筛选，如图 12-71 所示。

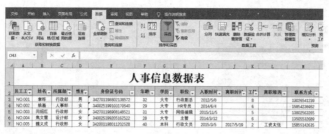

图 12-71

❷单击“离职时间”右侧的下拉按钮，在弹出的下拉列表中取消选中“空白”复选框，如图 12-72 所示。空白表示未填写离职时间，所以是在职人员记录。

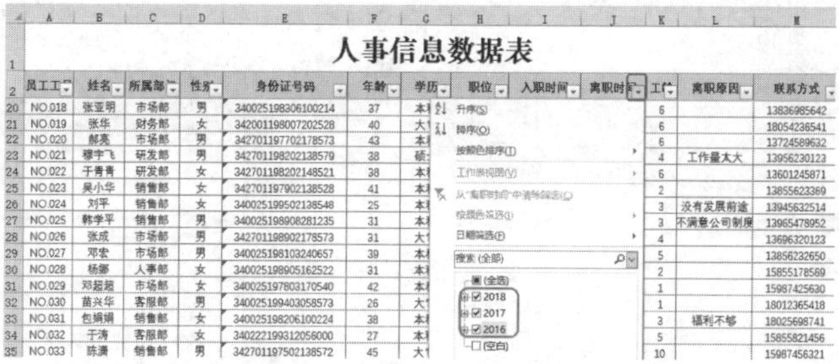

图 12-72

❸单击“确定”按钮，完成筛选。选中筛选出的数据，按 Ctrl+C 组合键复制，如图 12-73 所示。新建一个空白工作表，按 Ctrl+V 组合键粘贴，这些数据将是下面要执行统计分析的数据，如图 12-74 所示。

图 12-73

员工工号	姓名	所属部门	性别	身份证号码	年龄	学历	职位	入职时间	离职时间	工龄	离职原因	联系方式
NO.005	魏义成	行政部	女	342001198011202528	40	本科	行政文员	2015/3/5	2017/5/19	2	工资太低	15855142635
NO.010	莫云	行政部	女	340042198810160527	32	大专	网管	2013/5/6	2017/11/15	4	转换行业	15842365410
NO.013	张燕	人事部	男	340025197902281235	41	大专	HR专员	2013/3/1	2018/5/1	5	家庭原因	13855692134
NO.015	许开	行政部	女	342701198904018543	31	本科	行政专员	2013/3/1	2016/1/22	2	转换行业	13822236958
NO.016	陈建	市场部	女	340025199203240647	28	本科	总监	2013/4/1	2016/10/11	3	没有发展前途	13956234587
NO.021	穆宇飞	研发部	男	342701198202138579	38	硕士	研究员	2013/4/1	2018/2/11	4	工作量太大	13956230123
NO.024	刘平	销售部	女	340025199502138548	25	本科	销售专员	2012/7/12	2016/4/21	3	没有发展前途	13945632514
NO.025	韩学平	销售部	男	340025198908281235	31	本科	销售专员	2014/9/18	2017/12/20	3	不满意公司制度	13965478952
NO.031	包娟娟	销售部	女	340025198206100224	38	本科	销售专员	2014/2/5	2017/12/10	3	福利不够	18025698741
NO.036	陈在全	销售部	女	342701198307138000	37	本科	销售专员	2014/3/12	2017/1/10	2	工资太低	13698745862
NO.038	程志远	设计部	女	340222199005065000	30	大专	设计专员	2008/3/12	2017/12/10	9	没有发展前途	15036521225
NO.045	刘勇	销售部	女	342222198602032366	34	本科	销售专员	2017/2/5	2017/9/15	0	缺少培训学习机会	13326541023
NO.049	汪滕	人事部	男	340123199005022256	30	大专	网络编辑	2009/10/1	2016/8/26	6	工资太低	15526538896
NO.065	余琴	设计部	女	220100197103293568	49	大专	销售专员	2012/6/1	2018/1/22	5	缺少培训学习机会	13125632541
NO.066	张梦宇	销售部	男	340528198309224434	37	中专	客服	2013/5/1	2017/2/22	3	缺少培训学习机会	13625546523
NO.076	程鹏飞	行政部	男	340102199002138990	30	高职	客服	2012/10/1	2017/8/4	4	缺少培训学习机会	13569988693
NO.088	陈家乐	客服部	男	520100199108302356	29	初中	研究员	2011/9/1	2018/5/24	6	工资太低	18965633217

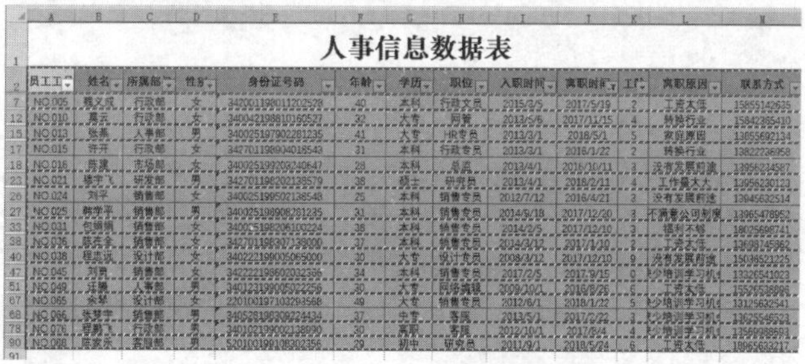

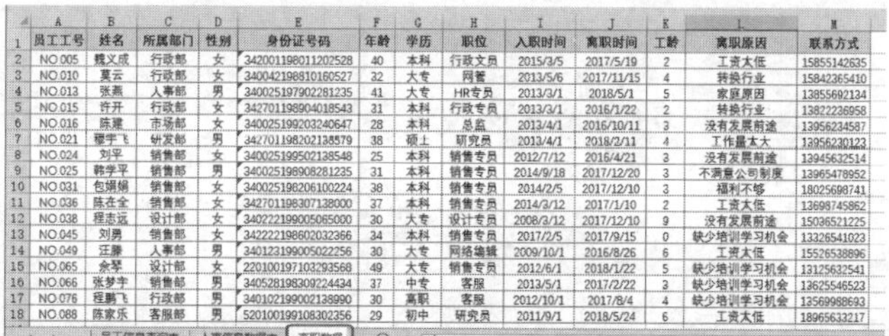

图 12-74

④ 选中数据区域的任意单元格，在"插入"选项卡的"表格"组中单击"数据透视表"按钮（见图 12-75），打开"创建数据透视表"对话框，保持默认选项不变，如图 12-76 所示。

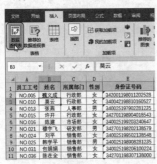

图 12-75

图 12-76

⑤ 单击"确定"按钮，即可在新工作表中创建数据透视表。在字段列表中选中"离职原因"字段，拖动至"行"区域中；再次选中"离职原因"字段，拖动至"值"区域中，得到的统计结果如图 12-77 所示。

图 12-77

⑥ 为报表添加标题，并依据实际情况更改列标识，整理后的统计报表如图 12-78 所示。

图 12-78

⑦ 选中"离职人数"列的任意单元格，在"数据"选项卡的"排序和筛选"组中单击"升序"按钮，如图 12-79 所示。

图 12-79

⑧ 选中数据区域任意单元格，在"插入"选项卡的"图表"组中单击"插入柱形图或条形图"按钮，在弹出的下拉列表中选择"簇状条形图"（见图 12-80），新建的图表如图 12-81 所示。

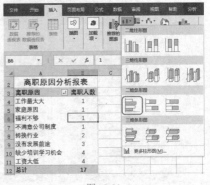

图 12-80

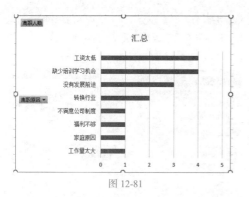

图 12-81

⑨单击图表右侧上角的"图表样式"按钮，在列表中选择样式实现快速美化，如图 12-82 所示。然后为图表添加标题，进行补充调整与美化，得到的图表如图 12-83 所示。

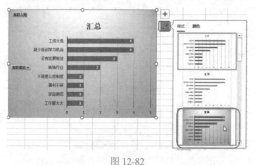

图 12-82

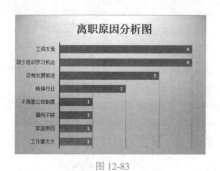

图 12-83

知识扩展

还可以将"年"字段添加到"列"区域，这样可以达到分年度统计的目的，如图 12-84 所示。

图 12-84

12.4.2　离职员工学历分析报表

离职员工学历分析报表可以通过更改数据透视表字段快速生成。

❶选中"离职原因分析报表"（注意要完整选中），按 Ctrl+C 组合键复制，接着选中一个空白单元格，按 Ctrl+V 组合键粘贴，如图 12-85 所示。

图 12-85

❷在字段列表中将"离职原因"字段从"行"区域中拖出，再将"学历"字段拖入"行"区域中，得到的统计结果如图 12-86 所示。

图 12-86

12.4.3　离职员工年龄段分析报表

离职员工年龄段分析报表可以通过更改数

据透视表字段快速生成。

❶ 按 12.4.1 节相同的方法复制数据透视表，并将"学历"字段从"行"区域中拖出，再将"年龄"字段拖入"行"区域中，得到的统计结果如图 12-87 所示。

图 12-87

❷ 选中所有小于 30 岁的数据，在"数据透视表工具 - 分析"选项卡的"组合"组中单击"分组选择"按钮（见图 12-88），创建出一个自定义数组，然后将组的名称更改为"30 岁以下"。

图 12-88

❸ 选中 30 ~ 40 岁的数据单元格，在"数据透视表工具 - 分析"选项卡的"组合"组中单击"分组选择"按钮（见图 12-89），创建出一个自定义分组，

然后将组的名称更改为"30~40 岁"。接着再按相同的方法将剩余的数据建立为第三个分组，命名为"40 岁以上"，如图 12-90 所示。

图 12-89   图 12-90

❹ 在"行"区域中将"年龄"字段拖出，只保留"年龄 2"字段，得到的报表如图 12-91。接着将数据透视表中"年龄 2"字段的名称更改为"年龄段"，报表如图 12-92 所示。

离职员工年龄段分析报表	
年龄2	离职人数
30岁以下	3
30~40岁	12
40岁以上	2
总计	17

图 12-91

离职员工年龄段分析报表	
年龄段	离职人数
30岁以下	3
30~40岁	12
40岁以上	2
总计	17

图 12-92

第13章

Excel 报表输出及汇报文档的撰写

要在工作总结、工作汇报、商务报告中打动你的领导或者客户，翔实可信的数据分析报表、图表毫无疑问是非常有效的。因此在通过前面的章节生成多方面的统计分析报表后，要学习报表的输出及如何将其应用于报告文档中。

☑ 报表打印输出过程中的操作要点

☑ 打印图表，图表输出为图片

☑ 在 Word 总结中应用报表及图表

☑ 在 PPT 报告中应用报表和图表

13.1 ▶ 报表的打印输出

在 Excel 中建立的分析报表，既可以作为撰写汇报文档的必备素材使用，也可以直接打印出来使用。因此在报表建立完成后，打印这项工作也是不容忽视的。

13.1.1 横向打印报表

打印工作表时，默认会以纵向方式打印，如果工作表包含多列，即表格较宽，如图 13-1 所示，当进入打印预览状态查看时（见图 13-2），会发现纵向方式打印方式无法完整显示表格。在这种情况下则需要设置打印方式为横向打印。

图 13-1

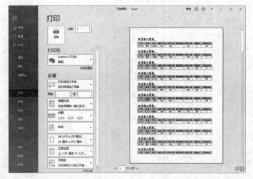

图 13-2

打开要打印的文档，单击"文件"选项卡，在左侧选择"打印"命令，在"设置"选项区域单击"纵向"右侧的下拉按钮，在下拉列表中选择"横向"选项（见图 13-3），在预览区则可以看到横向显示方式，表格右侧内容已经可以完全显示，如图 13-4 所示。

图 13-3

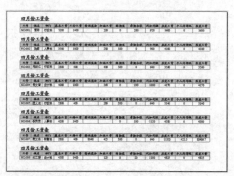

图 13-4

知识扩展

在执行打印前，可以根据需要设置打印份数。如果工作表包含多页内容，也可以设置只打印指定的页。

在进入打印预览界面后，左侧就是参数设置的部分，在"份数"文本框中可以填写需要打印的份数；如果待打印的表格是多页的，并且只想打印部分内容，在"设置"栏的"页数"文本框中还可以输入要打印的页码或页码范围。

13.1.2 自定义页边距

表格实际内容的边缘与纸张边缘之间的距离就是页边距。一般情况下不需要调整页边距，但如果遇到只有少量内容因为超出页面宽度而未能完整显示，则需要调整页边距。

如图 13-5 所示的表格，在打印预览时看到还有一列没有显示出来。这一列被打印到下一页显然是不合适的。

图 13-5

❶ 在当前需要打印的工作表中，单击"文件"选项卡，在弹出的菜单中单击"打印"标签，即可在窗口右侧显示出表格的打印预览效果。

❷ 拖动"设置"栏中的滑块到底部，并单击底部的"页面设置"按钮（见图 13-6），打开"页面设置"对话框，在"页边距"选项卡下，将"左"与"右"的边距调小，此处都调整为"0.6"，如图 13-7所示。

图 13-6

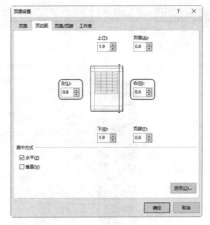

图 13-7

❸ 单击"确定"按钮，重新回到打印预览状态下，可以看到想打印的内容都能显示出来了，如图 13-8 所示。

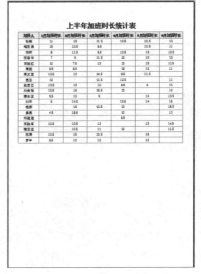

图 13-8

❹ 在预览状态下调整完毕后，执行打印即可。

专家提示

调整页边距只能应用于要打印的内容超出页面不太多的情况下。当超出页面过多时，即使将页边距调整为 0，也不能完全显示。这时就需要分多页打印或缩放打印了。

13.1.3 让报表打印在纸张的中央

打印报表时，默认情况下报表与页边的左上角对齐显示（见图 13-9）。如果表格的内容比较少，应将表格打印在纸张的正中间才比较美观。

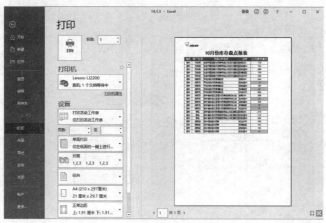

图 13-9

❶打开需要设置的目标工作表，打开"页面设置"对话框。

❷选择"页边距"选项卡，然后选中"居中方式"栏中的"水平"和"垂直"两个复选框，如图 13-10 所示。

❸单击"确定"按钮，重新回到打印预览状态下，即可实现让表格打印到底张的中央，如图 13-11所示为预览效果。

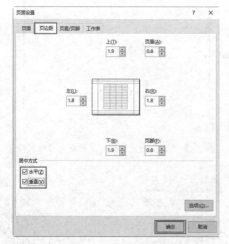

图 13-10

图 13-11

13.1.4 重复打印报表表头

在打印表格时，如果表格不止一页，表格的标题及列标识等表头信息只会在首页打印出来（见图 13-12），其他页中都不包含表头及列标识（见图 13-13）。

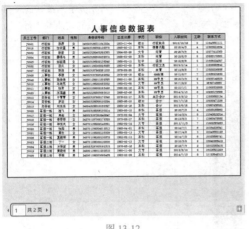

图 13-12

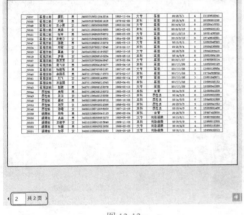

图 13-13

为了方便打印数据的查看，可以通过设置
在每一页中都打印出表头信息。

① 在"页面布局"选项卡的"页面设置"组中
单击"打印标题"按钮（见图 13-14），打开"页面
设置"对话框。

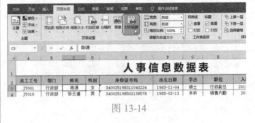

图 13-14

② 在"工作表"选项卡下单击"顶端标题行"
文本框右侧的拾取器按钮，如图 13-15 所示。

图 13-15

③ 返回工作表中，选中表格名称及第二行的列
标识行（见图 13-16），然后再次单击"页面设置"对
话框的"顶端标题行"文本框右侧的拾取器按钮。

	A	B	C	D	E	F	G	H	I
1					人事信息数据表				
2	员工工号	部门	姓名	性别	身份证号码	出生日期	学历	职位	入职时间
3	JY001	行政部	陈潇	女	340025198311043224	1983-11-04	硕士	行政总监	2012/10/1
4	JY016	行政部	张云建	男	页面设置 - 顶端标题行		?	×	2016/4/5
5	JY003	行政部	徐宏		$1:$2				2016/5/6
6	JY004	行政部	委福马						2012/2/5
7	JY005	行政部	郑淑娟	女	340025196802138548	1968-02-13	初中	保洁	2018/9/6

图 13-16

④ 返回"页面设置"对话框，单击"确定"按钮。再次执行打印时就可以在每页中打印出列标识行，如
图 13-17 所示为第 2 页预览，可见表头信息已被重复打印。

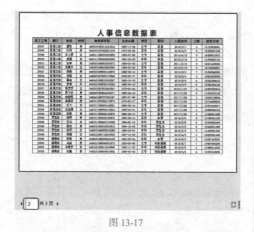

图 13-17

13.1.5 分类汇总结果分页打印

分类汇总报表可为不同类数据添加小计功能，这样既达到了分类，又得到了统计结果。在打印这类报表时，有时需要按各个不同的分类来分页打印。本例中对不同"省区"的销售数据进行分类汇总，要求分页打印，让不同省区的数据分别打印到不同的纸张上。为了达到这一效果，需要在"分类汇总"对话框中进行设置。

❶ 对于已经进行了分类汇总的报表，在"数据"选项卡的"分级显示"组中单击"分类汇总"按钮，重新打开"分类汇总"对话框，选中"每组数据分页"复选框，如图 13-18 所示。

图 13-18

❷ 单击"确定"按钮，则分类汇总结果的每组数据后面都添加了一个分页符，从而实现分页打印的效果。重新进入打印预览，可以看到每组数据都分别显示到单一的页中，如图 13-19 所示为第 1 页，如图 13-20 所示为第 2 页。

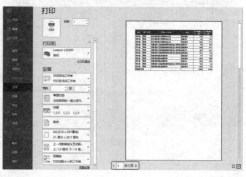

图 13-19

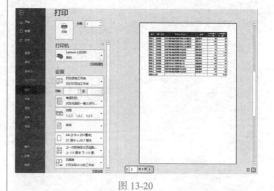

图 13-20

13.1.6 数据透视表结果的分页打印

在建立数据透视表后，可以根据需要对数据透视表中的某一字段分项分面打印。如图 13-21 所示的数据透视表，要实现的打印效果是让每位推广经理的统计数据打印在不同页中，从而生成各推广经理的专项报表，其操作方法如下。

❶ 打开数据透视表，选中"姓名"字段中的任意一个项右击，在弹出的菜单中选择"字段设置"命令，如图 13-22 所示。

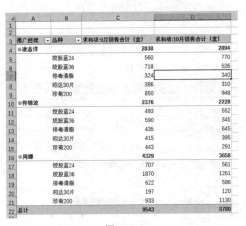

图 13-21

图 13-22

❷ 打开"字段设置"对话框,选择"布局和打印"选项卡,选中"每项后面插入分页符"复选框,如图 13-23 所示。

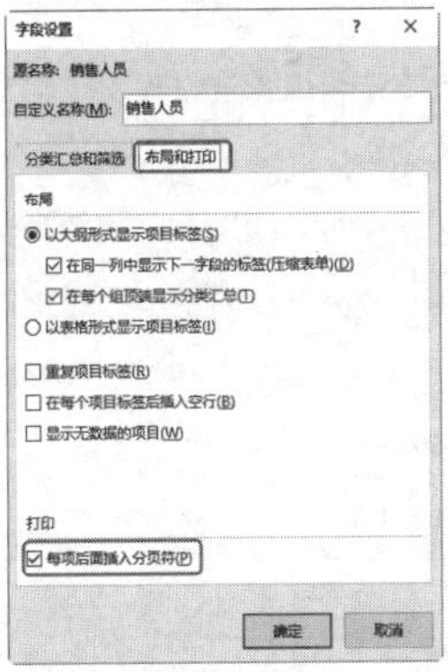

图 13-23

❸ 单击"确定"按钮完成设置。选择"文件"选项卡的"打印"选项,进入打印预览状态下,即可看到能够分页打印每一位销售人员的统计数据,如图 13-24~ 图 13-26 所示。

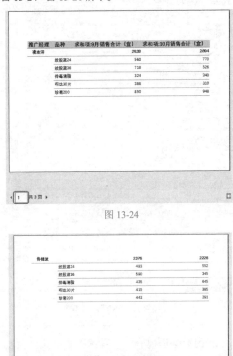

图 13-24

图 13-25

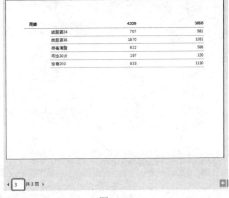

图 13-26

知识扩展

本例在打印前也可以像 13.1.4 小节中的操作一样设置重复打印列标识（见图 13-27），从而让每一页中都显示出列标识。

图 13-27

13.1.7 数据透视表中按筛选字段分项打印

利用数据透视表中"显示报表筛选页"功能还可以实现将筛选字段中各个项的统计结果分页打印出来。本例中设置"月份"为筛选字段，在图 13-28 中可以看到包含多个月份，现在要实现分页打印出三个月所有公司的统计结果。

图 13-28

❶ 选中数据透视表中的任意单元格，在"数据透视表工具 - 分析"选项卡的"数据透视表"组中单击"选项"按钮，在弹出的下拉菜单中选择"显示报表筛选页"命令，如图 13-29 所示。

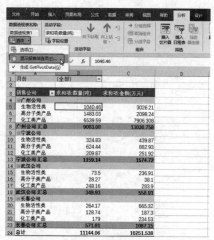

图 13-29

❷ 打开"显示报表筛选页"对话框，默认已经显示了设置的筛选字段，如图 13-30 所示。

图 13-30

❸ 单击"确定"按钮，报表以三个不同的月份为标签建立了三张新工作表，如图 13-31 所示。

图 13-31

④在"7月"标签上单击鼠标，按住 Shift 键不放，再在"9月"标签上单击，将三张工作表同时选中。选择"文件"选项卡的"打印"选项，在打印预览状态下可以看到分页打印的三个月份报表，如图 13-32 和图 13-33 所示。

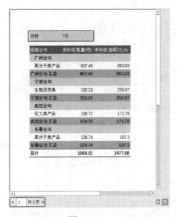

图 13-32

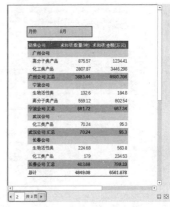

图 13-33

13.2 ▶ 图表的输出

图表创建完毕，一种方式是打印输出，另外一种输出方式就是以图片的形式来输出。将图表输出为图片，使用起来就像普通图片一样，非常方便。另外，创建完善的图表还可以存为模板，以达到共享的目的。

13.2.1 打印图表

在 Excel 中创建的图表是数据分析最直观的体现，图表创建完成后，可以直接打印使用，并通过技巧操作将多张图表打印到同一张纸上。

❶准备好待打印的图表，选中图表（见图 13-34），选择"文件"选项卡，在左侧选择"打印"命令，可以看到图表的打印预览效果，如图 13-35 所示。

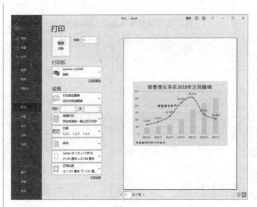

图 13-35

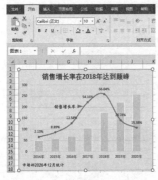

图 13-34

❷如果想将多张图表打印在同一张纸上，首先要把两张或多张图表摆放在一起，然后选中包含图表在内的单元格区域，在"页面布局"选项卡的"页面设置"组中单击"打印区域"按钮，在下拉菜单中选择"设置打印区域"命令，如图 13-36 所示。

❸选择"文件"选项卡，在左侧选择"打印"命令，可以看到图表的打印预览效果，如图 13-37 所示。

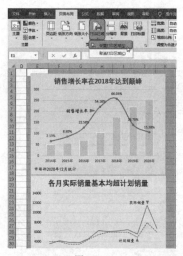

图 13-36

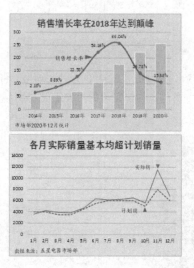

图 13-37

13.2.2 将图表存为可套用的模板

套用图表模板就是让一个新建的图表摆脱默认框架，一创建就具备了模板中的样式。如果已建立了一个比较常用的图表类型，则可以将它保存为模板，后期如果再创建类似图表，可以直接套用，非常方便。

❶ 选中已经创建完成的想保存为模板的图表，

单击鼠标右键，在右键菜单中选择"另存为模板"命令（见图 13-38），打开"保存图表模板"对话框。

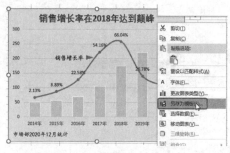

图 13-38

❷ 可以设置模板的保存名称，注意不要更改模板的保存位置，如图 13-39 所示。

图 13-39

❸ 单击"保存"按钮即可保存成功。

保存模板后，可以随时调用这个模板，具体操作方法如下。

❹ 选中数据源（见图 13-40），在"插入"选项卡的"图表"组中单击右下角的 按钮，打开"插入图表"对话框，选择"所有图表"选项卡，在左侧选择"模板"选项，右侧会显示出所保存的模板，如图 13-41 所示。

	A	B	C
1	上半年利润总额统计		
2	月份	利润总额(万元)	同比增速
3	1月	420	
4	2月	750	78.57%
5	3月	669	-10.80%
6	4月	788	17.79%
7	5月	975	23.73%
8	6月	1098	12.62%
9			

图 13-40

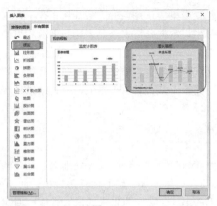

图 13-41

②选中模板，单击"确定"按钮，即可按此模板创建新的图表，如图 13-42 所示。此时的图表只要进行简易几步补充编辑，即可快速建成，如更改图表标题、脚注信息、图表中的标示文字等。

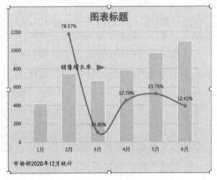

图 13-42

13.2.3 将图表输出为图片

当图表建立完成后，可以将图表转换为图片并提取出来。提取后的图片可以存于计算机中，当需要使用时，可像普通图片一样将其直接插入 PPT 报告文档、Word 报告文档、公司网站中。

①选中建立完成的图表，按 Ctrl+C 组合键复制，如图 13-43 所示。

②在空白位置上单击鼠标，在"开始"选项卡的"剪贴板"组中单击"粘贴"按钮，然后再单击"图片"按钮（见图 13-44），即可将图表粘贴为图片形式。

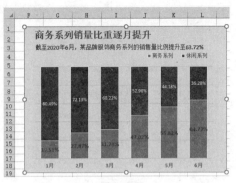

图 13-43

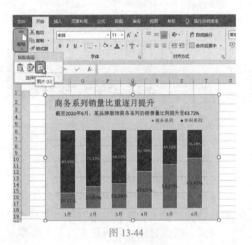

图 13-44

③选中转换后得到的图片，按 Ctrl+C 组合键复制，然后将其粘贴到截图软件中，或者最简易的办法就是粘贴到系统的画图工具软件中（见图 13-45）。在执行保存图片时还可以选择自己需要的格式，如图 13-46 所示。

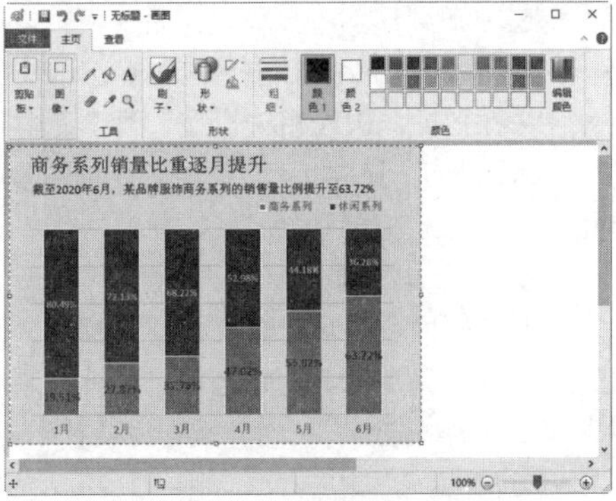

图 13-45

图 13-46

13.3 Word工作汇报中引用 Excel图表

数据分析完成后，通常要将数据分析结果用于分析报告中，例如用于总结报告、商务演示、招投标方案中等。有了清晰的数据，可以逐步推进论证，或巩固假设，这样才更便于决策者迅速了解情况、分析研究问题，进而辅助做出决策。在撰写数据分析报告时，需要注意以下几个原则。

◆ 规范性

数据分析报告中所使用的名词术语一定要规范，标准统一，前后一致，要与业内公认的术语保持一致。

◆ 重要性

在各项数据分析报告中，应重点选取真实性、合法性指标，构建相关模型，科学专业地进行分析，对于同一类问题，要按照问题的重要性来分级阐述。

◆ 实事求是原则

数据分析报告的基础数据必须是真实、完整的，分析过程要科学全面合理，分析结果要可靠，不可主观臆测，一切凭数据说话。

◆ 创新性

科技发展不断向前，我们在进行数据分析

时也要鼓励尝试用新的方法，从实践中摸索新的模型。数据分析报告要将这些创新的想法记录下来，从新的方法中找到解决问题的途径。

一个分析报告的价值，不在于其篇幅的长短，而在于是否具有丰富的内容，结果是否清晰，是否有效反映业务真相，提出的建议是否可行。

在撰写报告时，可以将 Excel、Word、PowerPoint 配合起来使用，让它们发挥各自的长处。Excel 专注与数据的计算与分析，而 Word 和 PowerPoint 常作为报告的最终载体。因此合理的使用这几款软件，会取得事半功倍的效果。

13.3.1 Word 总结中引用 Excel 数据

Word 和 Excel 是我们在日常工作中经常使用的软件，用户在使用 Word 撰写报告的过程中，为了提高报告的可信度与专业性，很多时候都少不了专业的分析表格。而 Excel 又是数据处理的高手，因此将 Excel 表格、数据分析结果使用到 Word 总结报告中是很自然的做法。

例如，某些分析数据是 Excel 报表中已经创建的，那么这个时候可以直接从 Excel 中引用。

❶ 在 Excel 工作表中选中目标单元格区域，按 Ctrl+C 组合键进行复制，如图 13-47 所示。

图 13-47

❷ 打开 Word 文档，光标定位在目标位置上，按 Ctrl+V 组合键粘贴，得到表格（见图 13-48）。选中粘贴的表格，可以看到"表格工具"菜单，当对表格

的格式不太满意，可以像编辑普通表格一样对表格进行补充编辑。

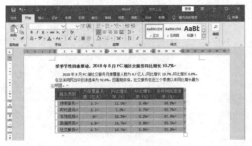

图 13-48

如果不需要对表格进行补充编辑，可以将表格转换为图片来使用，这样可以将表格如同图片一样在 Word 文档中进行排版。

在 Excel 工作表中选中目标单元格区域，按 Ctrl+C 组合键进行复制。打开 Word 文档，光标定位在目标位置上，按 Ctrl+V 组合键粘贴，这时在右下角会出现一个"粘贴选项"按钮，单击此按钮即可显示一些粘贴选项，单击"图片"按钮（见图 13-49），即可将表格以图片的方式粘贴到 Word 中。

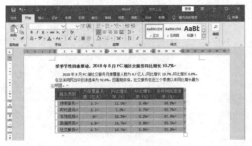

图 13-49

13.3.2 Word 总结中引用 Excel 图表

图表是增强报告说服力的有效工具，一方面能使报告更专业、可信，另一方面还能丰富版面效果。因此在用 Word 撰写报告时经常会用到 Excel 图表。

❶ 在 Excel 工作表中选中图表，按 Ctrl+C 组合键进行复制，如图 13-50 所示。

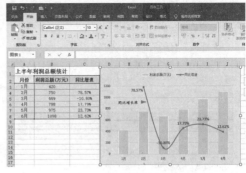

图 13-50

❷ 打开 Word 文档，光标定位到图表将要放置的位置，在"开始"选项卡"剪贴板"组中单击"粘贴"下拉按钮，选择"保留源格式和链接数据"选项（见图 13-51），将图表粘贴到 Word 中。

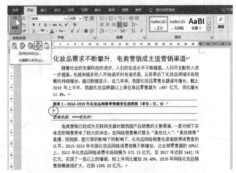

图 13-51

❸ 执行粘贴后，可以看到应用于报告文档中的图表效果，如图 13-52 所示。

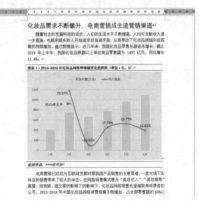

图 13-52

另外，在 Word 文档中可以让图表呈现环绕排版的样式。

❶将图表复制到 Word 文档中之后，选中图表，在"图片工具-格式"选项卡的"排列"组中，单击"环绕文字"按钮，在弹出的下拉表中选择"四周形"，如图 13-53 所示。

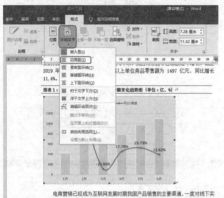

图 13-53

❷按排版需求将图表大小调整到合适比例，再选中图表移动到合理的位置即可，如图 13-54 所示。

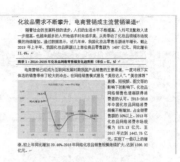

图 13-54

专家提示

在 Word 文档中的"粘贴"下拉表中，有"使用目标主题和嵌入工作簿""保留源格式和嵌入工作簿""使用目标主题和链接数据""保留源格式和链接数据"和"图片"5 个选项。如果选择前两项，则可以实现在 Word 中双击图表进入 Excel 编辑状态去编辑图表；如果选择3、4项，则可以实现让 Word 中的图表与 Excel 中的图表保持链接，即 Excel 中图表的数据发生变化时，Word 文档中图表会做相应的变化；如果选择"图片"选项则将图表以图片对象的形式插入。

13.4 PPT工作汇报中引用Excel图表

PPT 也是商务办公的常用工具，做 PPT 的目的是让信息以最优质的状态传递出去。而面对现在快节奏的工作环境，领导与客户也更喜好既直接又可视的信息传送方式。在用 PPT 写报告的时候，更需要使用到表格与图表。同样的，在 Excel 中做好的报表与图表都可以直接应用到幻灯片中去。

13.4.1 PPT 报告中引用 Excel 数据

在 PPT 中虽可以创建表格，但它并不具备数据统计分析的能力，因此很多时候需要将 Excel 中的统计表格直接应用到 PPT 幻灯片中去。

❶在 Excel 程序中制作好表格，选中要使用的表格区域，按 Ctrl+C 快捷键复制，如图 13-55 所示。

❷回到幻灯片页面上，选中目标幻灯片，按 Ctrl+V 快捷键粘贴表格，如图 13-56 所示。

图 13-55

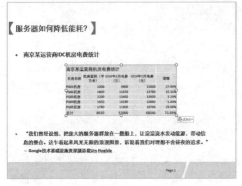

图 13-56

③ 复制后的表格默认会自动匹配当前幻灯片的主题配色，如果想让表格保留原来的格式，单击"粘贴选项"按钮，选择"保留源格式"命令，如图 13-57 所示，即可让表格保留原有格式。

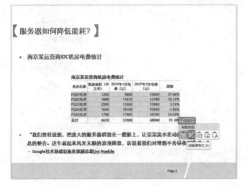

图 13-57

④ 将表格插入幻灯片中后，选中表格，在功能区中可以看到"表格工具"选项卡（见图 13-58），若对表格的格式不甚满意，则可以像编辑普通表格一样对表格进行补充编辑。

图 13-58

13.4.2 PPT 报告中引用 Excel 图表

PPT 软件本身也具有建立图表的能力，但是如果 Excel 中已经创建了图表，那么对其进行引用也是很方便的。

① 在 Excel 工作表中选中建立完成后的图表，按 Ctrl+C 组合键进行复制，如图 13-59 所示。

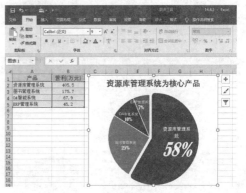

图 13-59

② 打开 PowerPoint 演示文稿，光标定位在目标位置上，按 Ctrl+V 组合键粘贴，得到的图表如图 13-60 所示。

图 13-60

③ 合理调整图表的大小与位置。另外，从 Excel 中复制来的图表默认都会包含底纹色与边框（即使没

有特殊设置也默认呈现白色底纹和灰色边框），这可能会与当前幻灯片的底纹色不匹配，这时可以取消图表的填充色与边框。选中图表，在"图表工具 - 格式"选项卡的"形状样式"组中单击"形状填充"按钮，在弹出的下拉列表中单击"无填充"，如图 13-61 所示。接着再单击"形状轮廓"按钮，在弹出的下拉列表中单击"无轮廓"，如图 13-62 所示。

图 13-61

图 13-62

④ 按幻灯片的设计排版图表，可达到如图 13-63 所示的效果。

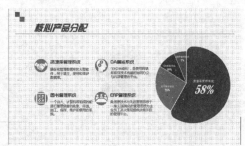

图 13-63

　　PPT 报告演示中，为图表设置合适的的动画效果是非常关键的饼图经常使用"轮子"动画，设置各个扇面逐个播放。

　　❶ 选中图表，在"动画"选项卡的"动画"组中设置"轮子"动画，如图 14-64 所示。

　　❷ 单击"效果选项"按钮，在弹出的下拉菜单中单击"按类别"，如图 14-65 所示。完成设置后，插放动画时则可以实现按扇面逐个播放，如图 14-66 所示为正在播放的效果。

图 13-64

图 13-65

图 13-66